机电专业新技术普及丛书

数控车床加工技术（华中系统）

主　编　吴长有　张　[illegible]

副主编　李红波　伊洪[illegible]

参　编　白俊良　刘耀辉　刘振[illegible]　[illegible]

主　审　朱丽军

参　审　王　灿

机 械 工 业 出 版 社

本书是数控车削加工培训的实用教材，主要内容包括数控车床概述、数控车床编程基础与基本操作、各种典型零件的车削加工、非圆曲线轮廓零件的加工、组合类零件的加工及数控车床自动编程软件的应用。本书每章都安排典型的实用例题，使读者能够结合示例进行学习，掌握数控车床的编程方法及操作技巧。

本书可供中、高级数控车床操作工自学和培训使用，也可作为企业培训部门、职业技能培训机构的教材，还可以作为工程技术人员的参考资料。

图书在版编目（CIP）数据

数控车床加工技术：华中系统/吴长有，张桦主编．—北京：机械工业出版社，2010.2（2025.8 重印）

（机电专业新技术普及丛书）

ISBN 978-7-111-29671-3

Ⅰ. 数…　Ⅱ. ①吴…②张…　Ⅲ. 数控机床：车床－加工工艺－教材

Ⅳ. TG519.1

中国版本图书馆 CIP 数据核字（2010）第 018316 号

机械工业出版社（北京市百万庄大街 22 号　邮政编码 100037）

策划编辑：朱　华　责任编辑：马　晋　版式设计：霍永明

责任校对：李秋荣　封面设计：路恩中　责任印制：常天培

河北虎彩印刷有限公司印刷

2025年8月第1版第12次印刷

184mm×260mm · 13 印张 · 320 千字

标准书号：ISBN 978-7-111-29671-3

定价：39.80 元

电话服务　　　　　　　　　网络服务

客服电话：010-88361066　机　工　官　网：www.cmpbook.com

010-88379833　机　工　官　博：weibo.com/cmp1952

010-68326294　金　书　网：www.golden-book.com

封底无防伪标均为盗版　机工教育服务网：www.cmpedu.com

机电专业新技术普及丛书编委会

前言

FOREWORD

随着经济全球化进程的不断加快，发达国家的制造能力加速向发展中国家转移，我国已成为全球的加工制造基地，这就凸显了我国高技能型人才严重短缺的现实问题，特别是对掌握数控加工技术以及自动化新技术人才的需要越来越多，而很多工人受条件限制，无法到学校接受系统的数控加工技术以及自动化新技术的职业教育；对于离开校园数年、有一定工作经验的人员，也需要进行“充电”，以适应新技术发展的需要。

为解决上述矛盾，本丛书编委会组织一批学术水平高、经验丰富、实践能力强，身处企业、行业一线的专家在充分调研的基础上，结合企业实际需要，共同研究培训目标，编写了这套机电专业新技术普及丛书。

本套丛书的编写特色有：

1. 坚持以“以技能为核心，面向青年工人的继续充电、继续提高”为培养方针，把企业和技术工人急需的高新技术进行普及和推广，加快高技能人才的培养，更好地满足企业的用人需求。

2. 更注重实际工作能力和动手技能的培养，内容贴近生产岗位，注重实用，力图实现培训的“短、平、快”，使学员经过培训后能立即胜任本岗位的工作。

3. 在内容上充分体现一个“新”字，即充分反映新知识、新技术、新工艺和新设备，紧跟科技发展的潮流，具有先进性和前瞻性。

4. 以解决实际问题为切入点，尽量采用以图代文、以表代文的编写形式，最大限度降低学习难度，提高读者的学习兴趣。

本套丛书涉及数控技术和电气技术两大领域，是面向有志于学习数控加工、机电一体化以及自动控制实用技术，并从事过相关工作的技术工人的培训用书。适合有一定经验的工人进行自学或转岗培训。

我们希望这套丛书能成为读者的良师益友，能为读者提供有益的帮助！

本书由吴长有、张桦任主编，李红波、伊洪彬、于子立任副主编。参加编写的人员有：开封市技师学院吴长有（第一章、第二章、第三章），张桦（第四章），刘耀辉（第五章），刘振喜（第六章），李红波（第七章、第九章），白俊良（第八章），于子立（第十章），伊洪彬（第十一章），何丽丽（第十二章）。全书由朱丽军任主审，王灿参审。

由于时间和水平有限，书中难免存在不足之处，敬请广大读者批评指正。

编　者

目录

CONTENT

第一章 数控车床概述

随着制造技术的发展，数控技术越来越多地被应用到各个行业中，数控车床也成为现代机械制造业中不可缺少的加工设备。本章着重介绍数控机床的产生与发展、数控车床的组成及工作原理、数控车床的分类、数控车床的加工特点及对象、数控车削加工工艺、数控车削刀具。通过本章的学习，可以了解数控车床的基本现状、数控车削加工工艺和数控车削刀具。

第一节　数控车床基础知识

学习目标

1. 了解数控机床的产生与发展。
2. 理解数控车床的组成及工作原理。
3. 掌握数控车床的分类。

一、数控机床的产生与发展

1. 数控机床的产生

科学技术和社会生产的不断发展，对机械产品的质量和生产效率提出了越来越高的要求。机械加工工艺过程的自动化是实现上述要求的最重要措施之一。它不仅能够提高产品的质量和生产效率、降低生产成本，还能够大大改善工人的劳动条件。许多生产企业（例如汽车、拖拉机、家用电器等制造厂）已经采用了自动化机床、组合机床和专用自动化生产线。采用这种高度自动化和高效率的设备，尽管需要很大的初始投资以及较长的生产准备时间，但在大批量的生产条件下，由于分摊在每一个工件上的费用很少，经济效益仍然是非常显著的。但是，在机械制造工业中并不是所有的产品零件都具有很大的批量，单件与小批量生产的零件（批量在 10～100 件）占机械加工总量的 80% 以上。尤其是在造船、航空航天、机床、重型机械以及国防部门，其生产特点是加工批量小、改型频繁、零件的形状复杂而且精度要求高，采用专用化程度很高的自动化机床加工这类零件就显得很不合适，因为生产过程中需要经常改装与调整设备，对于专用自动化生产线来说，这种改装与调整甚至是不可能实现的。

为了解决这些问题，满足多品种、小批量的自动化生产，迫切需要一种灵活的、通用的、能够适应产品频繁变化的柔性自动化机床。数控机床就是在这样的背景下产生与发展起来的。它极其有效地解决了上述一系列矛盾，为单件、小批量生产的精密复杂零件提供了自动化加工方法。

随着电子技术的发展，1946 年世界上第一台电子计算机问世，由此掀开了信息自动化的新篇章。1948 年美国北密支安的一个小型飞机工业承包商帕森斯公司（Parsons Co.）在制造飞机的框架及直升飞机的转动机翼时，提出了采用电子计算机对加工轨迹进行控制和数据处理的设想，后来得到美国空军的支持，并与美国麻省理工学院（MIT）合作，于 1952 年研制出第一台三坐标数控铣床，用于加工直升飞机叶片轮廓检查用样板。后来又经过 3 年时间的自动程序编制研究，数控机床进入了实用阶段，市场上出现了商品化数控机床。

我国在 1958 年试制成功第一台电子管数控机床，从 1965 年开始研制晶体管数控系统，到 20 世纪 70 年代初曾研究出数控劈锥铣床、非圆插齿机、数控立铣床、数控车床、数控镗床、数控磨床和加工中心等。这一时期国产数控系统的稳定性、可靠性问题尚未得到很好的解决，因而也限制了国产数控机床的发展。而数控线切割机床由于其结构简单、价格低廉、使用方便，得到了较快的发展。据资料统计，1973 ~ 1979 年期间，我国共生产数控机床 4108 台，而其中数控线切割机床就占了 86% 左右。

20 世纪 80 年代初随着改革开放政策的实施，我国从国外引进先进技术，并在消化、吸收国外先进技术的基础上，进行了大量的开发工作，进而推动了我国数控机床新的发展高潮，使我国数控机床在品种上、性能上以及水平上均有了新的飞跃。

2. 数控机床的发展趋势

随着计算机、微电子、信息、自动控制、精密检测及机械制造技术的高速发展，机床数控技术有了长足的进步。近几年一些相关技术的发展，如刀具及新材料的发展，主轴伺服、进给伺服、超高速切削等技术的发展，以及对机械产品质量的要求越来越高等，加速了数控机床的发展。目前数控机床正朝着高速度、高精度、高工序集中度、高复合化和高可靠性等方向发展。世界数控技术及其装备发展趋势主要体现在以下几个方面：

（1）高速高效高精度

1）高生产率。由于数控装置及伺服系统功能的改进，主轴转速和进给速度大大提高，减少了切削时间和非切削时间。加工中心的进给速度已达到 80 ~ 120m/min，进给加速度已达 9.8 ~ 19.6m/s^2，换刀时间小于 1s。

2）高加工精度。以前汽车零件精度的数量级通常为 10μm，对精密零件的要求为 1μm，随着精密产品的出现，对精度的要求提高到 0.1μm，有些零件甚至已达到 0.01μm，高精密零件要求提高机床加工精度，包括采用温度补偿等。

微机电加工，其加工零件尺寸一般在 1mm 以下，表面粗糙度为纳米数量级，要求数控系统能直接控制纳米机床。

（2）高复合化　数控机床的工艺复合化，是指工件在一台机床上装夹后，通过自动换刀、旋转主轴头或旋转工作台等各种措施，完成多工序、多表面的复合加工。目前已经出现了集钻、镗、铣功能于一身的数控机床，可完成钻、镗、铣、扩孔、铰孔、攻螺纹等多工序的复合数控加工中心，以及车削加工中心、钻削加工中心、磨削加工中心、电火花加工中心等。此外数控技术的进步也提供了多轴控制和多轴联动控制功能。

（3）智能化　早期的实时系统通常针对相对简单的理想环境，其作用是调度任务，以确保任务在规定期限内完成。而人工智能则试图用计算模型实现人类的各种智能行为。科学发展到今天，实时系统与人工智能已实现相互结合，人工智能正向着具有实时响应的更加复杂的应用领域发展，由此产生了实时智能控制这一新的领域。在数控技术领域，实时智能控制的研究和应用正沿着几个主要分支发展，如自适应控制、模糊控制、神经网络控制、专家控制、学习控制、前馈控制等。例如，在数控系统中配置编程专家系统、故障诊断专家系统、参数自动设定和刀具自动管理及补偿等自适应调节系统；在高速加工时的综合运动控制中引入提前预测和预算功能、动态前馈功能；在压力、温度、位置、速度控制等方面采用模糊控制，使数控系统的控制性能大大提高，从而达到最佳控制的目的。

(4) 编程自动化　随着数控加工技术的迅速发展，设备类型的增多、零件品种的增加以及零件形状的日益复杂，迫切需要速度快、精度高的编程，以便于对加工过程的直观检查。为弥补手工编程和 NC 语言编程的不足，近年来开发出多种自动编程系统，如图形交互式编程系统、数字化自动编程系统、会话式自动编程系统、语音数控编程系统等，其中图形交互式编程系统的应用越来越广泛。图形交互式编程系统是以计算机辅助设计（CAD）软件为基础，首先形成零件的图形文件，然后再调用数控编程模块，自动编制加工程序，同时可动态显示刀具的加工轨迹。其特点是速度快、精度高、直观性好、使用简便，已成为国内外先进的 CAD/CAM 软件所采用的数控编程方法。目前常用的图形交互式软件有 Master CAM、Cimatron、Pro/E、UG、CAXA、SolidWorks、CATIA 等。

(5) 结构新型化　20 世纪 90 年代，一种完全不同于原来数控机床结构的新型数控机床被成功开发。这种新型数控机床被称为“6 条腿”的加工中心或虚拟轴机床（有的还称为并联机床），它能在没有任何导轨和滑台的情况下，采用能够伸缩的“6 条腿”（伺服轴）支撑并联，并与安装主轴头的上平台和安装工件的下平台相连。它可实现多坐标联动加工，其控制系统结构复杂，加工精度、加工效率较普通加工中心高 2 ~ 10 倍。这种数控机床的出现将给数控机床技术带来重大变革和创新。

(6) 开放式闭环控制模式　采用通用计算机组成的总线式、模块化、开放式、嵌入式体系结构，便于裁减、扩展和升级，可组成不同档次、不同类型、不同集成程度的数控系统。闭环控制模式是针对传统数控系统仅有的专用型封闭式开环控制模式提出的。由于制造过程是一个由多变量控制和加工工艺综合作用的复杂过程，包括诸如加工尺寸、形状、振动、噪声、温度和热变形等各种变化因素，因此，要实现加工过程的多目标优化，必须采用多变量的闭环控制，在实时加工过程中动态调整加工过程变量。在加工过程中采用开放式通用型实时动态全闭环控制模式，易于将计算机实时智能技术、多媒体技术、网络技术、CAD/CAM 技术、伺服控制、自适应控制、动态数据管理及动态刀具补偿、动态仿真等高新技术融于一体，构成严密的制造过程闭环控制体系，从而实现集成化、智能化、网络化。

3. 柔性制造技术

柔性制造技术是一种能迅速响应市场需求而相应调整生产品种的制造技术。

(1) 柔性制造模块　柔性制造模块（Flexible Manufacturing Module，FMM）是一台扩展了许多自动化功能（如托盘交换器、托盘库或料库、刀库、上下料机械手等）的数控加工设备。它是最小规模的柔性制造设备，相当于功能齐全的加工中心、车削中心或磨削中心等。

(2) 柔性制造单元　柔性制造单元（Flexible Manufacturing Cell，FMC）包括 2 ~ 3 台数

控加工设备或 FMM，它们之间由小规模的工件自动输送装置进行连接，并由计算机对其进行生产控制和管理，如图 1-1 所示。

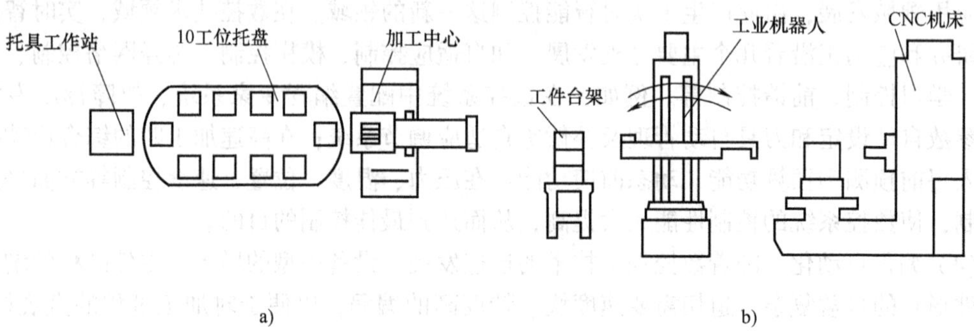

图 1-1　柔性制造单元（FMC）

a）配有托盘交换系统的 FMC　b）配有工业机器人的 FMC

（3）柔性制造系统　柔性制造系统（Flexible Manufacturing System，FMS）包括 4 台或更多的数控加工设备、FMM 或 FMC，是规模更大的 FMC 或由 FMC 作为子系统构成的系统，如图 1-2 所示。FMS 的控制、管理功能比 FMC 强，对数据管理与通信网络的要求高。

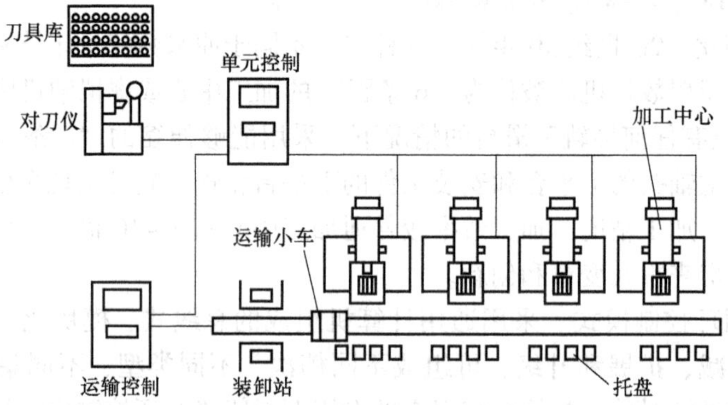

图 1-2　柔性制造系统（FMS）

总之，柔性制造系统是由若干台数控设备、物料运储装置和计算机控制系统组成的，并能根据制造任务和生产品种的变化而迅速进行调整的自动化制造系统，它是为了解决多品种、中小批量生产中效率低、周期长、成本高、质量差等问题而出现的高技术制造系统。

（4）柔性制造生产线　柔性制造生产线（Flexible Manufacturing Line，FML）的规模与 FMS 相同或比 FMS 大，但加工设备在采用通用数控机床的同时，更多地采用数控组合机床（数控专用机床、可换主轴箱机床、模块化多动力头数控机床等），所以这种柔性制造生产线也被称为柔性自动线（Flexible Transfer Line，FTL），其工件输送路线多为单线固定。FML 的特点是柔性较低、专用性较强、生产效率较高、生产量较大，相当于数控的自动化生产线，一般用于少品种、中大批量生产中。因此，可以说 FML 相当于专用 FMS。

（5）柔性制造工厂　柔性制造工厂（Flexible Manufacturing Factory，FMF）以 FMS 为子系统构成，柔性制造由 FMS 扩大到全厂范围，并通过计算机系统的有机联系，实现全厂范围内生产管理过程、设计过程、制造过程和物料运储过程的全盘自动化，即实现工厂自动化（Factory Automation，FA）的目标。

（6）计算机集成制造系统　计算机集成制造系统（Computer Integrated Manufacturing System，CIMS）是随着计算机辅助设计与制造的发展而产生的。它是在信息技术、自动化技术与制造技术的基础上，通过计算机技术把分散在产品设计与制造过程中各种孤立的自动化子系统有机地集成起来，形成适用于多品种、小批量生产，实现整体效益的集成化和智能化制造系统。集成化反映了自动化的广度，它把系统的范围扩展到了市场预测、产品设计、加工制造、检验、销售及售后服务等全过程。智能化则体现了自动化的深度，它不仅涉及物资流控制的传统体力劳动的自动化，还包括信息流控制的脑力劳动的自动化。

简言之，CIMS 就是用计算机通过信息集成实现现代化的生产制造，以求得企业的总体效益。它是计划、设计、工艺、加工、装配、检验、销售全过程由计算机控制的集成生产系统。

二、数控车床的组成及工作原理

1. 数控车床的组成

数控车床一般由输入装置、数控装置、伺服系统、位置检测反馈装置、辅助控制装置和车床主体等组成，如图 1-3 所示。

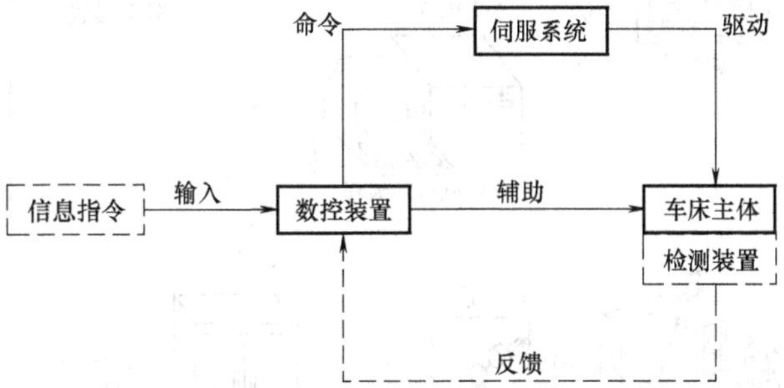

图 1-3　数控车床的组成

（1）输入装置　输入装置的作用是将程序载体（信息载体）上的数控代码传递并存入数控装置内。现代数控车床一般是将零件加工程序通过数控装置上的键盘，直接输入数控装置；或者将存储在计算机硬盘上的加工程序用通信的方式传送到数控装置。

（2）数控装置　数控装置是数控车床的核心。数控装置从内部存储器中取出或接收输入装置送来的一段或几段数控加工程序，经过数控装置的逻辑电路或系统软件进行编译、运算和逻辑处理后，输出各种控制信息和指令，以控制车床各部分的工作，使其进行规定的有序运动和动作。

（3）伺服系统　伺服系统由驱动装置、执行机构组成。伺服电动机是伺服系统的执行机构，驱动装置则是伺服电动机的动力源。来自数控装置的控制指令脉冲经伺服驱动装置进行功率放大，驱动伺服电动机，进而通过机械传动装置带动车床主轴、工作台或刀架等车床运动部件运动。

（4）位置检测反馈装置　位置检测装置将数控车床各坐标轴的实际位移量检测出来，经反馈系统输入到车床的数控装置之后，数控装置将反馈回来的实际位移量值与设定值进行比较，控制驱动装置按照指令设定值运动。

（5）辅助控制装置　辅助控制装置的主要作用是接收数控装置输出的开关量指令信号，经过编译、逻辑判别和运算，再经功率放大后驱动相应的电器，带动车床的机械、液压、气动等辅助装置完成指令规定的开关量动作。这些控制包括主轴运动部件的变速、换向和启停指令，刀具的选择和交换指令，冷却、润滑装置的起动停止，工件和车床部件的松开、夹紧等开关量动作。

由于可编程序控制器（PLC）具有响应快、性能可靠，易于使用、编程和修改程序、并可直接起动车床开关等特点，现已广泛用作数控车床的辅助控制装置。

（6）车床主体　数控车床的车床主体与传统车床相似，由主轴传动装置、进给传动装置、床身、工作台以及辅助运动装置、液压气动系统、润滑系统、冷却装置等组成。但数控车床在整体布局、外观造型、传动系统、刀具系统的结构以及操作机构等方面都已发生了很大的变化。这种变化的目的是为了满足数控车床的要求和充分发挥数控车床的特点。

2. *数控车床的工作原理*

数控车床的工作原理如图 1-4 所示。

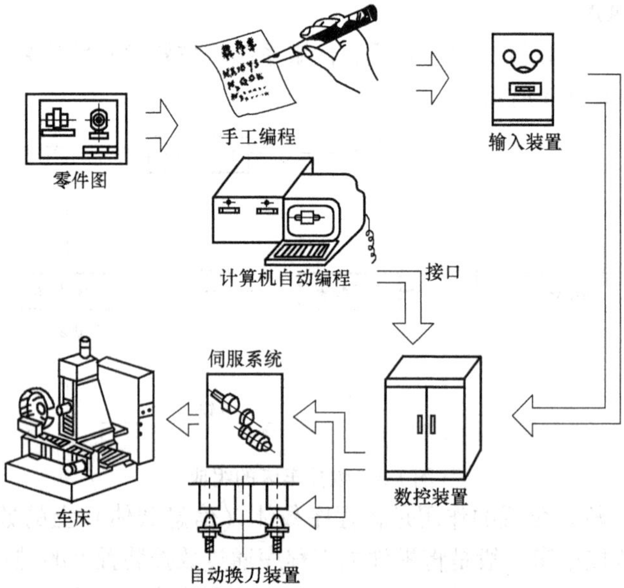

图 1-4　数控车床的工作原理

根据零件图样进行工艺分析，确定工艺方案，依据数控系统的规定指令编制零件的加工程序。视零件结构的复杂程度，可以采用手工或计算机编程，程序较小时，可以直接在车床操作面板的输入区域操作；程序较大时，也可在装有编程软件的普通计算机上进行。编程软件国内一般采用模拟软件和专业软件，经过相应的后置处理生成加工程序，再通过车床控制系统上的通信接口或其他存储介质（软盘、光盘等），把生成的加工程序输入到车床的控制系统中。进入数控装置的信息，经过一系列处理和运算转变成脉冲信号。有的信号输送到车床的伺服系统，通过伺服机构处理，传到驱动装置（主轴电动机，步进电动机或交、直流伺服电动机），使刀具和工件严格执行零件加工程序所规定的运动；有的信号送到可编程序控制器，用以控制车床的其他辅助运动，如主轴和进给运动的变速、液压或气动装夹工件、切削液开关等。

三、数控车床的分类

数控车床的品种和规格繁多，分类方法不一。根据数控车床的功能和组成，一般可分为以下几类：

1. 按使用功能分类

（1）经济型数控车床　经济型数控车床是采用步进电动机和单片机对卧式车床的进给系统进行改造后形成的简易型数控车床，它成本较低，但自动化程度和功能都比较差，车削加工精度也不高，适用于要求不高的回转类零件的车削加工。

（2）全功能型数控车床　全功能型数控车床是根据车削加工要求在结构上进行专门设计，并配备通用数控系统而形成的数控车床，它的数控系统功能强，自动化程度和加工精度也比较高，适用于一般回转类零件的车削加工。这种数控车床可同时控制两个坐标轴，即X轴和Z轴，如图1-5所示。

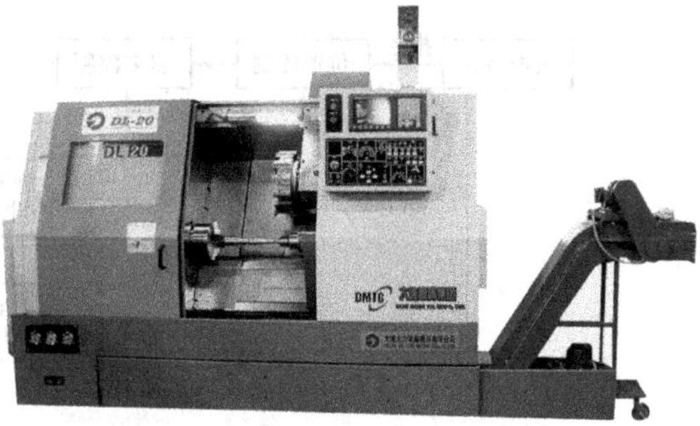

图1-5　全功能型数控车床

（3）车削加工中心　车削加工中心是在全功能型数控车床的基础上增加了C轴和铣削动力头，更高级的还带有刀库，可控制X、Z和C三个坐标轴，联动控制轴可以是（X、Z）、（X、C）或（Z、C）。由于增加了C轴和铣削动力头，这种数控车床（见图1-6）的加工功能大大增强，除可以进行一般车削外，还可以进行径向和轴向铣削、曲面铣削及中心线不在零件回转中心的孔和径向孔的钻削等加工。

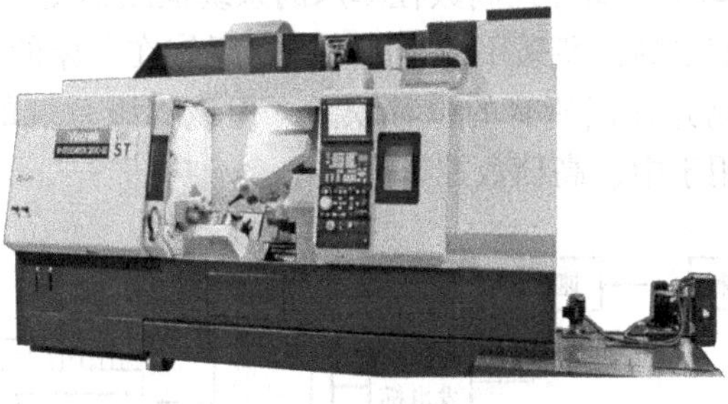

图1-6　车削加工中心

2. 按伺服系统的控制原理分类

数控车床按进给伺服系统的控制方式的不同，可分为开环控制数控车床、半闭环控制数控车床和闭环控制数控车床。

（1）开环控制数控车床　开环控制数控车床的系统框图如图1-7所示。

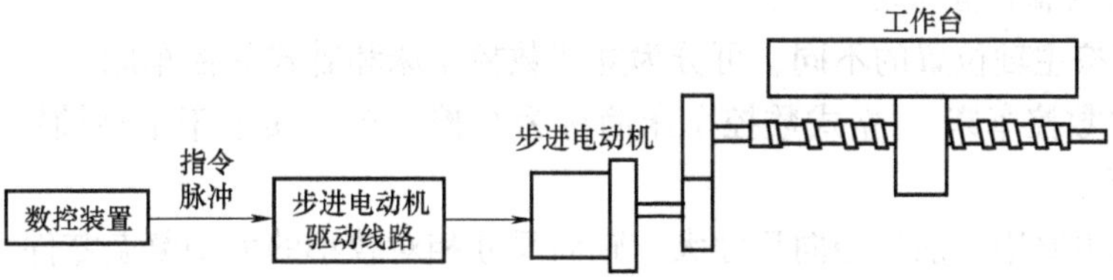

图1-7　开环控制数控车床的系统框图

这类车床所采用的开环伺服系统又称为步进电动机驱动系统，主要特征是该系统内没有位置检测反馈装置。我国目前将步进电动机驱动系统普遍用于经济型数控车床。

开环伺服系统在工作中不需要比较其指令位置与实际位置之间的误差，也不存在用该误差去进行补偿控制。这类车床的控制精度主要取决于伺服系统的传动链及步进电动机本身，故控制精度不高。但因其结构简单、反应迅速、工作稳定可靠、调式及维修均很方便，加之价格十分低廉，所以国内至今仍在对这类伺服系统作进一步的开发。

（2）半闭环控制数控车床　半闭环控制数控车床的系统框图如图 1-8 所示。

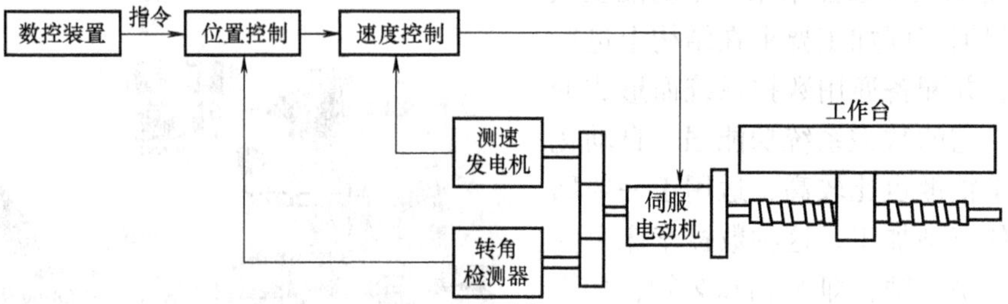

图 1-8　半闭环控制数控车床的系统框图

这类车床所采用的伺服系统与全闭环伺服系统的共同特征是该系统内设有以位置检测元件为主的测量反馈装置，它在车床的控制过程中形成部分位置随动控制环路，但不把机械传动位置等部分包括在内，故称该控制环路为“半闭环”。该伺服系统因能自动进行位置检测和误差比较，可对部分误差进行补偿，故其控制精度比开环伺服系统高，当车床的机械传动等位置的精度能满足使用要求时，其总的控制效果仍比较理想。

（3）闭环控制数控车床　闭环控制数控车床的系统框图如图 1-9 所示。

这类车床的控制精度很高，所采用的全闭环伺服系统在车床的控制过程中形成全部位置随动控制环路，自动检测并补偿所有的位移误差。但该伺服系统的调试、维修工作均较困难，价格也较高，故适用于中、高档数控车床。

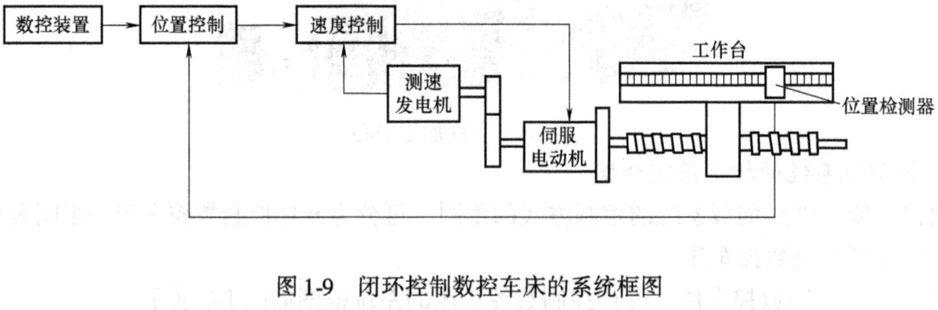

图 1-9　闭环控制数控车床的系统框图

3. 按车床主轴位置分类

数控车床按主轴位置的不同，可分为立式数控车床和卧式数控车床。

（1）立式数控车床　立式数控车床简称为数控立车，其车床主轴轴线垂直于水平面，如图 1-10 所示。

这类车床主要用于加工径向尺寸大、轴向尺寸相对较小的大型复杂零件。

（2）卧式数控车床　卧式数控车床的主轴轴线处于水平位置，根据导轨结构的不同又分为水平式数控车床和倾斜式数控车床。

水平式数控车床（见图1-11）与传统的卧式车床床身形式相近，是目前国内大部分经济型数控车床所采用的床身形式。水平式数控车床在刀架配置方面大部分为前置刀架形式。

图1-10　立式数控车床

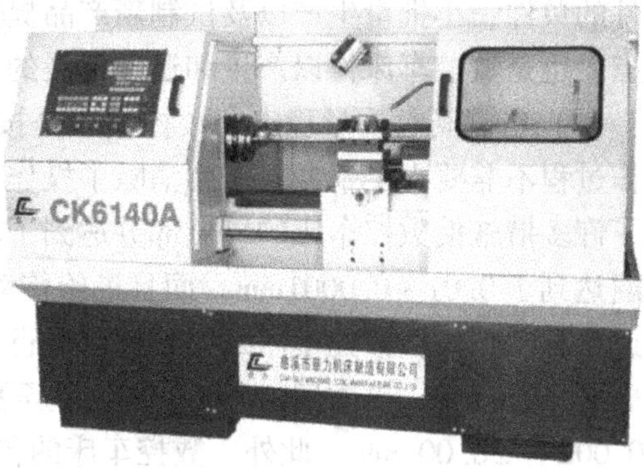

图1-11　水平式数控车床

倾斜式数控车床（见图1-12）的床身一般有倾斜45°和倾斜60°两种。这种车床的刀架为后置倾斜形式，排屑空间大，为卡盘调整、刀具装卸提供了极大的方便。底座床身为整体铸造结构，具有刚度好、抗振性好等特点。

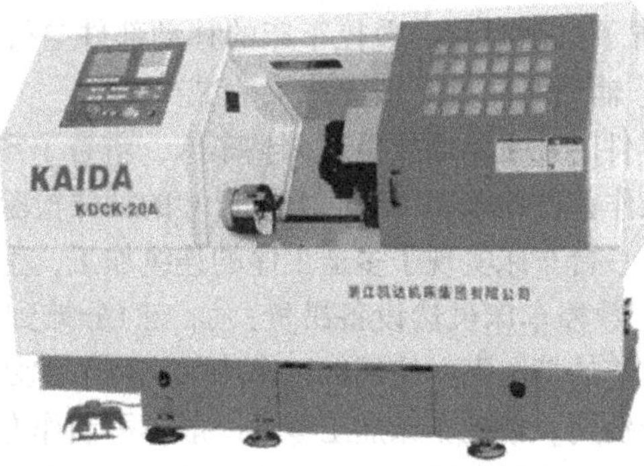

图1-12　倾斜式数控车床

第二节　数控车削加工特点及对象

学习目标

1. 了解数控车床的加工特点。
2. 了解数控车床的加工对象。

一、数控车床的加工特点

数控车床以其精度高、效率高、能适应小批量多品种复杂零件的加工等优点，在机械加工中得到日益广泛的应用。概括起来，数控车床的加工有以下几方面的优点：

（1）适应性强　适应性即所谓的柔性，是指数控车床随生产对象变化而变化的适应能力。在数控车床上改变加工零件时，不需改变机械部分和控制部分的硬件，只需重新编制程序，输入新的程序后就能实现对新零件的加工，且生产过程是自动完成的。这就为复杂结构零件的单件、小批量生产以及试制新产品提供了极大的方便。适应性强是数控车床最突出的优点，也是数控车床得以产生和迅速发展的主要原因。

（2）精度高、质量稳定　数控车床是按数字形式给出的指令进行加工的，一般情况下工作过程不需要人工干预，这就消除了操作者人为产生的误差。在设计制造数控车床时，采取了许多措施使数控车床的机械部分达到了较高的精度和刚度。数控车床工作台的移动精度普遍达到了0.01～0.0001mm，而且进给传动链的反向间隙与丝杠螺距误差等均可由数控装置进行补偿，高档数控车床采用光栅尺进行工作台移动的闭环控制。数控车床的加工精度由过去的±0.01 mm提高到±0.005mm，甚至更高；定位精度在20世纪90年代初中期已达到±0.002～±0.005mm。此外，数控车床的传动系统与车床结构都具有很高的刚度和热稳定性。通过补偿技术，数控车床可获得比本身精度更高的加工精度。尤其是提高了同一批零件生产的一致性，产品合格率较高，加工质量稳定。

（3）生产效率高　零件加工所需的时间主要包括机动时间和辅助时间两部分。数控车床主轴的转速和进给量的变化范围比卧式车床大，因此数控车床每一道工序都可选用最有利的切削用量。由于数控车床结构刚性好，因此允许进行大切削用量的强力切削，这就提高了数控车床的切削效率，节省了机动时间。数控车床的移动部件空行程运动速度快，工件装夹时间短，刀具可自动更换，辅助时间比一般车床大为减少。

数控车床更换被加工零件时几乎不需要重新调整车床，节省了零件安装的调整时间。数控车床加工质量稳定，一般只作首件检验和工序间关键尺寸的抽样检验，因此节省了停机检验时间。在加工中心上加工时，一台车床实现了多道工序的连续加工，生产效率的提高更为显著。

（4）良好的经济效益　数控车床虽然设备昂贵，加工时分摊到每个零件上的设备折旧费较高，但在单件、小批量生产的情况下，使用数控车床加工可节省划线工时，减少调整、加工和检验时间，节省直接生产费用。数控车床加工零件一般不需制作专用夹具，节省了工艺装备费用。数控车床加工精度稳定，降低了废品率，使生产成本进一步下降。此外，数控车床可实现一机多用，节省厂房面积和建厂投资。因此使用数控车床可获得良好的经济效益。

（5）有利于生产管理的现代化　数控车床使用数字信息与标准代码处理、传递信息，特别是在数控车床上使用计算机控制，为计算机辅助设计、制造以及管理一体化奠定了基础。

二、数控车床的主要加工对象

数控车削加工是数控加工中用得最多的加工方法之一，由于数控车床具有精度高，能做直线和圆弧插补，以及在加工过程中能自动变速的特点，其工艺范围较卧式车床宽得多。数控车床适合于车削具有以下要求和特点的回转类零件。

1. 精度要求高的零件

由于数控车床的刚性好，制造和对刀精度较高，以及能方便和精确地进行人工补偿甚至自动补偿，所以它能够加工尺寸精度和直线度、圆度、圆柱度要求高的零件。对圆弧以及其他曲线轮廓，加工出的形状与图样上的目标几何形状的接近程度比仿形车床要好得多。车削曲线为母线形状的零件常采用数控线切割加工，并用稍加修磨的样板来检查。数控车削出来的零件形状精度不会比这种样板本身的形状精度差。数控车削对提高位置精度特别有效。不少位置精度要求高的零件用传统的车床车削达不到要求，只能用磨削或其他方法弥补。车削零件位置精度的高低主要取决于零件的装夹次数和车床的制造精度。在数控车床上加工，如果发现位置精度较高，可以用修改程序内数据的方法来找正，这样可以提高其位置精度。而在传统车床上加工是无法作这种找正的。

2. *表面粗糙度好的回转体*

数控车床能加工出表面粗糙度小的零件，不但是因为车床的刚性和制造精度高，还由于它具有恒线速度切削功能。在材质、精车留量和刀具已定的情况下，表面粗糙度取决于进给量和切削速度。在传统的车床上车削端面时，由于转速在切削过程中恒定，理论上只有某一直径处的粗糙度最小。实际上也可发现端面上的粗糙度不一致。使用数控车床的恒线速度切削功能，就可选用最佳线速度来切削端面，这样切出的粗糙度既小又一致。数控车床还适合于车削各部位表面粗糙度要求不同的零件。粗糙度小的部位可以用减小进给量的方法来达到，而这在传统车床上是做不到的。

3. *表面形状复杂的回转体零件*

由于数控车床具有直线和圆弧插补功能，部分车床的数控装置还有某些非圆曲线插补功能，所以可以车削由任意直线和平面曲线组成的形状复杂的回转体零件和难以控制尺寸的零件。组成零件轮廓的曲线可以是数学方程式描述的曲线，也可以是列表曲线。对于由直线或圆弧组成的轮廓，可以直接利用车床的直线或圆弧插补功能。对于由非圆曲线组成的轮廓，可以用非圆曲线插补功能。若所选车床没有曲线插补功能，则应先用直线或圆弧去逼近，然后再用直线或圆弧插补功能进行插补切削。如果说车削圆弧零件和圆锥零件既可选用传统车床也可选用数控车床，那么车削复杂形状的回转体零件就只能使用数控车床了。

4. *带一些特殊类型螺纹的零件*

传统车床所能切削的螺纹相当有限，它只能车削等节距的直、锥面米、英制螺纹，而且一台车床只限定加工若干种节距。数控车床不但能车削任何等节距的直、锥和端面螺纹，而且能车削增节距、减节距，以及要求等节距、变节距之间平滑过渡的螺纹和变径螺纹。数控车床车削螺纹时主轴转向不必像传统车床那样交替变换，它可以一刀又一刀不停地循环，直到完成，所以它车削螺纹的效率很高。数控车床可以配备精密螺纹切削功能，再加上采用机夹硬质合金螺纹车刀，以及可以使用较高的转速，所以车削出来的螺纹精度较高、表面粗糙度小。可以说，包括丝杠在内的螺纹零件很适合在数控车床上加工。

第三节　数控车削加工工艺分析

学习目标

1. 掌握数控车削加工的工艺分析方法。
2. 能够正确制定车削加工工艺路线。

一、分析零件图样

分析零件图样主要考虑以下几个方面：

（1）构成零件轮廓的几何条件要求　由于设计等多方面的原因，可能在零件图上构成零件加工轮廓的数据不充分，导致编程的难度增加，甚至会无法编程。例如，零件图上漏掉某尺寸，使几何尺寸条件不充分；零件图上的图线位置模糊或尺寸标注不清；零件图上给定的几何条件不合理，造成数学处理困难等。

（2）尺寸精度要求　分析零件图样的尺寸精度要求，以判断能否利用车削工艺达到，并控制尺寸精度，同时可以进行尺寸换算，如增量尺寸与绝对尺寸及尺寸链计算等。

在利用数控车床车削零件时，通常对零件要求的尺寸取最大和最小极限尺寸的平均值作为编程的尺寸依据。

（3）形状和位置精度要求　加工时，按照零件图样给定的形状、位置公差确定零件的定位基准和测量基准。

（4）表面粗糙度要求　表面粗糙度是保证零件表面微观精度的重要要求，也是合理选择机床、刀具及确定切削用量的依据。

二、安排加工工序

数控车床在加工过程中，考虑加工对象轮廓曲线形状、位置、材料、批量不同等多方面因素的影响，在对具体零件指定加工工艺方案时，应该进行具体分析和区别对待，灵活应用。一般要遵循先粗后精、先近后远、先内后外、程序段最少、进给路线最短的原则，从而达到质量优、效率高、成本低的目的。

1. 先粗后精

这是数控车床加工与卧式车床加工都常采用的方案，目的是提高加工效率、保证零件的精加工质量。其过程是先安排大背吃刀量及进给量的粗加工工序，以便在较短的时间内将精加工前大量的加工余量去掉。例如，车削如图 1-13 所示的零件时，粗车工序应较快地将图中双点画线内所示部分切除掉。粗车一方面能提高金属切除率，另一方面也能满足精车的余量均匀性要求。若粗车后所留余量的均匀性满足不了精加工的要求，如图 1-13 所示零件粗车后所留余量不均匀，则要安排半精车，为精车做准备。

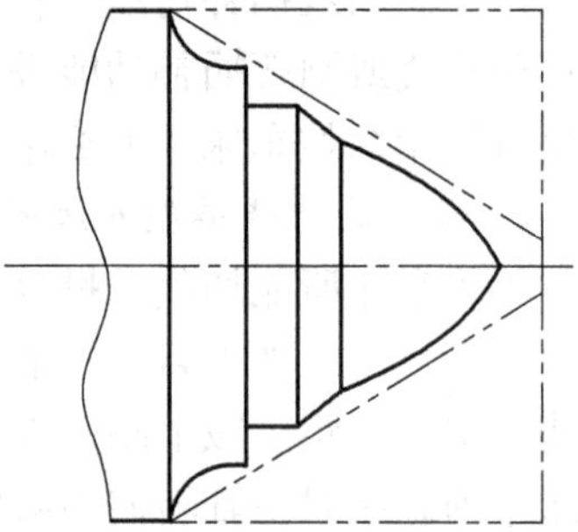

图 1-13　先粗后精示例

2. 先近后远

这里所说的远与近，是按加工部位相对于对刀点的距离远近而言的。在一般情况下，离对刀点近的部位先加工，离对刀点远的位置后加工，以便缩短刀具移动距离，减少空行程时间。

例如，当加工图 1-14 所示的零件时，如果按 ϕ38mm →ϕ36mm →ϕ34mm 的次序安排车削，会增加刀具返回对刀点所需的空行程时间，还可能使台阶的外直角处产生毛刺（飞边）。对这类直径相差不大的台阶轴，当第一刀的背吃刀量（图 1-14 中最大背吃刀量可为 3mm 左右）未超限时，宜按 ϕ34mm→ϕ36mm→ϕ38mm 的次序先近后远地安排车

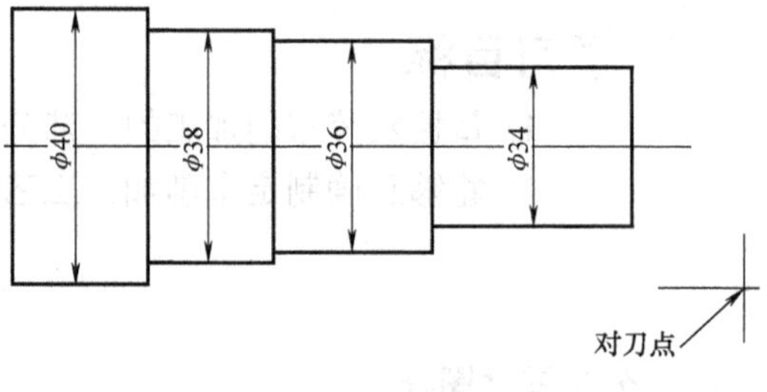

图 1-14　先近后远示例

削。

3. 先内后外

因为控制内表面的尺寸和形状较困难，对既有内表面（内型、内腔），又有外表面的零件加工时，先加工内型和内腔，后加工外型表面。

4. 程序段最少

在数控车床的加工中，在保证加工效率的前提下，总是希望以最少的程序段数即可实现对零件的加工，以使程序简洁、减少编程工作量、降低编程出错率，也便于程序的检查和修改。

5. 进给路线最短

这是在数控车床上确定进给路线的重点，主要是指粗车加工和空行程时间最少的进给线路。在保证加工质量的前提下，使加工程序具有最短的进给路线不仅可以节省整个加工过程的时间，还能减少车床的磨损等。

三、确定进给路线

进给路线是指数控车床加工过程中刀具相对零件的运动轨迹和方向。它泛指刀具从程序开始点开始运动起，直至返回该点并结束加工程序所经过的路径，包括切削加工的路径及刀具切入、切出等非切削空行程。它不但包括了工步的内容，也反映出工步顺序。进给路线是编写程序的依据之一，因此，在确定进给路线时最好画一张工序简图，将已经拟定出的进给路线（包括进、退刀路线）画上去，这样可为编程带来不少方便。

确定进给路线主要在于确定进刀走刀方式、退刀方式、粗加工及空行程的进给路线，因精加工切削过程的进给路线基本上都是沿零件轮廓顺序进行的。

1. 进刀走刀方式

数控车削加工应根据毛坯类型和工件形状确定进刀走刀方式，以达到减少循环走刀次数、提高加工效率的目的。

（1）轴套类零件　轴套类零件的进刀走刀方式是径向进刀、轴向走刀，循环切除余量的循环终点在粗加工起点附近，这样可以减少走刀次数，避免不必要的空走刀，节省加工时间。

（2）轮盘类零件　轮盘类零件的进刀走刀方式是轴向进刀、径向走刀，循环切除余量的循环终点在粗加工起点。编制轮盘类零件的加工程序时，与轴套类零件相反，是从大直径端开始加工。

2. 退刀路线

数控车床加工过程中，为了提高加工效率，刀具从起始点或换刀点运动到接近工件部位及加工完成后退回起始点或换刀点是以凹方式（快速）运动的。数控系统的退刀路线，原则是第一考虑安全性，即在退刀过程中不能与工件发生碰撞；第二是考虑使退刀路线最短。相比之下安全是第一位的。刀具加工零件部位不同，退刀路线的确定方式也不同，车床数控系统提供了以下三种退刀方式。

（1）斜线退刀方式　斜线退刀方式路线最短，适用于加工外圆表面的偏刀退刀，如图1-15 所示。

（2）径-轴向退刀方式　这种退刀方式是刀具先径向垂直退刀，到达指定位置时再轴向退刀，如图 1-16 所示。切槽即采用此种退刀方法。

（3）轴-径向退刀方式　这种退刀方式与径-轴向退刀方式恰好相反，如图 1-17 所示。粗车孔即采用此种退刀方式。精车孔通常先径向退刀，然后轴向退刀至外孔，再斜线退刀。

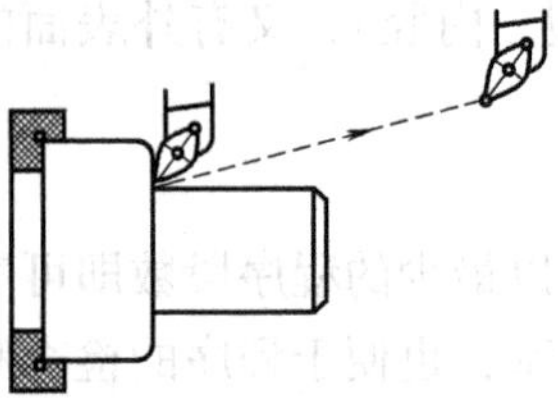

图 1-15　斜线退刀方式

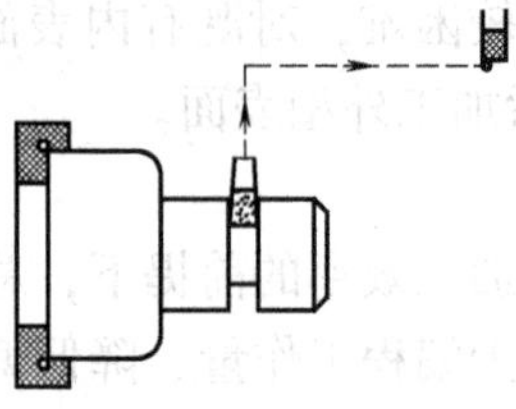

图1-16　径-轴向退刀方式

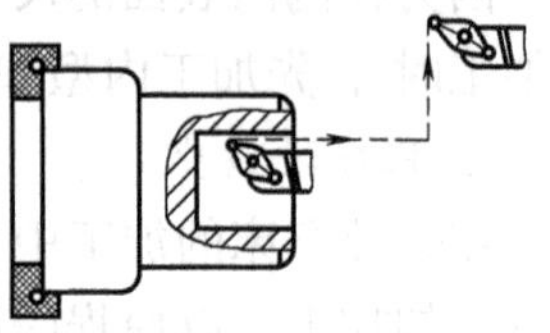

图 1-17　轴-径向退刀方式

3. *确定最短的进给路线*

在保证加工质量的前提下，使加工程序具有最短的进给路线，不仅可以节省整个加工过程的执行时间，还能减少车床进给机构滑动部件的磨损等。

（1）巧用起刀点　图 1-18a 所示为采用矩形循环方式进行粗车的一般情况示例。起刀点 A 的设定考虑在精车等加工过程中需方便地换刀，所以设置在离坯件较远的位置处，同时将起刀点与对刀点重合，按三刀粗车的进给路线安排如下：

第一刀：A →B →C →D → A；

第二刀：A →E →F →G →A；

第三刀：A →H →I →J →A。

如图 1-18b 所示，将起刀点与对刀点分离，设定对刀点为 B 点，其进给路线安排如下：

起刀点与对刀点分离的空行程为 A →B；

第一刀：B →C →D →E →B；

第二刀：B →F →G →H →B；

第三刀：B →I →J →K →B。

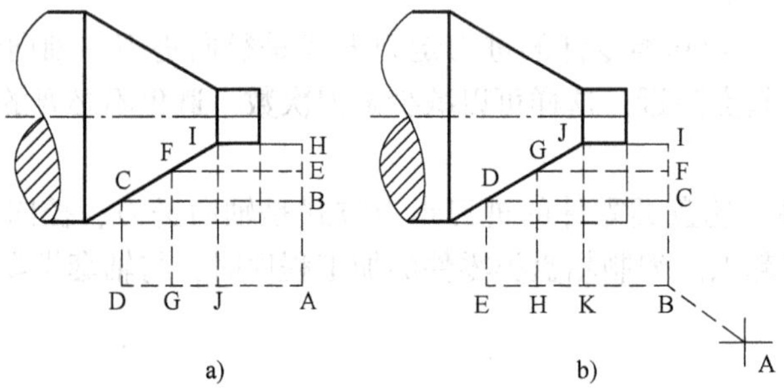

图 1-18　巧用起刀点

a）对刀点与起刀点重合　b）起刀点与对刀点分离

显然图 1-18b 所示的进给路线短。

（2）确定最短的切削进给路线　为了有效地提高生产效率，降低刀具的损耗，应使切削进给路线最短。安排切削进给路线时要兼顾被加工零件的刚性及加工的工艺性等要求。

图 1-19 所示为粗车零件的几种不同切削进给路线的安排示例。

图 1-19a 所示为利用数控系统具有的封闭式复合循环功能而控制车刀进行的进给路线。

图 1-19b 所示为利用循环功能安排的“三角形”进给路线。

图 1-19c 所示为利用矩形循环功能安排的“矩形”进给路线。

分析以上三种切削进给路线可知，在同等条件下，矩形循环切削所需时间（不含空行程）最短，刀具的损耗小，故制定加工方案时矩形循环进给路线应用较多。

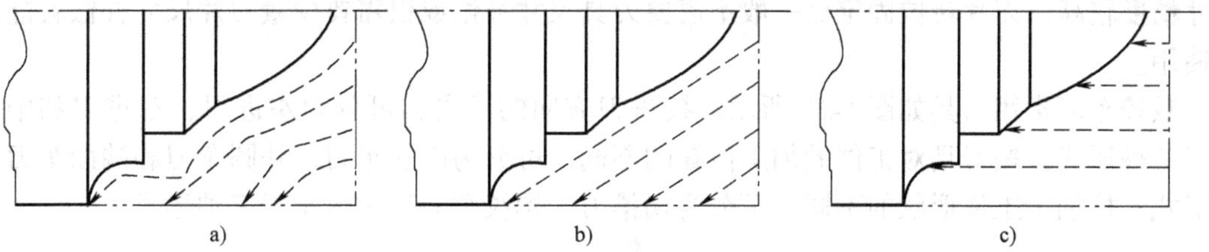

图 1-19　进给路线示例

a）沿工件轮廓进给　b）“三角形”进给　c）“矩形”进给

（3）灵活选用不同形式的切削路线　图 1-20 所示为切削凹圆弧表面时的几种常用路线。

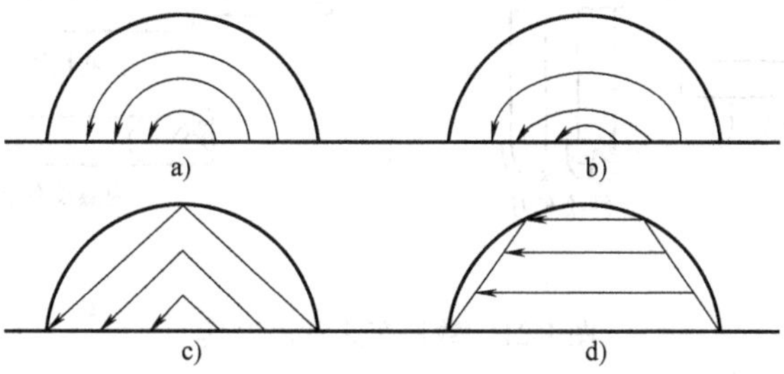

图 1-20　凹圆弧进给路线

a）同心圆形式　b）等径圆（不同心）形式　c）三角形形式　d）梯形形式

对以上进给路线的比较和分析如下：

1）程序段最少的为同心圆及等径圆形式。

2）进给路线最短的为同心圆形式，其余依次为三角形、梯形及等径圆形式。

3）计算和编程最简单的为等径圆形式（可利用程序循环功能），其余依次为同心圆、三角形和梯形形式。

4）金属切除率最高、切削力分布最合理的为梯形形式。

5）精车余量最均匀的为同心圆形式。

第四节　数控车削刀具

学习目标

1. 掌握刀具的选用及切削参数的选用方法。
2. 能够正确地选择加工所用刀具及合理的加工参数。

刀具的标准化和模块化不但提高了数控车床的工作效率，而且在使用中非常方便。数控车床的刀具分为刀杆与刀片两部分，在数控车床加工中更换磨损的刀片，只需松开螺钉，将刀片转位，再将新的刀片放于切削位置即可，因此又称之为可转位刀片。由于可转位刀片的尺寸精度较高，刀片转位固定后一般不需要刀具尺寸补偿或仅需要少量刀片尺寸补偿就能正常使用。

数控车床常用刀具如图1-21所示，按进刀方向的不同，可分为左进刀、右进刀和中间进刀三种形式；按刀具对工件的加工位置的不同，可分为内孔车刀、外圆车刀和端面车刀三种形式；按加工工件形状的不同，可分为切槽刀、螺纹车刀和仿形车刀三种形式。

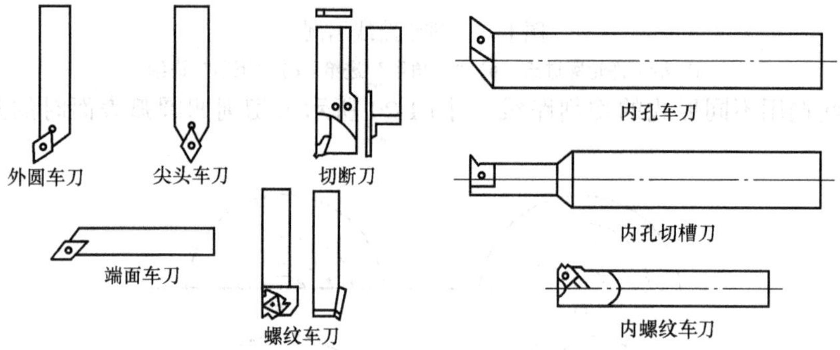

图1-21　数控车床常用刀具

一、数控车削刀具材料

数控加工中常用到的刀具材料有高速钢、硬质合金、陶瓷、金刚石、立方氮化硼、涂层等。目前广泛使用气相沉积技术来提高刀具的切削性能和刀具寿命。

1. 高速钢

高速钢是由W、Cr、Mo等合金元素组成的合金工具钢，相对于碳素工具钢，具有较高的热稳定性、强度和韧性，并有一定的硬度和耐磨性，因而适合于加工有色金属和各种金属材料；又由于高速钢有很好的加工工艺性，适合制造复杂的成形刀具。但是，高速钢耐磨性差、耐热性差，已难以满足现代切削加工对刀具材料越来越高的要求。

2. 硬质合金

硬质合金是数控车削刀具最常用的材料，它由难融金属碳化物（如WC、TiC、TaC、NbC）和金属粘合剂（Co、Mo、Ni等）经粉末冶金的方法烧结而成，是一种混合物，具有很高的硬度、耐热性、耐磨性和热稳定性，但抗弯强度和耐冲击性较差。按GB/T 2075—2007（参照采用ISO513：1991）可分为K、P、M三类：

1）K类（我国的YG类属于K类），用于加工产生短切屑的黑色金属（如铸铁类材料）、有色金属（如铜、铝等）和非金属材料。用红色作标志，常用的是WC-Co类硬质合金，常用牌号有YG3X、YG6X、YG6、YG8、YG10H等。

2）P类（我国的YT类属于P类），用于加工产生长切屑的黑色金属（如钢类材料）。用蓝色作标志，常用的是WC-TiC-Co类硬质合金（在YG类中加入不同含量的TiC），常用牌号有YT5、YT14、YT15、YT30等。

3）M类（我国的YW类属于M类），用于加工产生长或短切屑的黑色金属和有色金属，用黄色作标志，又称通用硬质合金，常用的是WC-TiC-TaC（NbC）-Co类硬质合金（在YT

类中加入不同含量的 TaC 或 NbC ），常用牌号有 YW1、YW2 等。

3. 陶瓷

陶瓷刀具主要由硬度和熔点都很高的 Al_2O_3（氧化铝）或 Si_3N_4（氮化硅）等组成，另外还有少量的金属碳化物、氧化物等添加剂，通过粉末冶金工艺方法压制烧结而成，有很高的硬度、耐磨性、耐热性和耐氧化性。常用的陶瓷刀具有两种：Al_2O_3 基陶瓷和 Si_3N_4 基陶瓷。

但陶瓷刀具的强度、韧性和耐冲击性较差，一般用于高速精细加工。

4. 金刚石

金刚石分人造和天然两种，作切削刀具的大多数是人造金刚石，其硬度极高，可达 10000 HV（硬质合金仅为 1300 ~ 1800 HV）。其耐磨性是硬质合金的 80 ~ 120 倍，但韧性差，对铁族材料亲和力大。因此一般不宜加工黑色金属，主要用于硬质合金、玻璃纤维塑料、硬橡胶、石墨、陶瓷、有色金属等材料的高速精加工。

5. 立方氮化硼（CBN）

立方氮化硼（CBN）是纯人工合成的超硬刀具材料，其硬度可达 7300 ~ 9000HV，仅次于金刚石。并且它的热稳定性好，可耐 1300 ~ 1500℃ 高温，与铁族材料亲和力小，但强度低、焊接性差，目前主要用于加工淬火钢、冷硬铸铁、高温合金和一些难加工材料。

6. 涂层

涂层刀具是近 20 年出现的一种新型刀具，是刀具发展中的一项重要突破，是解决刀具材料中硬度、耐磨性与强度、韧性之间矛盾的一个有效措施。涂层刀具是在一些韧性较好的硬质合金或高速钢刀具基体上，涂覆一层耐磨性高的难熔化金属化合物而获得的。目前涂层技术可分为两大类，即化学气相沉积技术（Chemical Vapor Deposition，CVD）和物理气相沉积技术（Physical Vapor Deposition，PVD）。常用的涂层材料有 TiC、TiN 和 Al_2O_3 等。

二、机夹可转位车刀

为了减少换刀时间和方便对刀，便于实现机械加工的标准化，数控车削加工时，应尽量采用机夹刀和机夹刀片。机夹刀片常采用可转位车刀，如图 1-22 所示。

这种车刀就是把经过研磨的可转位多边形刀片用夹紧组件夹在刀杆上。车刀在使用过程中，一旦切削刃磨钝后，通过刀片的转位，即可用新的切削刃继续切削。只有当多边形刀片所有的切削刃都磨钝后，才需要更换刀片。

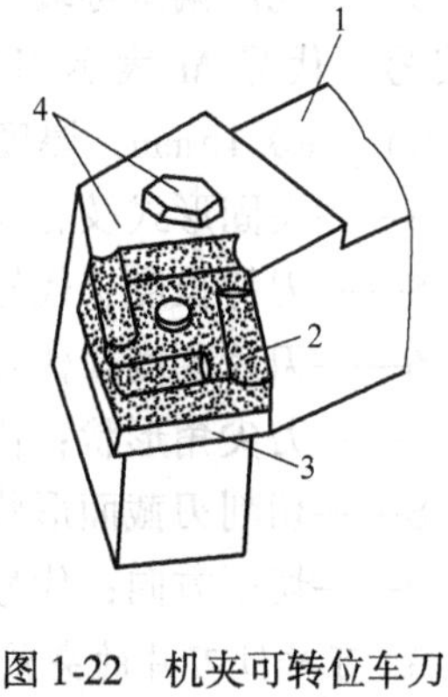

图 1-22 机夹可转位车刀

1—刀杆 2—刀片

3—刀垫 4—夹紧组件

1. 刀片外形的选择

常用刀片的外形如图 1-23 所示。

刀片外形与加工的对象、刀具的主偏角、刀尖角和有效刃数等有关。一般外圆车削常用 80°凸三边形（W 型）、四方形（S 型）和 80°菱形（C 型）刀片。仿形加工常用 55°菱形（D 型）、35°菱形（V 型）和圆形（R 型）刀片。90°主偏角加工常用三角形（T 型）刀片。不同的刀片形状有不同的刀尖强度，一般刀尖角越大，刀尖强度越大，反之亦然。圆形（R 型）刀片的刀尖角最大，35°菱形（V 型）刀片的刀尖角最小。在选用时，应根据加工条件恶劣与否，按重、中、轻切削

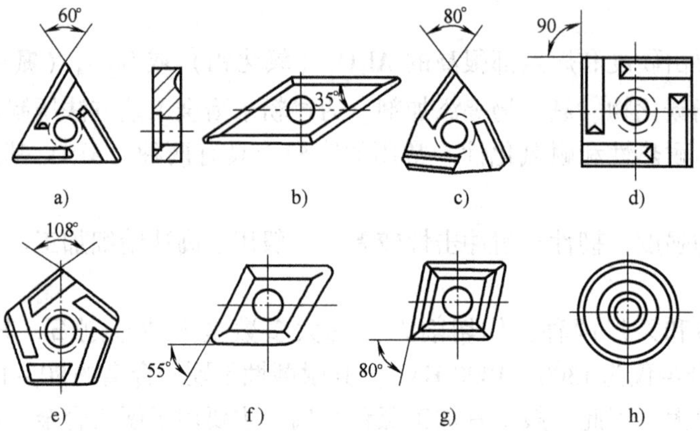

图 1-23　常用刀片的外形

a) T 型　b) V 型　c) W 型　d) S 型　e) P 型　f) D 型　g) C 型　h) R 型

有针对性地选择。在车床刚性、功率允许的条件下，大余量、粗加工应选用刀尖角较大的刀片；反之，车床刚性和功率小、小余量、精加工时宜选用刀尖角较小的刀片。

2. 可转位刀片的型号

按国家标准 GB/T 2076—2007。例如：车刀可转位刀片 CNMG120408EN 公制型号为

1	2	3	4	5	6	7	8	9
C	N	M	G	12	04	08	E	N

1——刀片形状；代号 C 表示刀尖角为 80°的菱形刀片。

2——刀片法后角；代号 N 表示法后角为 0°。

3——允许偏差等级，即刀片内切圆直径 d 与刀片的厚度 s 和刀尖位置尺寸 m 的偏差等级代号；代号 M 表示刀尖位置尺寸允许偏差 ±0.08 ~ ±0.2mm，刀片内切圆允许偏差 ±0.05 ~ ±0.15mm，厚度允许偏差 ±0.13 mm。

4——夹固形式及有无断屑槽；代号 G 表示双面有断屑槽，有圆形固定孔。

5——刀片长度；代号 12 表示切削刃长度为 12mm。

6——刀片厚度；代号 04 表示刀片厚度为 4.76mm。

7——刀尖角形状；代号 08 表示刀尖圆弧半径为 0.8mm。

8——切削刃截面形状；代号 E 表示倒圆切削刃。

9——切削方向；代号 N 表示双向。

3. 可转位刀片的夹紧方式

对刀片的夹紧方式有如下基本要求：

1）夹紧可靠，不允许刀片松动或移动。

2）定位准确，确保定位精度和重复精度。

3）排屑流畅，有足够的排屑空间。

4）结构简单，操作方便，制造成本低，转位动作快。

常见的可转位刀片的夹紧方式有杠杆式、楔块上压式、螺钉上压式等，如图 1-24 所

示。

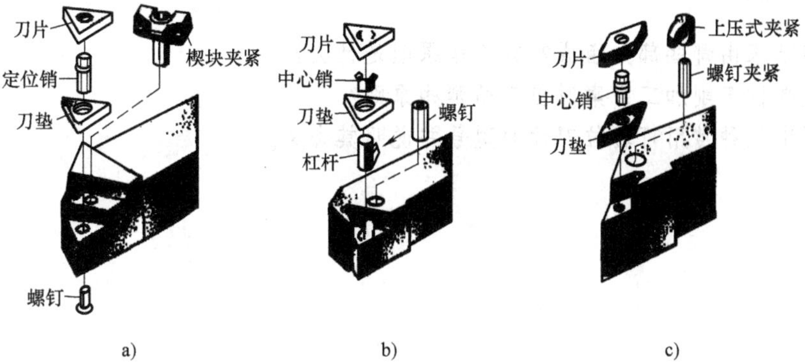

图 1-24　可转位刀片夹紧方式

a）楔块上压式夹紧　b）杠杆式夹紧　c）螺钉上压式夹紧

4. 刀片后角的选择

常用的刀片后角有 N（0°）、C（7°）、P（11°）、E（20°）型等。一般粗加工、半精加工可用 N 型；半精加工、精加工可用 C、P 型，也可用带断屑槽的 N 型刀片；加工铸铁、硬钢可用 N 型；加工不锈钢可用 C、P 型；加工铝合金可用 P、E 型等；加工弹性恢复性好的材料可选用后角大一些的刀片角；一般孔加工可选用 C、P 型，大尺寸孔可选用 N 型。

5. 刀尖圆弧半径的选择

刀尖圆弧半径不仅影响切削效率，而且关系到被加工表面的粗糙度及加工精度。从刀尖圆弧半径与最大进给量的关系来看，最大进给量不应超过刀尖圆弧半径的 80%（见表 1-1），否则将恶化切削条件，甚至出现螺纹状表面和打刀等问题。刀尖圆弧半径还与断屑的可靠性有关，为保证断屑，切削余量和进给量有一个最小值。当刀尖圆弧半径减小时，所得到的这两个最小值也相应减小，因此，从断屑可靠的角度出发，通常对于小余量、小进给量的车削加工应采用小的刀尖圆弧半径，反之宜采用较大的刀尖圆弧半径。

表 1-1　不同刀尖圆弧半径时的最大进给量

刀尖圆弧半径/mm	0.4	0.8	1.2	1.6	2.4
最大推荐进给量/（mm/r）	0.25～0.35	0.4～0.7	0.5～1.0	0.7～1.3	1.0～1.8

6. 刀杆的选择

刀杆头部形式按主偏角和直头、弯头分有 15～18 种，各形式规定了相应的代码，国家标准和刀具样本中都一一列出，可以根据实际情况选择。有直角台阶的工件，可选主偏角大于或等于 90°的刀杆；一般粗车可选主偏角为 45°～90°的刀杆；精车可选主偏角为 45°～75°的刀杆；中间切入、仿形车削则选主偏角为 45°～107.5°的刀杆；工艺系统刚性好时可选较小值，工艺系统刚性差时可选较大值。当刀杆为弯头结构时，则既可加工外圆，又可加工端面。

刀柄有 R（右手）、L（左手）、N（左右手）三种。要注意区分左、右刀的方向。选择时要考虑车床刀架是前置式还是后置式、前刀面是向上还是向下、主轴的旋转方向以及需要的进给方向等。

思考题

1. 数控车床由哪些部分组成？其工作原理是什么？
2. 指定数控车削加工方案时应遵循哪些原则？
3. 试写出几种常用可转位刀片的型号并说明其含义。

第二章 数控车床编程基础

数控车床编程是数控加工零件的一个重要步骤，程序的优劣决定了加工的质量。本章着重介绍数控车床编程中的通用知识，包括数控车床编程概念、坐标系、数控程序的组成、辅助功能、常用的准备功能及刀具补偿功能。通过对本章的学习，能够掌握数控车床编程的基础知识。

第一节　数控车床编程概述

学习目标

1. 了解数控车床编程的基本概念。
2. 掌握数控车床编程中几个坐标系的相互关系。

一、数控车床编程的概念及内容

1. 数控车床编程的概念

数控加工程序编制是把加工零件的全部过程、工艺参数和位移数据等，以代码的形式记录在控制介质上，用控制介质上的信息来控制车床运动，以实现零件的自动加工。把从分析零件图样到获得数控车床所需控制介质的全过程称作数控加工程序的编程。数控编程分为手工编程和计算机辅助编程（自动编程）。

（1）手工编程　手工编程就是指数控编程工作全部由人工完成。由于数控车床的主要加工对象为回转类零件，零件程序的编制相对较简单，因此，车削这类零件的数控加工程序主要依靠手工编程完成。对加工形状较简单的零件，手工编程快捷、简便。但手工编程的工作量比较大、烦琐且容易出错，因此也可以借助计算机辅助设计软件的 CAD 功能求取轮廓的基点和节点。一般说来，由直线和圆弧组成的零件轮廓采用手工编程；非圆曲线和列表曲线组成的零件轮廓采用自动编程。

（2）计算机辅助编程（自动编程）　计算机辅助编程是指编程人员使用计算机辅助设计和制造软件完成数控车床程序的编制工作。编程人员只需根据零件图样的要求，绘制零件的三维或二维图形，根据工艺参数选择切削方式、设置刀具参数和切削用量，由计算机进行数值计算和工艺参数处理，自动生成加工程序，再通过通信方式传入数控车床。

2. 数控车床编程的内容

一般来讲，数控编程过程的主要内容包括分析零件图样、工艺处理、数据处理、编写程序清单、输入数控系统、程序校验和首件试加工，如图 2-1 所示。

数控编程的具体步骤与要求如下：

(1) 分析零件图样　首先要分析零件的材料、形状、尺寸、精度、批量、毛坯形状和热处理要求等，以便确定该零件是否适合在数控车床上加工，或适合在哪种数控车床上加工，同时要明确加工的内容和要求。

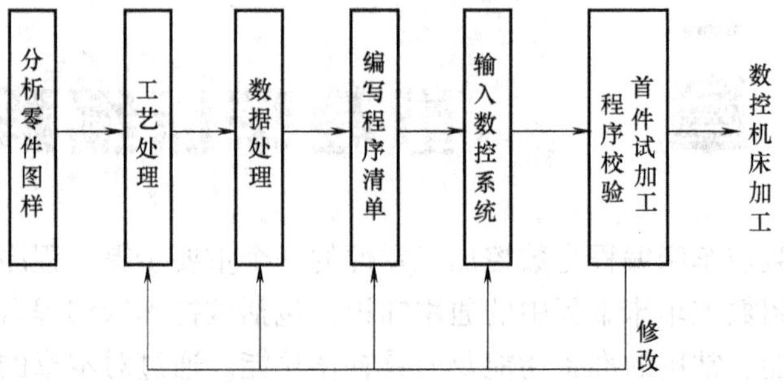

图 2-1　数控编程过程

(2) 工艺处理　在分析零件图样的基础上进行工艺分析，确定零件的加工方法（如采用的工装夹具、装夹定位方法等）、加工路线（如对刀点、换刀点、进给路线等）及切削用量（如主轴转速、进给速度和背吃刀量等）等工艺参数。数控加工工艺分析与处理是数控编程的前提和依据，而数控编程就是将数控加工工艺的内容程序化。制定数控加工工艺时，要合理地选择加工方案，确定加工顺序、加工路线、装夹方式、刀具及切削参数等；同时还要考虑所用数控车床的指令功能，充分发挥车床的效能；尽量缩短加工路线，正确地选择对刀点、换刀点，以减少换刀次数，并使数值计算更为方便；合理选取起刀点、切入点和切入方式，保证切入过程平稳；避免刀具与非加工面发生干涉，保证加工过程安全、可靠等。

(3) 数据处理　根据零件图样的几何尺寸、确定的工艺路线及设定的坐标系，计算零件粗、精加工的运动轨迹，获得刀位数据。数控系统一般具有直线和圆弧插补功能，对于形状比较简单的零件（如由直线和圆弧组成的零件）的轮廓加工，要计算出基点坐标值（即几何元素的起点、终点，圆弧的圆心，两几何元素的交点或切点的坐标值），如果数控装置无刀具补偿功能，还要计算刀具中心的运动轨迹坐标值。对于形状比较复杂的零件（如由非圆曲线和曲面组成的零件），需要用直线段或圆弧段逼近，根据加工精度的要求，计算出节点的坐标值，这种数值计算一般要用计算机来完成。

(4) 编写程序清单　根据加工路线、切削用量、刀具号、刀具补偿号、车床辅助动作及刀具的运动轨迹，按照数控系统使用的指令和程序段的格式编写零件加工的程序清单，并校核上述两个步骤的内容，纠正其中的错误。

(5) 程序校验与首件试加工　输入到数控系统的加工程序在正式加工前需进行验证，以确保程序正确。通常可以采用车床空运行的方法，检查车床动作和运动轨迹是否正确；在有图形显示功能的数控车床上，可以利用模拟加工的图形显示来检查运动轨迹的正确性。需注意的是这些方法只能检验运动轨迹是否正确，不能检验被加工零件的精度。因此，还需要进行零件的首件试加工。当发现加工的零件不符合加工技术要求时，分析产生加工误差的原因，找出问题所在并加以修正，直至达到零件图样的要求。

二、数控车床坐标系的建立

1. 数控车床坐标系建立的原则

在数控车床上进行零件的加工，通常使用直角坐标系来描述刀具与零件的相对运动。对数控车床中坐标系及运动部件运动方向的命名，应符合 JB/T 3051—1999《数控机床坐标和运动方向的命名》标准的规定。

（1）笛卡儿坐标系原则　在标准中统一规定采用右手直角笛卡儿坐标系对机床的坐标系进行命名。用 X、Y、Z 表示直线进给坐标轴，X、Y、Z 坐标轴的相互关系由右手定则决定，如图 2-2a 所示。其中大拇指的指向为 X 轴的正方向，食指的指向为 Y 轴的正方向，中指的指向为 Z 轴的正方向。

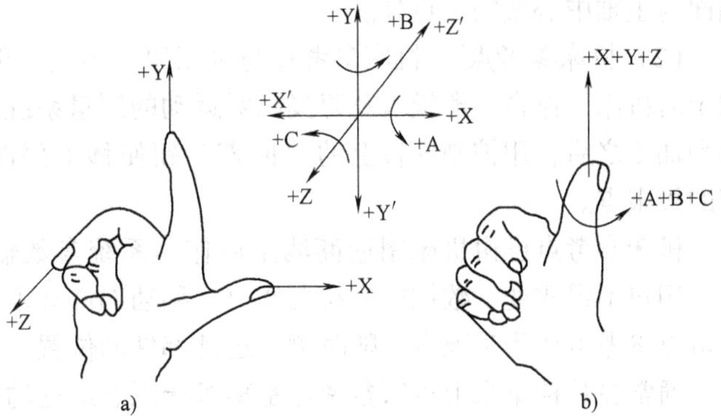

图 2-2　笛卡儿坐标轴

a）右手定则　b）右手螺旋定则

围绕 X、Y、Z 轴旋转的圆周进给坐标轴分别用 A、B、C 表示，根据右手螺旋定则（见图 2-2b），以大拇指的指向为 +X、+Y、+Z 方向，则食指、中指等的指向是圆周进给运动的 +A、+B、+C 方向。

（2）刀具相对于静止的零件而运动的原则　数控车床的进给运动，有的由主轴带动刀具运动来实现，有的由工作台带动零件运动来实现。为编程方便，在描述刀具与零件的相对运动时，不论车床在加工中是刀具移动，还是被加工零件移动，都一律假定零件静止，刀具运动，并规定刀具远离零件的方向为坐标轴的正方向。

2. 数控车床的坐标轴及其运动方向

数控车床坐标轴的确定方法是：首先确定 Z 坐标轴，因为它是传递切削动力的主轴方向；第二步确定 X 坐标轴；最后根据右手定则确定 Y 坐标轴。数控车床各轴如图 2-3 所示。

（1）Z 坐标轴　Z 坐标轴的运动方向是由传递切削动力的主轴所决定的，即平行于主轴轴线的坐标轴为 Z 坐标轴。对于车床而言，零件由主轴带动作为主运动，则 Z 轴与主轴旋转中心重合，平行于导轨。Z 坐标轴的正向为刀具离开零件的运动方向。

（2）X 坐标轴　X 坐标轴平行于零件的装夹平面，对于数控车床而言，X 坐标轴的方向在零件的径向上，并且平行于车床的横导轨。

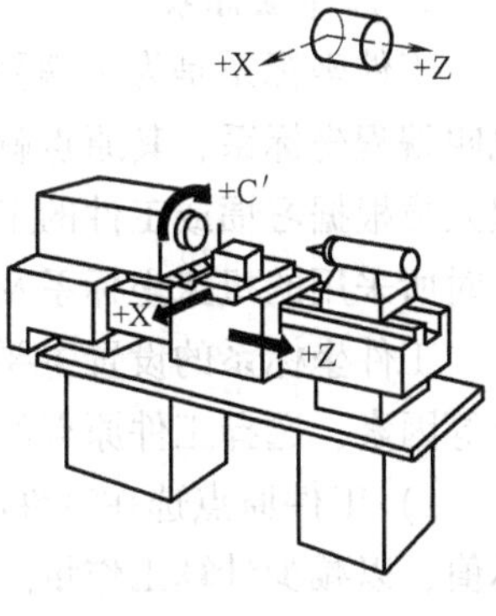

图 2-3　数控车床各轴

三、机床坐标系与工件坐标系

在确定机床各坐标轴及运动方向后，还需进一步明确机床坐标系和工件坐标系的区别，并且确定坐标系原点的位置。

1. 机床坐标系

机床坐标系是机床上固有的坐标系，并设有固定的坐标原点，称为机床原点，又称机床零点，即 X =0、Y =0、Z =0 的点。

（1）机床原点　机床原点又叫机床零点或机械零点，它是机床坐标系的原点。该点是机床上的一个固定点，它是其他所有坐标系（如工件坐标系、编程坐标系）以及机床参考点的基准点。从机床设计的角度看，该点位置可以任意选择，但对某一具体机床来说，该点是机床的固定点，其位置由机床制造商确定。数控车床的机床原点一般设在卡盘前端面或后端面与主轴中心线的交点处。

（2）机床参考点　机床参考点与机床原点不同，但两者又很容易混淆。机床参考点是用于对机床工作台、滑板以及刀具相对运动的测量系统进行标定和控制的点。它是在加工之前和加工之后，用控制面板上的“回零”钮使移动部件退回到机床坐标系中的一个固定不变的极限点。

机床参考点已由机床制造商测定后作为系统参数输入数控系统，并记录在机床说明书中，用户不得改变。数控机床在工作时，移动部件必须首先返回参考点，测量系统置零之后即可以参考点作为基准点，随时测量运动部件的位置，刀具（或工作台）移动才有基准。

通常在数控车床上机床参考点是离机床原点最远的极限点。数控车床的机床原点与机床参考点位置如图 2-4 所示。

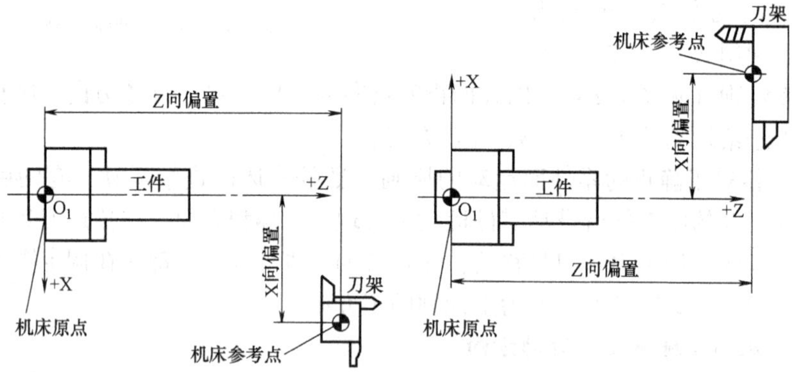

图 2-4　数控车床的机床原点与机床参考点位置

2. 工件坐标系

工件坐标系是为了编程方便，由编程人员在编制数控加工程序前在零件图样上设置的，也叫编程坐标系，其原点就是工件原点或编程原点。与机床坐标系不同，工件坐标系是由编程人员根据习惯或工件的工艺特点自行设定的。采用工件坐标系进行编程时，可以不考虑加工时所采用的机床坐标系及工件在机床上的装夹位置，为编程人员带来很大方便。

工件坐标系的设置主要考虑工件形状、工件在机床上的装夹方法以及刀具的加工轨迹计算等因素，选择工件原点的一般原则是：

1）工件原点选在零件的设计基准上，这样可以直接用图样标注的尺寸作为编程点的坐标值，以减少计算工作量。

2）工件原点尽可能选在尺寸精度高的工件表面上，这样可以提高工件的加工精度和同一批零件的一致性。

3）对于结构对称的零件，工件原点应选在工件的对称中心上。

4）选择工件原点时应便于各基点、节点坐标值的计算，以减小编程误差。

5）工件原点的选择应方便对刀及测量。

根据上述原则，数控车床的工件原点一般设在主轴中心线与工件的左端面或右端面的交点处，如图 2-5 所示的 W_1 或 W_2。

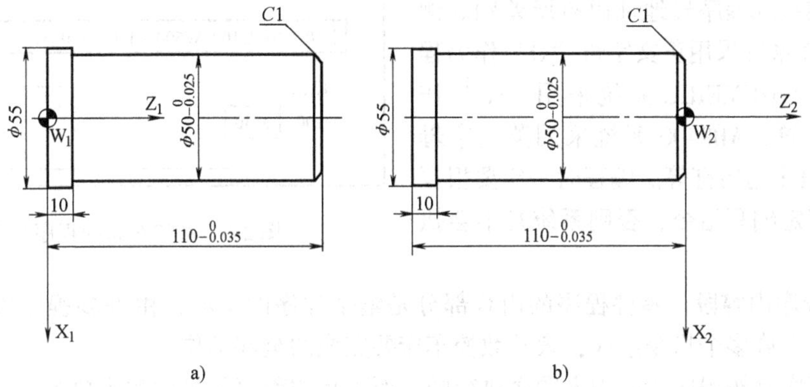

图 2-5　数控车床工件原点

第二节　数控车床系统的基本功能

学习目标

1. 掌握数控车床编程的格式。
2. 熟悉数控车床编程的各种指令。

数控车床加工中的动作在加工程序中用指令的方式预先规定，这些指令有准备功能 G 指令、辅助功能字 M 指令、刀具功能 T 指令、主轴功能字 S 指令和工艺功能字 F 指令等。ISO（国际标准）组织和我国相关部门都已制定了一些相应的标准，但在我国目前使用的各种数控车床和数控系统中，指令定义还没有完全统一，个别 G 指令或 M 指令在不同系统中的含义不完全相同，甚至完全不同。因此，编程人员在编程前必须仔细阅读生产厂家提供的编程手册，了解相关规定，以便编制的程序能被数控系统执行。

本节以配置华中“世纪星”数控系统（HNC—21T）的车床为例，介绍编程的一些标准和规范。

一、数控车床的程序组成

一个零件程序是一组被传送到数控系统中的指令和数据，它是由遵循一定结构、语法和格式规则的若干个程序段组成的，而每个程序段又是由若干个指令字组成的。

国际上广泛采用两种标准规定的代码编制加工程序，即 ISO 代码和 EIA 代码。ISO 代码是由国际标准化组织制定的代码。EIA 代码是由美国电子工业学会制定的代码。

1. 程序的结构

一个完整的零件程序必须包括程序开始段、程序内容段、程序结束段和程序的文件名。

（1）程序开始段　零件程序的开始部分一般由程序起始符%（或O）后跟程序号组成（如% 1000），如图 2-6 所示的第一行。不同的数控系统程序号地址码有所差别。例如，FANUC 系统采用英文字母“O”作为程序起始符；SINUMERIC 系统采用“%”作为程序起始符；AB8400 系统采用英文字母“P”作为程序起始符等。编程时一定要根据说明书的规定编写指令，否则系统是不会执行的。

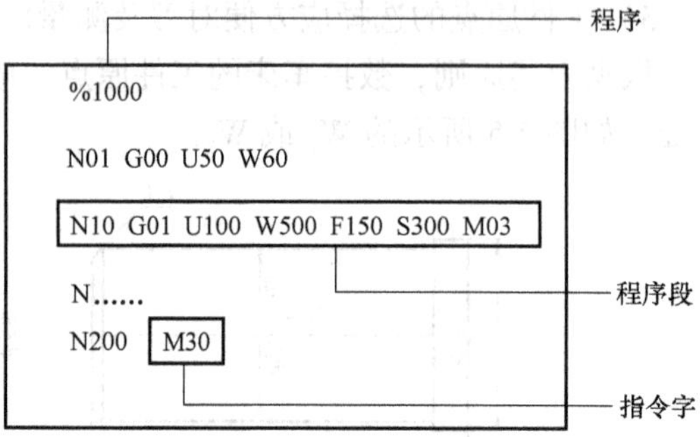

图 2-6　数控车床的程序组成

（2）程序内容段　零件程序的内容部分是整个程序的核心，由许多程序段组成，每个程序段由一个或多个指令组成，表示数控车床要完成的全部动作。

零件程序是按程序段的输入顺序执行的，而不是按程序段号的顺序执行的，但书写程序段号时，建议按升序书写程序段号。

（3）程序结束段　零件程序的结束部分常用结束符 M02 或 M30。

（4）程序的文件名　CNC 装置可以装入许多程序文件，以磁盘文件的方式读写。文件名格式为（有别于 DOS 的其他文件名）O××××（地址 O 后面必须有四位数字或字母）。本系统通过调用文件名来调用程序，进行加工或编辑。

2. 程序段格式

一个程序段定义一个将由数控系统执行的指令行。程序段的格式定义了每个程序段中功能字的句法，程序段是可以作为一个单位来处理的连续字组。程序段构成的一般形式如下：

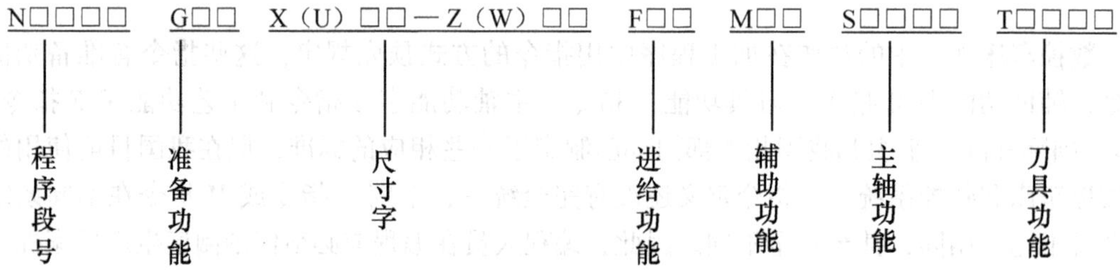

二、数控车床辅助功能

1. 辅助功能 M

M 指令（或辅助指令）是由地址字 M 和它后面的两位数字构成的，主要用于车床加工操作时的工艺性指令，其特点是靠继电器的通断来实现控制过程，如指定主轴的旋转方向、起停等。

M 功能有非模态 M 功能和模态 M 功能两种形式。非模态 M 功能（当段有效代码）只在书写了该代码的程序段中有效；模态 M 功能（续效代码）是一组可相互注销的 M 功能，这些功能在被同一组的另一个功能注销前一直有效。华中 HNC—21T 系统的基本 M 指令功能见表 2-1。

表 2-1 华中 HNC—21T 系统的基本 M 指令功能

代码	是否模态	功能说明	代码	是否模态	功能说明
M00	非模态	程序暂停	M03	模态	主轴正转
M02	非模态	程序结束	M04	模态	主轴反转
M30	非模态	程序结束并返回	M05	模态	主轴停止
M98	非模态	调用子程序	M08	模态	切削液开
M99	非模态	子程序结束	M09	模态	切削液关

（1）程序结束 M02、M30 当 CNC 执行到 M02 指令时，机床主轴、进给、冷却全部停止运行，加工结束。若需要重新执行该程序，就需要重新调用该程序，然后再按“循环起动”键即可。

使用 M30 结束程序后，将自动返回到程序头（%）的位置。若需要重新执行该程序，只需再次按“循环启动”键。

（2）子程序指令 M98、M99 M98 用来调用子程序；M99 表示子程序结束，返回主程序。

1）子程序的格式

% ××××

……

M99

在子程序开头，必须规定子程序号作为调用入口地址。在子程序的结尾用 M99，以控制执行完该程序后返回主程序。

2）调用子程序的格式

格式：M98 P__ L__

说明：P 为被调用的子程序号；L 为子程序重复调用次数。

2. F、S、T 功能

（1）进给功能 F F 指令表示加工工件时刀具相对于工件的合成进给速度，F 的单位取决于 G94、G95。

G94 表示每分钟进给量，单位：mm/min。

G95 表示每转进给量，单位：mm/r。

使用下式可以实现每转进给量与每分钟进给量的转化：

$$v_f = f_r n$$

式中 v_f——每分钟的进给量（mm/min）；

f_r——每转进给量（mm/r）；

n——主轴转速（r/min）。

当工作在 G01、G02 或 G03 方式下，编程的 F 一直有效，直到被新的 F 值所取代。而工作在 G00 方式下，快速定位的速度与所编 F 无关。借助机床控制面板上的倍率按键，F 可在一定范围内进行倍率修调。

（2）主轴功能 S 主轴功能 S 控制主轴转速，其后的数值表示主轴速度，速度的单位依 G96、G97 而不同。

1）G96 是恒线速度指令，单位为 m/min。在使用恒线速度指令时，若切削直径发生变化，切削线速度是恒定不变的，变化的是主轴转速，由切削线速度和主轴转速的关系可知：

$$v_c = \pi dn/1000$$

式中　v_c——切削线速度（m/min）；

d——工件切削直径（mm）；

n——主轴转速（r/min）。

当切削线速度恒定时，若直径很小，主轴转速会很高，为防止出现“飞车”现象，程序中要配合使用 G46 来限制主轴转速。

格式：G96　S＿　恒线速度有效

G46　X＿　P＿　极限转速限定

说明：S 为切削的恒定线速度（m/min）；X 为恒线速度时主轴最低速限定（r/min）；P 为恒线速度时主轴最高速限定（r/min）。

2）G97 是取消恒线速度指令，单位为 r/min。G97 后面的 S 值为取消恒线速度后，指定的主轴转速。

（3）刀具功能 T　刀具功能用于指定加工中所用刀具号和刀具补偿号，实现调用相应刀具、建立工件坐标系和刀具补偿等功能。刀具功能由地址 T 和后面的 4 位数字组成。

格式：T××××

T 后的 4 位数字中，前两位数字表示刀具号，后两位数字表示刀具补偿号。

三、数控车床准备功能

准备功能代码又称为 G 代码，是控制车床运动方式的指令，它由地址字 G 和后面的数字组成，即 G××。准备功能分为模态指令和非模态指令，模态指令就是在同一组 G 指令出现之前一直有效的 G 指令；非模态指令就是只在当前程序段中有效的 G 指令。华中 HNC—21T 系统常用准备功能见表 2-2。

表 2-2　华中 HNC—21T 系统常用准备功能

G 代码	组	功　能	G 代码	组	功　能
G00	01	快速定位	G57	11	坐标系选择
G01		直线插补	G58		
G02		顺圆插补	G59		
G03		逆圆插补	G65		宏指令简单调用
G04	00	暂停	G71	06	外径/内径车削复合循环
G20	08	英寸输入	G72		端面车削复合循环
G21		毫米输入	G73		闭环车削复合循环
G28	00	返回刀参考点	G76		螺纹切削复合循环
G29		由参考点返回	G80		外径/内径车削固定循环
G32	01	螺纹切削	G81		端面车削固定循环
G36	17	直径编程	G82		螺纹切削固定循环
G37		半径编程	G90	13	绝对编程
G40	09	刀尖半径补偿取消	G91		相对编程
G41		左刀补	G92	00	工件坐标系设定
G42		右刀补	G94	14	每分钟进给
G54	11	坐标系选择	G95		每转进给
G55			G96	16	恒线速度切削
G56			G97		取消恒线速度切削

1. 编程说明

（1）米制单位和英制单位　数控系统中有米制编程和英制编程两种功能。可以通过指令或参数设定确定采用米制单位编程还是英制单位编程。米制单位为毫米（mm），英制单位为英寸（in），1in＝25.4mm。

华中 HNC—21T 系统中 G20 为英制输入制式，G21 为米制输入制式，通常机床开机默认状态为米制。

（2）直径编程和半径编程　对于数控车床而言，直径编程是用直径尺寸表达 X 轴方向的坐标值。例如，车削直径为 ϕ50mm 的外圆面时，车刀首先进给至端面外缘处，此时车刀刀尖距离编程坐标系原点的实际 X 轴方向尺寸为 25mm，但在程序中 X 坐标应写为 X50。

华中 HNC—21T 系统中 G36 为直径编程方式，G37 为半径编程方式，通常机床开机默认状态为直径编程方式。

（3）绝对坐标和增量坐标　建立工件坐标系之后，可以用绝对坐标方式表达各基点的坐标值，也可以用增量坐标方式表达各基点的位移量。通常机床开机默认状态为绝对坐标方式。

华中 HNC—21T 系统中 G90 为绝对坐标方式，G91 为增量坐标方式。在采用 G90 编程时，也可以用 U、W 表示 X 轴、Z 轴的增量值，这种编程方式称为混合编程。

2. 进给控制指令

（1）快速定位 G00

功能：G00 指令使刀具相对于工件以各轴预先设定的快速移动速度，从刀具所在点快速移动到目标点。

格式：G00　X（U）__　Z（W）__

说明：X、Z 为目标点在工件坐标系中的坐标值；U、W 为目标点相对于起点的位移量。

在同一程序段中绝对坐标指令和增量坐标指令可以混用。

实际刀具移动路径与理想刀具移动路径可能会不一致，因此，要注意刀具是否与工件和夹具发生干涉。对不确定是否会发生干涉的场合，可以考虑每轴单动。

刀具快速移动速度由车床生产厂家设定。

如图 2-7 所示，使刀具快速从 A 点移动到 B 点的程序段为 G00　X40　Z2（G00　U-60　W-50）。

（2）线性进给（直线插补）G01

功能：G01 指令刀具以联动的方式，按 F 规定的合成进给速度，从当前位置按线性路线（联动直线轴的合成轨迹为直线）移动到目标点。

格式：G01　X（U）__　Z（W）__　F__

说明：X、Z 为目标点在工件坐标系中的坐标值；U、W 为目标点相对于起点的位移量。

在同一程序段中绝对坐标指令和增量坐标指令可以混用。

该指令可使数控车床沿 X 轴、Z 轴方向执行单轴运动，也可以沿 XOZ 平面内任意斜率的直线运动。

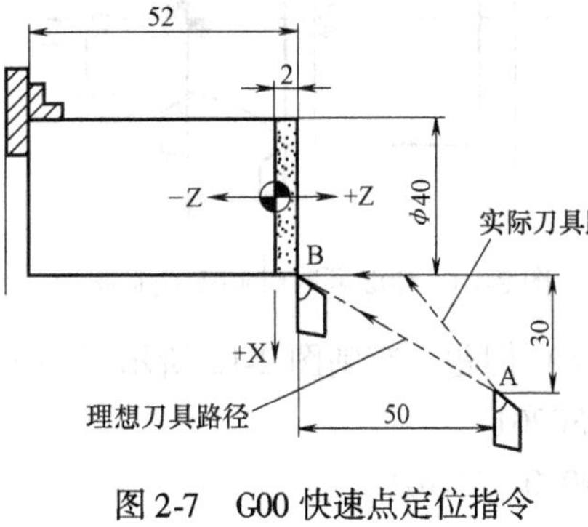

图 2-7　G00 快速点定位指令

如图2-8所示，加工锥度的程序段为G01　X40　Z-30　F0.2（G01　U20　W－30　F0.2）。

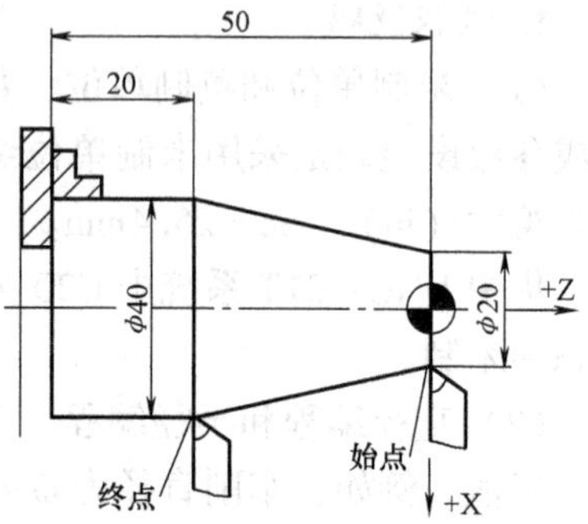

图2-8　G01直线插补指令

（3）圆弧插补G02、G03

功能：该指令使刀具刀尖从圆弧起点沿圆弧移动到圆弧终点，车削出圆弧轮廓。G02为顺时针圆弧插补指令，G03为逆时针圆弧插补指令。

圆弧的顺、逆方向判断：沿圆弧所在平面（XOZ）相垂直的另一坐标轴（Y轴），由正向负看去，起点到终点的运动轨迹为顺时针使用G02指令，反之使用G03指令，如图2-9所示。

格式一：G02/G03　X（U）＿　Z（W）＿　R＿　F＿

格式二：G02/G03　X（U）＿　Z（W）＿　I＿　K＿　F＿

其中：X、Z为圆弧终点在工件坐标系中的坐标值；U、W为圆弧终点相对于圆弧起点的位移量。

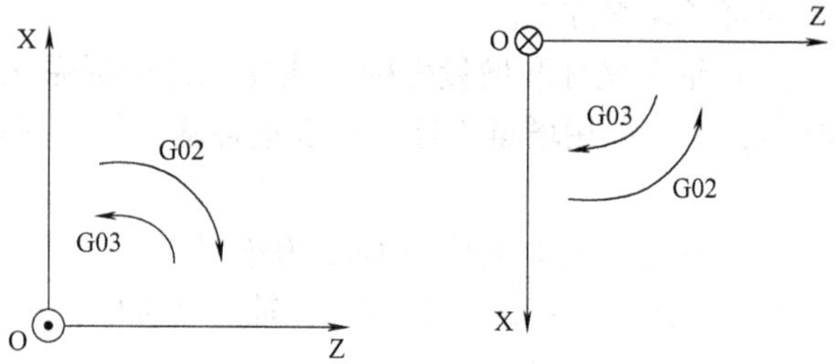

图2-9　车床上圆弧的顺、逆方向判断

R表示圆弧半径。

I、K表示圆心在X、Z轴方向上相对于圆弧起点的增量坐标值。

F表示被编程的两轴的合成进给速度。

车床加工程序中一般采用R方式编程。

如图2-10所示，顺时针圆弧插补的程序段为G02　X50　Z－20　R25　F0.2（G02　U20　W-20　R25　F0.2）。

如图2-11所示，逆时针圆弧插补的程序段为G03　X50　Z－20　R25　F0.2（G03　U20　W-20　R25　F0.2）。

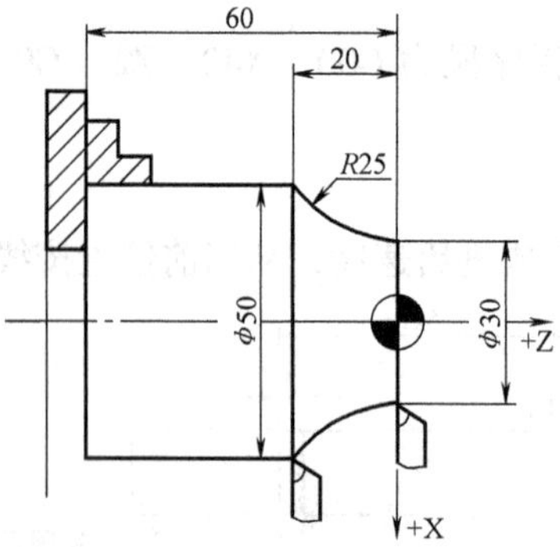

图2-10　G02顺时针圆弧插补指令

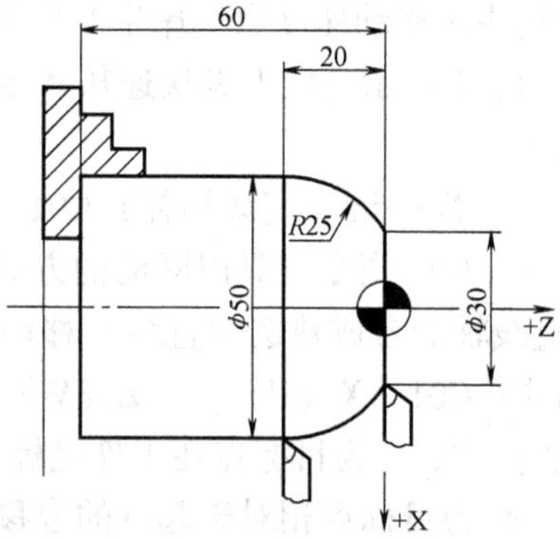

图2-11　G03逆时针圆弧插补指令

（4）例题　车削图2-12所示零件轮廓，其精加工程序如下：

%0201

N010　T0101

```
N020 M03 S1000
N030 M08
N040 G95 G00 X33 Z2
N050 X14
N060 G01 Z0 F0.1
N070 G03 X18 Z-2 R2
N080 G01 Z-10
N090 X20
N100 G02 X30 Z-15 R5
N110 G01 X33
N120 G00 X100
N130 Z100
N140 M05
N150 M09
N160 M30
```

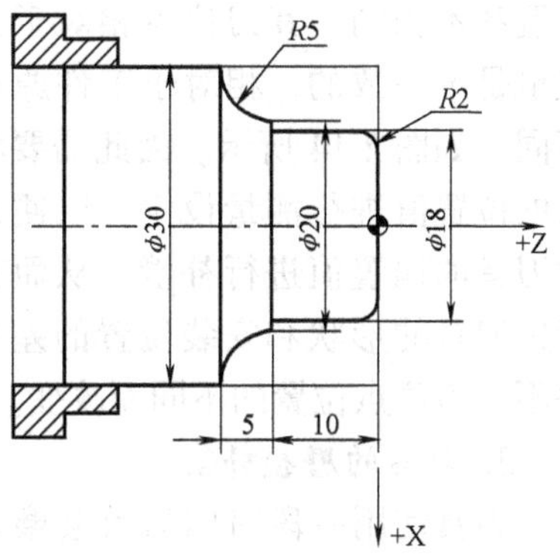

图 2-12　编程例题

第三节　刀具补偿功能

学习目标

1. 了解刀具补偿的产生原因。
2. 掌握常见的刀具补偿方法。
3. 熟练应用刀具补偿功能编制加工程序。

数控车床的刀具补偿分为刀具的位置补偿和刀具的刀尖圆弧半径补偿。刀具的位置补偿由 T 代码指定，刀具的刀尖圆弧半径补偿由 G40、G41、G42 代码指定。

一、刀具的位置补偿

刀具的位置补偿包括刀具的偏置补偿和刀具的磨损补偿。数控车床上应用刀具位置补偿功能，其作用一是设定工件坐标系，二是设定刀具的刀位补偿。在学习补偿之前，首先了解刀位点的概念。

1. 刀位点

刀位点是在编制加工程序时用以表示刀具位置特征的点。编程时用该点的运动来描述刀具的运动，运动所形成的轨迹称为编程轨迹。所以说，编程的实质就是描述刀具的刀位点在编程坐标系中的运动轨迹。对于数控车床的刀具，由于刀具的结构特点，刀位点的选择比较复杂，常用的各类车刀的刀位点如图 2-13 所示。对于刀位点的选择要考虑到实际加工中是否便于对刀和测量。

2. 刀具的偏置补偿

数控车床的编程轨迹实际上是刀位点的运动轨迹，但实际中不同刀具的几何尺寸、安装位置各不相同，其刀位点相对于刀架中心的位置也是不一致的，相对于工件原点的位置也就不同，如图 2-14 所示。因此需要将各刀具刀位点的位置值进行测量设定，以便系统在加工时对刀具的偏置值进行补偿。从而在编程时不用考虑刀具的形状和安装位置的差异，使加工程序不随刀位点位置的不同而改变。

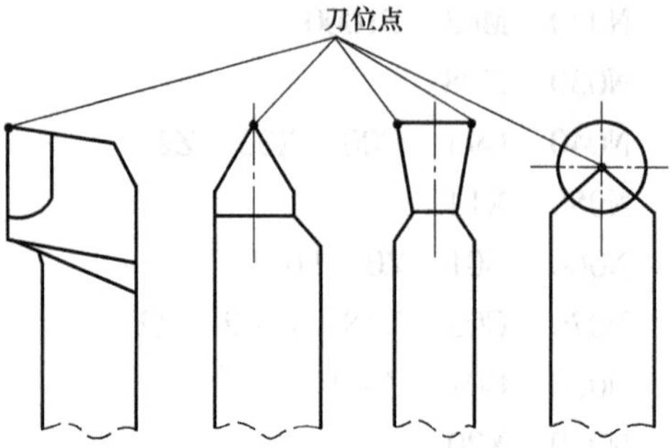

图 2-13　常用的各类车刀的刀位点

3. 刀具的磨损补偿

刀具使用一段时间后就会磨损，刀具磨损后的刀位点和磨损前的刀位点就不再是同一个点，这样也会使产品尺寸产生误差，因此需要对其进行补偿。该补偿与刀具的偏置补偿存放在同一个寄存器的地址号中。各刀具设定的磨损补偿只对该刀具有效。

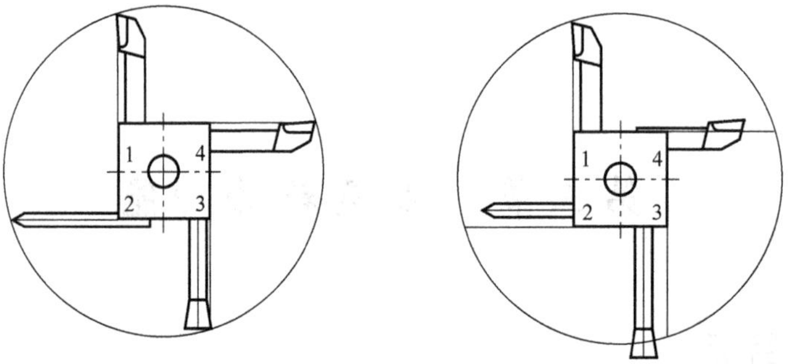

a)　b)

图 2-14　理想刀具位置与实际刀具位置

a）理想刀具位置　b）实际刀具位置

4. 刀具位置补偿的指定

刀具的偏置补偿和磨损补偿功能都是由 T 代码指定的，其后的 4 位数字分别表示选择的刀具号和刀具补偿号。

格式：T XX　　+　XX

　　　刀具号　　刀具补偿号

刀具补偿号是刀具的偏置补偿寄存器的地址号，该寄存器存放刀具的 X 轴和 Z 轴偏置补偿值、刀具的 X 轴和 Z 轴磨损补偿值。

HNC—21T 数控系统刀具位置补偿功能在加工程序运行中是通过刀具功能（T 功能）自动实现的。例如，T0101 表示调用 1 号刀具加工，并执行#0001 补偿寄存器中的刀具补偿量。当加工程序运行到 T 指令时，刀架会移动一个预先设置到系统中的刀具位置补偿量，自动完成刀具位置补偿。

HNC—21T 数控系统刀具位置补偿量需要在数控车床运行加工程序之前，用对刀的方法预置到系统的刀具位置偏置寄存器中。对刀的具体操作过程参考第三章第三节。

二、刀尖圆弧半径补偿

1. 刀尖圆弧半径补偿的目的

编制数控车床加工程序时一般是针对刀具上的某一点（即刀位点），按工件轮廓尺寸编制的。车刀的刀位点一般为理想状态下的理想刀尖点 P 或刀尖圆弧圆心点 S，但实际加工中，为了提高刀具的寿命和降低加工表面的粗糙度，车刀刀尖上都会有一半径不大的圆弧。实际切削时，真正起作用的切削刃是刀尖圆弧上和工件轮廓相切的各切点，加工工件的形状不同，刀尖圆弧上切点的位置就不同，由此会产生一些加工误差。刀尖圆弧半径补偿的目的就是解决刀尖圆弧可能引起的加工误差。

图 2-15 所示为一带圆弧的刀尖。编程和对刀时使用的刀尖是理想刀尖点 P，由于刀尖圆弧的存在，实际切削点是刀尖圆弧和切削表面的相切点。车削端面时，刀尖圆弧的实际切削点和理想刀尖点 P 的 Z 轴坐标值相同；车削外圆柱表面和内圆柱孔时，刀尖圆弧的实际切削点与理想刀尖点 P 的 X 轴坐标值相同。因此，车削端面和内外圆柱表面时不需要对刀尖圆弧半径进行补偿。

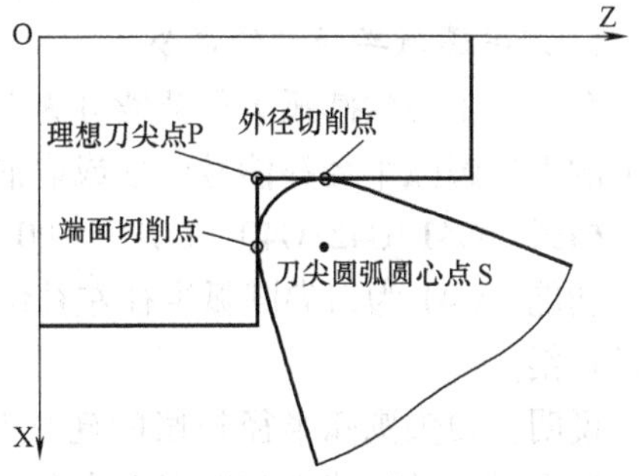

图 2-15　刀尖圆弧圆心点与理想刀尖点

当加工圆锥面或圆弧面时，则刀尖实际切削点与理想刀尖点之间在 X、Z 轴方向都存在位置误差。如图 2-16 所示，理想刀尖点 P 编程的进给轨迹为实线 $P_1 \sim P_9$，圆弧刀尖实际切削轨迹为虚线所示，有少切或过切现象，造成加工误差。在切削圆锥面时，刀尖实际切削点始终也是一个点，但这个切削点和理想刀尖点不是同一个点，因此刀尖圆弧半径会使被加工表面产生等量的误差，影响圆锥面的尺寸精度，而对其形状和位置精度没有影响。在切削圆弧面时，刀尖实际切削点是一个变化的点，它会使被加工表面的圆弧半径发生变化，并且影响圆弧面的轴向尺寸精度。刀尖圆弧半径 R 越大，加工误差也越大。

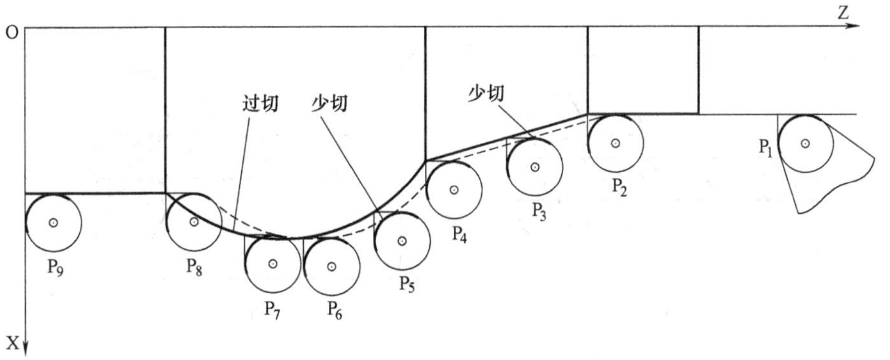

图 2-16　刀尖圆弧半径对加工精度的影响

如图 2-17 所示，采用了刀尖圆弧半径补偿功能，编程时只需按工件的实际轮廓编程。执行刀尖圆弧半径补偿指令后，数控系统则根据刀具参数和刀尖圆弧半径补偿指令自动计算出刀尖圆弧圆心点轨迹，使刀尖圆弧圆心点 S 始终偏离工件轮廓一个刀尖圆弧半径值 R，从而加工出合格的零件。

这种由于刀尖不是一理想点而是一段圆弧造成的加工误差，可用刀尖圆弧半径补偿功能来消除。

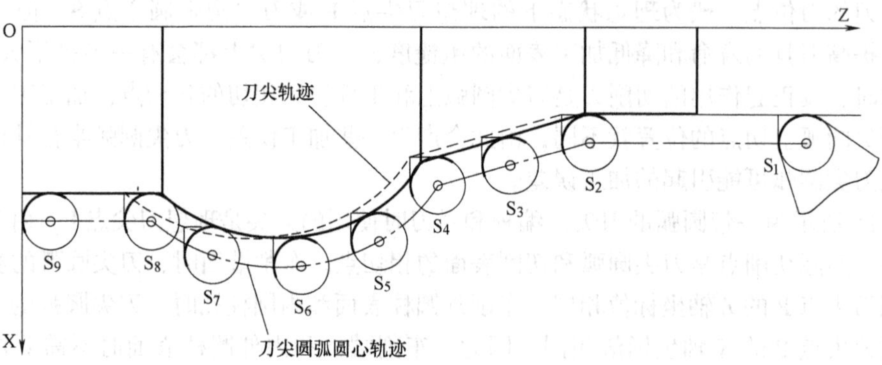

图 2-17　采用刀尖圆弧半径补偿的刀具轨迹

2. 刀尖圆弧半径补偿指令

车削加工刀尖圆弧半径补偿分为左补偿和右补偿，通过 G41、G42、G40 代码及 T 代码指定的刀尖圆弧半径补偿号建立或取消半径补偿。

格式：G41/G42/G40　G01（G00）　X（U）＿　Z（W）＿

功能：G41 为刀尖圆弧半径左补偿，G42 为刀尖圆弧半径右补偿，G40 为取消刀尖圆弧半径补偿。

说明：刀尖圆弧半径补偿的建立和取消只能用 G00 或 G01 指令，不能是 G02 或 G03。即通过直线运动来建立和取消刀尖圆弧半径补偿。

刀尖圆弧半径补偿偏置方向的判别：从垂直于圆弧所在平面的那个轴（如 Y 轴）的方向看，沿着刀具的前进方向，当刀具处在加工轮廓左侧时，称为刀尖圆弧半径左补偿，用 G41 表示；当刀具处在加工轮廓右侧时，称为刀尖圆弧半径右补偿，用 G42 表示，如图 2-18 所示。

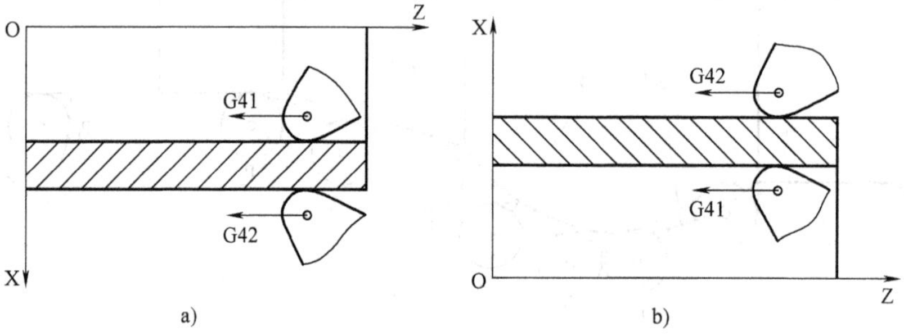

图 2-18　刀尖圆弧半径左、右补偿
a）前置刀架　b）后置刀架

在判别刀尖圆弧半径补偿偏置方向时，一定要从 Y 轴的正方向观察刀具所处的位置，因此要特别注意前置刀架和后置刀架刀补偏置方向的区别。对于前置刀架，为防止判别过程中出错，可在图样上将工件、刀具及 X 轴同时绕 Z 轴旋转 180°后再进行偏置方向的判别，此时 Y 轴朝外，刀补的偏置方向与后置刀架相同。

从刀尖圆弧半径补偿方向判定方法可以得到：数控车床不管是前置刀架还是后置刀架，其外圆表面自右向左进行切削时，刀尖圆弧半径补偿应该使用右补偿指令 G42；其内表面自右向左进行切削时，刀尖圆弧半径补偿应该使用左补偿指令 G41。

3. 刀尖圆弧半径补偿的操作方法

刀尖圆弧半径补偿的操作方法是在加工程序运行之前，将刀尖圆弧半径值 R 以及刀尖方位号通过控制面板输入到相应的 R、T 存储器中（具体操作参考第三章第三节），运行程序时，通过 G41/G42 指令实现其补偿功能。其中机夹车刀的刀尖圆弧半径大小可以查阅刀具生产厂家的刀具参数，一般刀具可以通过测量得到。刀尖方位号是表示理想刀尖点 P 相对于刀尖圆弧圆心点 S 位置的参数。前置刀架和后置刀架刀尖方位号的对应关系如图 2-19 所示。刀尖方位号分别用参数 0 ~9 表示（ ●代表理想刀尖点 P， + 代表刀尖圆弧圆心点 S）。

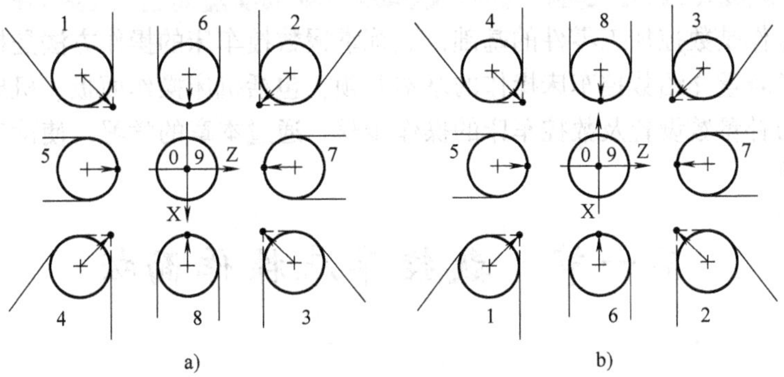

图 2-19　前置刀架和后置刀架刀尖方位号的对应关系

a）前置刀架　b）后置刀架

思考题

1. 简述手工编程与自动编程的特点。
2. 简述坐标轴的定义原则，以及工件坐标系和机床坐标系的关系。
3. 试述常用 M 指令的含义。
4. 简述刀尖圆弧半径补偿的原因及意义。

第三章 数控车床基本操作

数控车床操作是数控加工零件的基础，熟练掌握数控车床的操作方法是提高加工效率的重要途径。本章着重介绍数控车床操作的基本要领，包括机床操作面板、机床操作方法、数控程序编辑、刀补参数设置及数控车床的操作步骤。通过本章的学习，使读者熟练掌握数控车床的操作方法。

第一节　数控车床操作面板

学习目标

熟悉华中世纪星数控车床的机床操作面板及软件操作界面。

一、华中世纪星机床操作面板

华中世纪星 HNC—21T 是一款适合于数控车床的华中数控系统，它的操作面板由 CNC 控制面板、机床操作面板以及手持单元等组成，如图 3-1 所示。

1. CNC 控制面板

CNC 控制面板由一个 7.5in 彩色 LCD、分辨率为 640×480 的液晶显示器和 MDI 键盘组成。MDI 键盘部分按键功能见表 3-1。

表 3-1　MDI 键盘部分按键功能

按　　键	名　　称	按 键 功 能
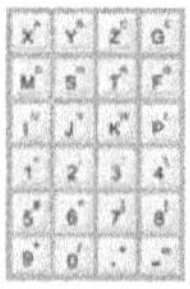	字母/数字键	按下这些键，可以输入字母、数字和运算符号等；配合上挡键，可以输入右上角的字母和符号
	取消键	按下此键，可以取消某些操作
	空格键	按下此键，可以在光标所在处插入空格

（续）

按　　键	名　　称	按 键 功 能
BS	退格键	按下此键，光标向前移动并删除前面的一个字符
PgUp　PgDn	翻页键	编辑程序时，向前/后滚动一屏，光标位置不变
▲　▼　◀　▶	光标移动键	使光标在操作区上下左右移动
Upper	上挡键	按下此键，输入字母/数字键右上角的字母和符号
Del	删除键	按下此键，删除光标后面的一个字符
Enter	确定键	按下此键，系统接受数据输入

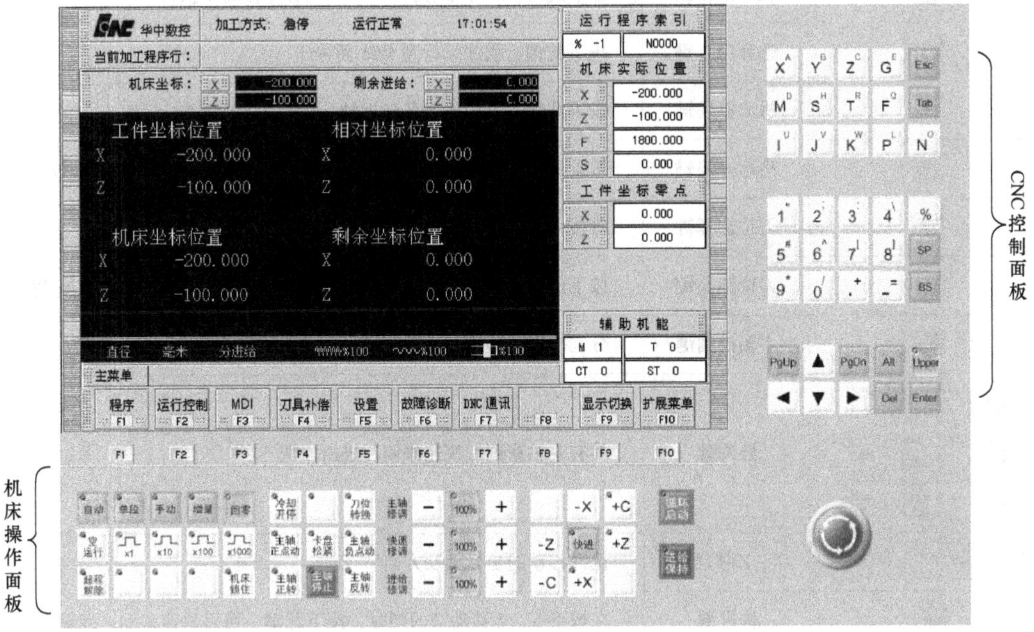

图 3-1　华中世纪星机床面板

2. 机床操作面板

机床操作面板位于控制面板下方，用于控制机床的各种加工运行方式和速度修调等。其中各控制键、按钮和旋钮的功能见表 3-2。

表 3-2　机床操作面板部分按键功能

按　　键	名　　称	按 键 功 能
自动	自动键	按下此键，自动连续执行程序
单段	单段键	按下此键，单程序段执行程序
手动	手动键	按下此键，以手动方式执行机床动作
增量	增量键	按下此键，以增量/手摇脉冲方式执行机床动作

（续）

按　键	名　称	按键功能
回零	回零键	按下此键，手动控制机床返回参考点
循环启动	循环启动键	按下此键，启动程序段运行
进给保持	进给保持键	按下此键，程序执行暂停，机床运动轴减速停止
空运行	空运行键	按下此键，机床执行空运行
x1　x10　x100　x1000	增量倍率键	控制增量进给的增量值
超程解除	超程解除键	出现超程时，按下此键，同时按下超程反方向键，解除超程
程序跳段	程序跳段键	按下此键，程序中有斜杠“/”的程序段将不执行
选择停止	选择停止键	按下此键，程序运行到 M01 暂停
机床锁住	机床锁住键	按下此键，锁住机床各坐标轴，手动方式时有效
冷却开停	冷却开停键	按下此键，切削液开，再按此键，切削液关，手动方式时有效
刀位选择	刀位选择键	每按一次此键，刀位号按顺指针方向转换一次刀位号
刀位转换	刀位转换键	按下此键，刀具将按照刀位选择所确定的刀位号转换到加工位置
主轴正转　[illegible]　主轴反转	主轴控制键	分别按下这些键，主轴正传、停止、反转，手动方式时有效
主轴修调 － 100% ＋ 快速修调 － 100% ＋ 进给修调 － 100% ＋	修调键	共有主轴修调、快速修调和进给修调三种
-X　+X　-Z　+Z	X、Z 移动键	选择移动的坐标轴及方向
快进	快进键	在按下 X、Z 移动键的同时，按下此键，可以快速移动坐标轴
	急停钮	当出现紧急情况时，按下此钮，机床主轴及进给轴立即停止运行

3. 手持单元

手持单元（MPG）由手摇脉冲发生器（简称手摇）和坐标轴选择开关等组成，用于手摇方式增量进给坐标轴。手持单元的结构如图3-2所示。

图 3-2　手持单元的结构

二、华中（HNC—21T）软件操作界面

1. 软件操作界面

世纪星数控系统通电后，将在液晶显示器上显示 HNC—21T 的软件操作界面，如图 3-3 所示。

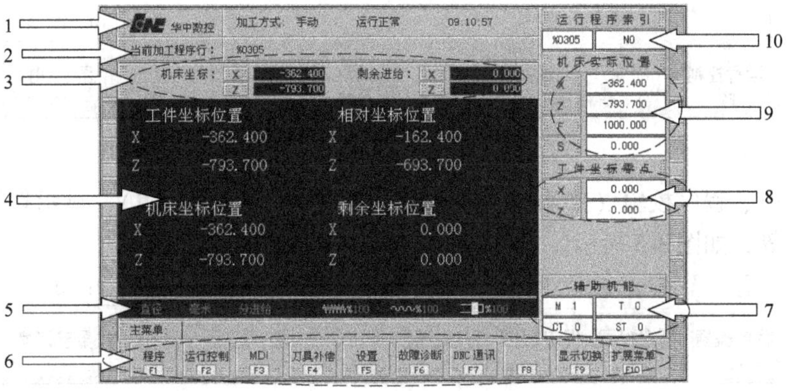

图 3-3　HNC—21T 软件操作界面

（1）加工方式、运行状态及时间

1）加工方式。系统加工方式根据机床控制面板上相应键的状态可在自动、单段、手动、增量、回零、急停、复位等之间切换。

2）运行状态。系统运行状态在运行正常和出错之间切换。

3）时间。显示当前系统的时间。

（2）当前加工程序行　当前正在或将要加工的程序段。

（3）机床坐标、剩余进给

1）机床坐标。刀具当前位置在机床坐标系中的坐标值。

2）剩余进给。当前程序段的终点与实际位置之差。

（4）显示窗口　可以根据需要用功能键 F9 设置窗口的显示内容。

（5）直径/半径、米制/英制、每分进给/每转进给、倍率修调

（6）主菜单　通过主菜单命令条中的功能键 F1 ~ F10 来完成系统功能的操作。

（7）辅助机能　显示自动加工中的 M、S、T 代码。

（8）工件坐标零点　工件坐标系零点在机床坐标系中的坐标。

（9）机床实际位置

1）坐标系可在机床坐标系、工件坐标系、相对坐标系之间切换。

2）显示值可在指令位置、实际位置、剩余进给、跟踪误差、负载电流、补偿值之间切换。

（10）运行程序索引　自动加工中的程序名和当前程序段行号。

2. 主菜单结构

系统功能的操作主要通过主菜单命令条中的功能键 F1 ~ F10 来完成。由于每个功能包括不同的操作，主菜单采用了层次结构，即在主菜单下选择一个菜单项后，数控装置会显示该功能的下级子菜单，操作人员可以根据该菜单的内容选择所需要的操作。

（1）主菜单　主菜单命令条包括程序（F1）、运行控制（F2）、MDI（F3）、刀具补偿（F4）、设置（F5）、故障诊断（F6）、DNC 通讯[⊖]（F7）、显示切换（F9）、扩展菜单（F10）等，如图 3-4 所示。

（2）程序（F1）　程序子菜单包括程序选择（F1）、程序编辑（F2）、新建程序（F3）、

⊖ 这里采用系统中的名称。

图 3-4 主菜单

保存程序（F4）、程序校验（F5）、停止运行（F6）、重新运行（F7）、显示切换（F9）、主菜单（F10）等，如图 3-5 所示。

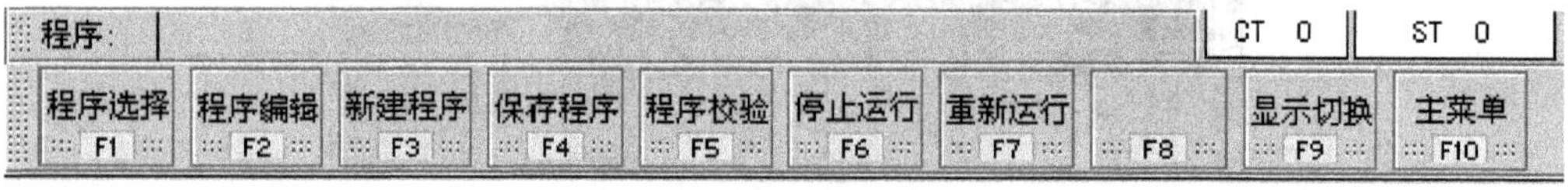

图 3-5 程序子菜单

（3）运行控制（F2） 运行控制子菜单包括从指定行运行（F1）、保存断点（F5）、恢复断点（F6）、显示切换（F9）、返回（F10）等，如图 3-6 所示。

图 3-6 运行控制子菜单

（4）MDI（F3） MDI 子菜单包括 MDI 停止（F1）、MDI 清除（F2）、回程序起点（F4）、返回断点（F7）、重新对刀（F8）、返回（F10）等，如图 3-7 所示。

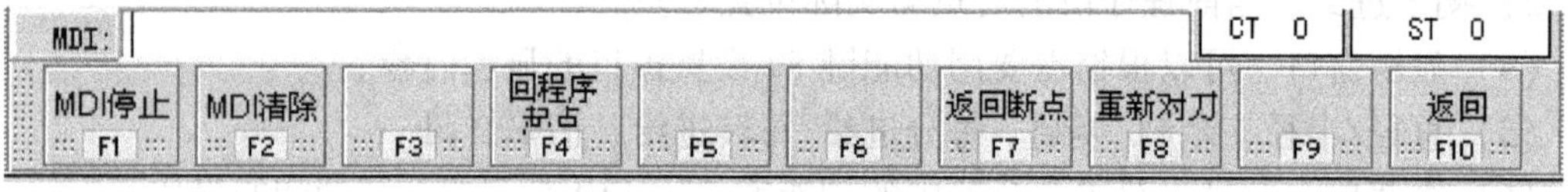

图 3-7 MDI 子菜单

（5）刀具补偿（F4） 刀具补偿子菜单包括刀偏表（F1）、刀补表（F2）、显示切换（F9）、返回（F10）等，如图 3-8 所示。

图 3-8 刀具补偿子菜单

（6）设置（F5） 设置子菜单包括坐标系设定（F1）、毛坯尺寸（F2）、设置显示（F3）、网络（F5）、串口参数（F6）、显示切换（F9）、返回（F10）等，如图 3-9 所示。

图 3-9 设置子菜单

（7）显示切换（F9） 切换显示屏的显示内容。

提示：在各级子菜单中，按 F10 键返回上级菜单。

第二节 数控车床基本操作方法

学习目标

掌握数控车床回机床参考点的方法、手动操作方法和 MDI 运行方法。熟悉数控程序的编辑方法，灵活应用显示方式来观察运行情况。

一、回机床参考点的方法

1. 通电、复位

机床系统通电之前，需要将“急停”钮按下。接通数控装置电源后，HNC—21T 自动运行系统软件。此时，液晶显示器显示初始加工方式为急停。

检查机床通电正常后，为使控制系统运行，需左旋并拔起操作台上的“急停”钮使系统复位，并接通伺服电源。系统默认进入回参考点方式，软件操作界面的加工方式变为回零。

2. 回机床参考点

数控车床在自动方式和 MDI 方式下正确运行的前提是建立机床坐标系，为此当数控系统接通电源、复位后，首先应进行车床各轴手动回参考点的操作。

机床参考点的位置由设置在机床 X 轴方向、Z 轴方向滑板上的机械挡块的位置来确定。当刀架返回机床参考点时，装在 X 轴方向和 Z 轴方向滑板上的两挡块分别压下相应的开关，向数控装置发出信号，刀架滑板停止运动，即完成了回参考点的操作。具体操作步骤如下：

1）如果系统显示的加工方式不是回零方式，则按控制面板上的“回零”键，确保系统处于回零方式。

2）按控制面板上的“+X”键，使 X 轴方向回参考点。X 轴回参考点后，“+X”键内的指示灯亮。

3）按控制面板上的“+Z”键，使 Z 轴方向回参考点。Z 轴回参考点后，“+Z”键内的指示灯亮。所有轴回参考点后，即建立了机床坐标系。

3. 注意事项

1）在每次电源接通后，必须先完成各轴的回参考点操作，然后再进入其他运行方式，以确保各轴坐标位置的正确性。

2）同时按下 X、Z 轴向移动键，可使 X、Z 轴同时返回参考点。

3）回参考点时应确保安全，注意在车床运行方向上不会发生碰撞。一般情况下，先回 X 轴参考点，再回 Z 轴参考点，否则刀架可能与尾座发生碰撞。

4）数控车床断电后，再次接通数控系统电源，待超程报警及急停解除以后，一般也需要进行再次回参考点的操作，以建立正确的机床坐标系。

4. 急停、关机

（1）急停　机床运行过程中，在危险或紧急情况下，按下“急停”钮数控车床即进入急停状态，伺服进给及主轴运转立即停止工作（控制柜内的进给驱动电源被切断）；当故障排除后，可松开“急停”钮（左旋此钮自动跳起），使数控车床进入复位状态。

紧急停止解除后应重新执行回参考点的操作，以确保坐标位置的正确性。

（2）关机　数控车床使用完毕后，可以按以下步骤关机：

1）按下控制面板上的“急停”钮，断开伺服电源。

2）断开数控系统电源。

3）断开机床电源。

为了减少设备电冲击，在接通电源和关机之前都应按下“急停”钮。

二、手动操作方法

1. 坐标轴的移动

手动移动车床坐标轴的操作由手持单元和机床控制面板上的方式选择、主轴手动、增量倍率、进给修调、快速修调等键共同完成。

（1）手动连续进给　按下控制面板上的“手动”键（指示灯亮），系统处于手动运行方式，此时可以连续移动机床坐标轴。例如，将X轴向正方向移动时，按下“+X”键，X轴将向正方向连续移动；松开“+X”键，X轴停止移动。-X轴、+Z轴、-Z轴移动的操作方法与之相同。

在手动连续进给时，若同时按下“快进”键，则相应轴作正向或负向的快速移动。

（2）手动增量进给　当手持单元的坐标轴选择波段开关置于“OFF”挡时，按下控制面板上的“增量”键（指示灯亮），系统处于增量进给方式，此时可以增量移动机床坐标轴（以增量进给X轴为例）：

1）按“增量倍率”键“×1”、“×10”、“×100”、“×1000”中的一个，选择合适的步进增量值。

2）按一下“+X”键或“-X”键，X轴将向正向或负向移动一个增量值。

3）再按一下“+X”键或“-X”键，X轴将向正向或负向继续移动一个增量值。

“增量倍率”键和增量值的对应关系见表3-3。

表3-3　“增量倍率”键和增量值的对应关系

增量倍率键	×1	×10	×100	×1000
增量值/mm	0.001	0.01	0.1	1

提示：这几个键互锁，即按下其中一个（指示灯亮），其余几个会失效（指示灯灭）。

（3）手摇进给　当手持单元的坐标轴选择波段开关置于“X”挡、“Z”挡时，按下控制面板上的“增量”键（指示灯亮），系统处于手摇进给方式，此时可以手摇进给机床坐标轴（以手摇进给X轴为例）：

1）手持单元的坐标轴选择波段开关置于“X”挡。

2）选择手持单元的脉冲当量（手摇脉冲发生器每转一格工作台所移动的距离）。

3）手动顺时针或逆时针旋转手摇脉冲发生器，可使X轴向正向或负向移动（移动距离=转动格数×脉冲进给当量）。

手摇进给的脉冲当量由手持单元的增量倍率波段开关“×1”、“×10”、“×100”控制。增量倍率波段开关的位置和增量值的对应关系与操作面板上的“增量”键相同。

2. 主轴手动操作

主轴手动操作由机床控制面板上的主轴控制键完成。

1）在手动方式下，按下“主轴正转”键（指示灯亮），主轴电动机正转。

2）需要让主轴停止转动时，按下“主轴停止”键（指示灯亮），主轴电动机停止运转。

3）按下“主轴反转”键（指示灯亮），主轴电动机反转。

4）主轴正转及反转的速度可通过“主轴修调”键调节，主轴转速在 0～150%之间变化。

3. 手动换刀

前置刀架车床共有 4 个刀位，通过手动换刀键可以将 4 个刀位中的任何一个刀位转换到加工位置。其操作步骤如下：

1）在手动方式下按“刀位选择”键，每按一次键，刀位号就按顺时针方向变换一次。

2）选择好刀位号之后，按“刀位转换”键，则所选刀位号就转换到当前加工位置。

三、MDI 运行方法

在图 3-4 所示的主菜单界面下，按 F3 键进入 MDI 子菜单。

数控系统进入 MDI 子菜单后，命令行的底色变成了白色，并且有光标在闪烁，如图 3-7 所示。这时可以从 MDI 键盘输入并执行一个 G 代码指令段，即 MDI 运行。例如，利用 MDI 改变主轴转速，其操作过程如下：

1）按 F3 键，进入 MDI 运行方式。

2）在命令行内输入“M03S800”，并按键，结果如图 3-10 所示。在输入命令时，若发现输入错误，可按 F2 键将输入的数据清除。若输入了错误的代码或信息，则数控系统会提示相应的错误，此时可以重新输入新的正确数据。

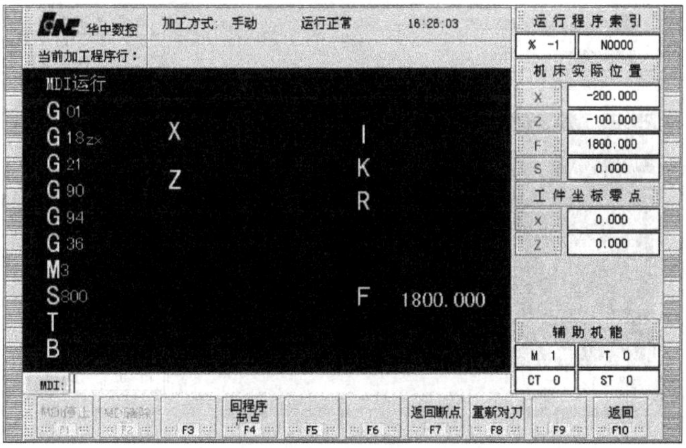

图 3-10　MDI 运行

3）在输入完一个 MDI 指令段后，按下操作面板上的“循环启动”键，系统即开始运行所输入的 MDI 指令。此时，主轴将以 800r/min 的转速正向旋转。

4）MDI 程序运行完毕之后，按 F10 键即可退出 MDI 运行方式，返回到图 3-4 所示主菜单界面下。

四、数控程序

在图 3-4 所示的主菜单界面下，按 F1 键进入程序子菜单。命令行与菜单条的显示如图 3-5 所示。

在程序子菜单下，可以对零件程序进行编辑、存储、校验等操作。

1. 选择程序

在程序子菜单下按 F1 键，将弹出如图 3-11 所示的程序选择菜单。

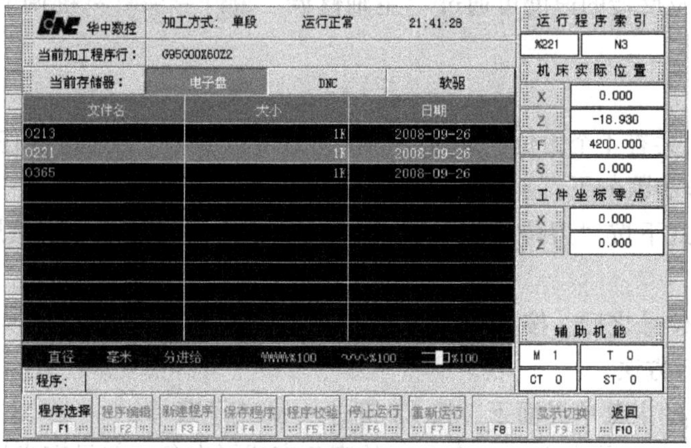

图 3-11　程序选择菜单

电子盘是系统默认的程序存储器，操作者在车床上存储的程序都默认在此目录下。进行程序选择、程序编辑、保存程序等操作，都是对电子盘内的程序进行操作。

（1）选择已保存程序

1）通过 MDI 键盘上的 ▲、▼ 键来选择需要的程序，蓝色光标条将随之移动。

2）按 Enter 键，即可以将该程序选中并调入加工缓冲区，如图 3-12 所示。

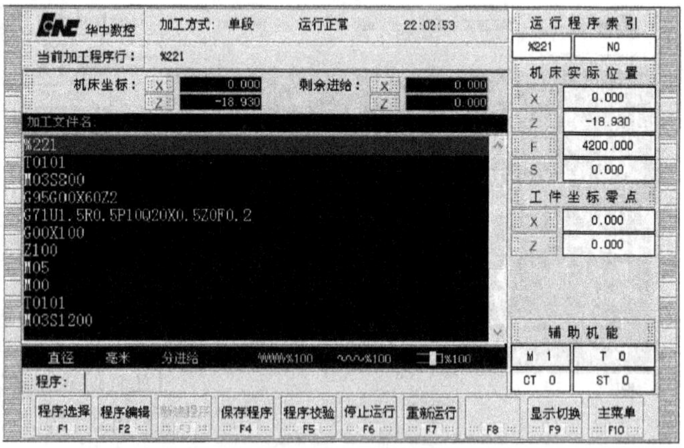

图 3-12　调入程序到加工缓冲区

（2）删除程序　删除整个程序文件的操作步骤如下：

1）在程序选择菜单中用 ▲、▼ 键移动蓝色光标条来选中要删除的程序。

2）按“Delete”键，数控系统弹出如图 3-13 所示对话框，提示是否要删除选中的程序。按“Y”键将删除选中的程序，按“N”键则取消删除操作。

因为删除的程序不可恢复，所以在删除操作前应确认。

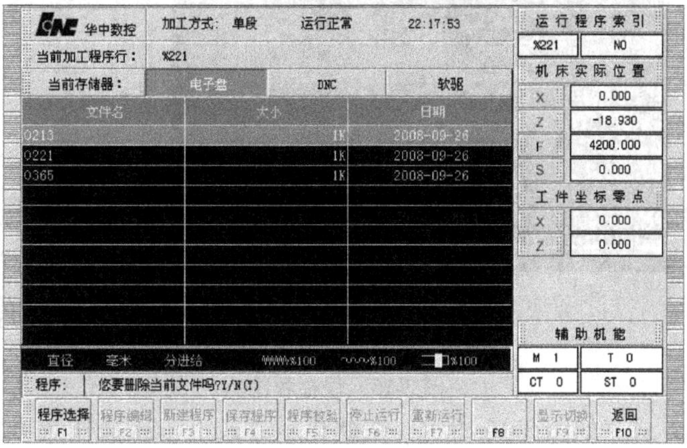

图 3-13　删除程序

2. 编辑程序

在程序子菜单下按 F2 键，将弹出如图 3-14 所示的程序编辑子菜单。在此子菜单下，可以完成新建程序、程序编辑、保存程序等操作。例如，建立一个文件名为 O0301 的程序，其操作步骤如下：

图 3-14　程序编辑子菜单

（1）新建程序　在程序编辑子菜单下按 F3 键，将进入新建程序子菜单，数控系统提示输入新建文件名。在光标栏内输入文件名（O0301）后，按Enter键确认，即可以编辑新建文件了。

注意：任何一个程序文件名都必须以字母“O”开头，后面跟若干数字或字母，且新建文件不能和已存在的文件同名。

（2）程序编辑　新建立一个程序文件后，即可利用 MDI 键盘输入程序了，并且还可以随时编辑相应的程序。

（3）保存程序　数控程序编辑修改后，按 F4 键，系统提示保存文件的文件名（见图 3-15），按Enter键，将以提示的文件名将程序保存。

五、显示方式

华中世纪星 HNC—21T/22T 系统提供给用户正文、大字符、ZX 平面图形和坐标值联合显示这四种显示方式。同时在设置子菜单下，还可以设置显示值、坐标系和图形显示的毛坯尺寸。

1. 显示切换（F9）

一般情况下（除编辑子菜单外），按 F9 键（显示切换键），将在正文、大字符、ZX 平面图形和坐标值联合显示方式之间切换。

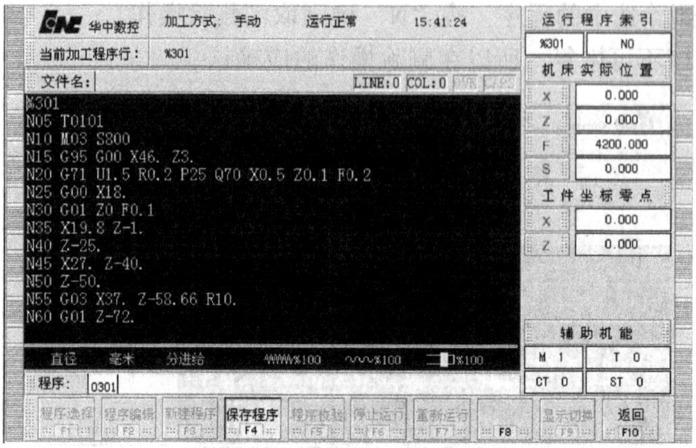

图 3-15　保存程序

（1）正文显示方式　如图 3-16 所示，在此显示方式下车床操作者可以查看当前加工程序运行时的 G 代码。

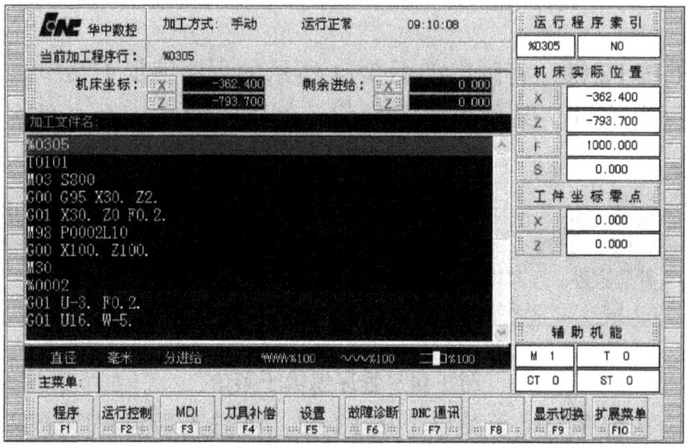

图 3-16　正文显示方式

（2）大字符显示方式　选好坐标系和显示值类型后，可以以大字符显示在当前位置，如图 3-17 所示。

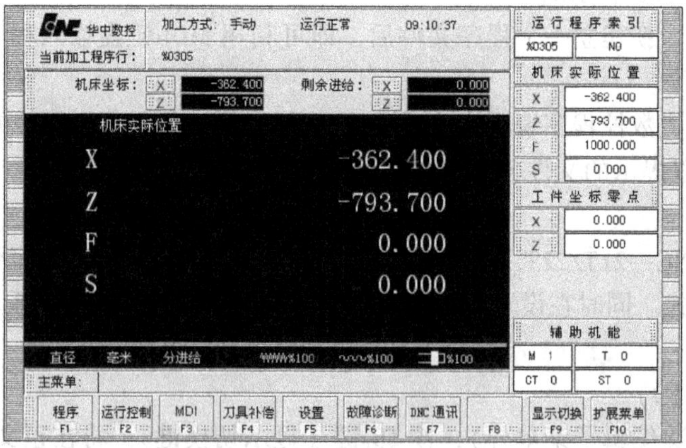

图 3-17　大字符显示方式

（3）ZX 平面图形显示方式　如图 3-18 所示，在此显示方式下车床操作者可以直观地查看到当前加工程序的刀具轨迹图形。

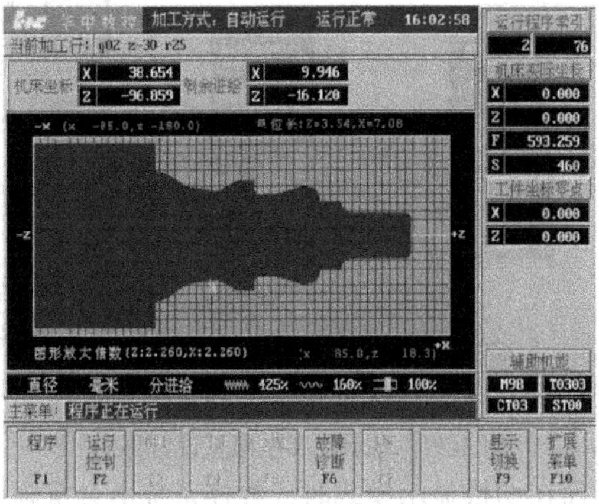

图 3-18　ZX 平面图形显示方式

（4）坐标值联合显示方式　如图 3-19 所示，在此显示方式下车床操作者可以同时查看工件坐标位置、相对坐标位置、机床坐标位置和剩余坐标位置。

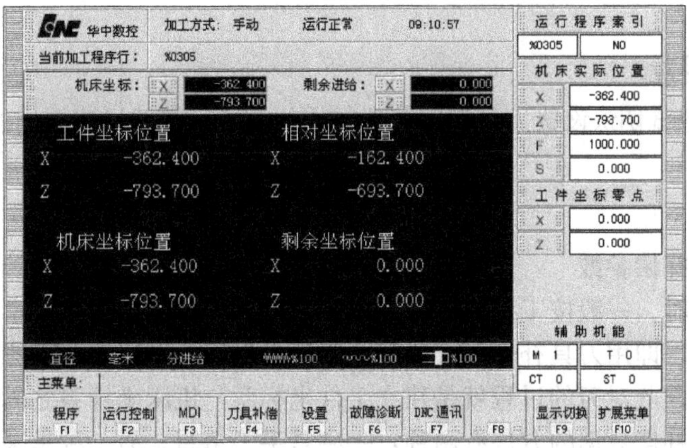

图 3-19　坐标值联合显示

2. 显示类型选择

在图 3-4 所示主菜单界面下，按 F5 键进入设置子菜单，如图 3-9 所示。

（1）显示设置　在设置子菜单下按 F3 键，弹出如图 3-20 所示的显示值和坐标系设置界面。选择相应的选项，在软件右侧的显示框内可以显示相应的数据信息。

在显示值和坐标系设置界面中，用 ◄ 、 ► 键移动红色标记框，选择显示值或坐标系选项；用 ▲ 、 ▼ 键移动红色圆标选择相应选项；按 Enter 键确定选择的结果。

（2）设置毛坯尺寸　在设置子菜单中按 F2 键，可以设置毛坯的尺寸。当正确地输入外径、内径、长度和内端面后，按 Enter 键就完成了毛坯尺寸的设置。

提示：

1）内端面是指卡盘在要加工程序中 -Z 方向的位置。

2）在加工过程中可以随时按 F9 键（显示切换）切换显示方式。不过，数控系统并不

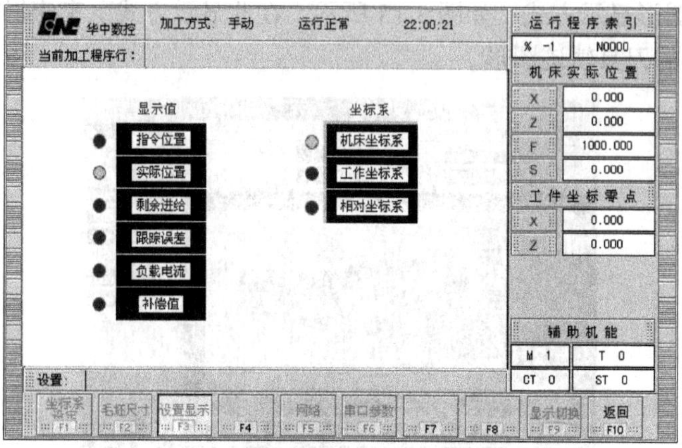

图 3-20　显示值和坐标系设置界面

保存刀具的运动轨迹，因而在切换显示模式时，数控系统不会重画以前的刀具轨迹。

第三节　数控车床零件加工

学习目标

掌握试切法设置刀具偏置补偿数据的方法，掌握机床操作的步骤。

一、设置刀具补偿参数

编制数控程序时，一般按工件坐标系编程。工件坐标系原点在机床中的位置需要通过设定刀具补偿来确定，即用刀具补偿的方法建立工件坐标系。设置刀具偏置补偿的过程在数控操作中称为对刀，因此对刀的过程就是建立工件坐标系与机床坐标系之间关系的过程。

设置刀具偏置补偿数据的方法有两种：一种是手工填写，另一种是采用试切法，由系统自动生成。本节以 1 号刀为例，用试切法来介绍对刀的过程。

1. 试切法对刀操作

试切法对刀就是用所选用的刀具试切工件的外圆和端面，由试切直径和试切长度来计算刀具偏置的方法，从而建立工件坐标系。工件坐标系原点设定在工件右端面与主轴线的交点上。

（1）试切外径，X 轴方向对刀的操作步骤

1）按下操作面板中的“增量”键，使用手摇脉冲发生器将刀具快速移动到毛坯附近。

2）单击操作面板上的“主轴正转”键，使主轴转动；试车削工件一段外圆之后，将刀具沿 Z 轴方向退出；单击“主轴停止”键，使主轴停止转动。

3）用千分尺测量试车削的外圆直径，例如试车直径为 $\phi 42.73$mm。

4）在主菜单（见图 3-4）下按键，在弹出的下级子菜单中按键，进入刀偏数据

设置页面。

5）在键盘上用▲、▼键将光标移动到#0001 的试切直径栏，按键，输入试切外圆的直径值“42.730”，再按键确认。机床根据刀偏表中输入的试切直径，经过计算自动确定 1 号刀的 X 轴方向偏置值（见图 3-21），X 轴方向对刀结束。

刀偏表:

刀偏号	X偏置	Z偏置	X磨损	Z磨损	试切直径	试切长度
#0001	-388.630	0.000	0.000	0.000	42.730	0.000
#0002	0.000	0.000	0.000	0.000	0.000	0.000
#0003	0.000	0.000	0.000	0.000	0.000	0.000
#0004	0.000	0.000	0.000	0.000	0.000	0.000
#0005	0.000	0.000	0.000	0.000	0.000	0.000
#0006	0.000	0.000	0.000	0.000	0.000	0.000
#0007	0.000	0.000	0.000	0.000	0.000	0.000
#0008	0.000	0.000	0.000	0.000	0.000	0.000
#0009	0.000	0.000	0.000	0.000	0.000	0.000
#0010	0.000	0.000	0.000	0.000	0.000	0.000
#0011	0.000	0.000	0.000	0.000	0.000	0.000
#0012	0.000	0.000	0.000	0.000	0.000	0.000
#0013	0.000	0.000	0.000	0.000	0.000	0.000

MDI:

图 3-21　X 轴方向偏置值

（2）试切长度，Z 轴方向对刀的操作步骤

1）单击操作面板上的“主轴正转”键，使主轴转动；试切工件端面，然后将刀具沿 X 轴方向退出；单击“主轴停止”键使主轴停止转动。

2）在刀偏表#0001 中的试切长度栏输入“0.000”，机床根据刀偏表中输入的试切长度，经过计算自动确定 1 号刀的 Z 轴方向偏置值（见图 3-22），Z 轴方向对刀结束。

刀偏表:

刀偏号	X偏置	Z偏置	X磨损	Z磨损	试切直径	试切长度
#0001	-388.630	-854.116	0.000	0.000	42.730	0.000
#0002	0.000	0.000	0.000	0.000	0.000	0.000
#0003	0.000	0.000	0.000	0.000	0.000	0.000
#0004	0.000	0.000	0.000	0.000	0.000	0.000
#0005	0.000	0.000	0.000	0.000	0.000	0.000
#0006	0.000	0.000	0.000	0.000	0.000	0.000
#0007	0.000	0.000	0.000	0.000	0.000	0.000
#0008	0.000	0.000	0.000	0.000	0.000	0.000
#0009	0.000	0.000	0.000	0.000	0.000	0.000
#0010	0.000	0.000	0.000	0.000	0.000	0.000
#0011	0.000	0.000	0.000	0.000	0.000	0.000
#0012	0.000	0.000	0.000	0.000	0.000	0.000
#0013	0.000	0.000	0.000	0.000	0.000	0.000

MDI:

图 3-22　Z 轴方向偏置值

说明：

1）对刀前，机床必须先回参考点。

2）试切工件端面到该刀具要建立的工件坐标系的零点位置的有向距离，也就是试切工件端面在要建立的工件坐标系中的 Z 轴坐标值。

3）设置的工件坐标系 X 轴零点偏置值 = 机床坐标系 X 坐标值 - 试切直径，因此试切工

件外径后不得移动 X 轴。

4）设置的工件坐标系 Z 轴零点偏置值 = 机床坐标系 Z 坐标值 - 试切长度，因此试切工件端面后不得移动 Z 轴。

2. 刀具磨损补偿

刀具补偿分为刀具偏置补偿和刀具磨损补偿，对刀的过程就是设置了刀具的偏置补偿。但在对刀或者车削过程中，出现工件加工后的尺寸与设计尺寸有偏差，且偏差超出了公差要求时，说明对刀不准确或者车刀在切削过程中已磨损，这就需要对刀具设定磨损补偿量，以便加工出合格的工件。具体操作步骤如下：

1）在主菜单（见图 3-4）下按刀具补偿 F4 键，在弹出的下级子菜单中按刀偏表 F1 键，进入刀偏数据设置页面。

2）如果实际加工测量的工件直径尺寸比设计尺寸小了 0.06mm，用▲、▼、◀、▶键将光标移到对应刀偏号的 X 磨损栏中，按 Enter 键后输入“0.060”，再按 Enter 键确认，则就向 X 轴正方向补偿了 0.06mm，如图 3-23 所示。反之，如果实际加工测量的工件直径尺寸比设计尺寸大了 0.06mm，则输入“-0.060”，就向 X 轴负方向补偿 0.06mm。

刀偏表:

刀偏号	X偏置	Z偏置	X磨损	Z磨损	试切直径	试切长度
#0001	-388.630	-854.116	0.060	0.000	42.730	0.000
#0002	0.000	0.000	0.000	0.000	0.000	0.000
#0003	0.000	0.000	0.000	0.000	0.000	0.000
#0004	0.000	0.000	0.000	0.000	0.000	0.000
#0005	0.000	0.000	0.000	0.000	0.000	0.000
#0006	0.000	0.000	0.000	0.000	0.000	0.000
#0007	0.000	0.000	0.000	0.000	0.000	0.000
#0008	0.000	0.000	0.000	0.000	0.000	0.000
#0009	0.000	0.000	0.000	0.000	0.000	0.000
#0010	0.000	0.000	0.000	0.000	0.000	0.000
#0011	0.000	0.000	0.000	0.000	0.000	0.000
#0012	0.000	0.000	0.000	0.000	0.000	0.000
#0013	0.000	0.000	0.000	0.000	0.000	0.000

MDI:

图 3-23 X 轴方向磨损补偿

3）对于 Z 轴方向刀具补偿值，调整的方法与 X 轴方向相同，只不过输入数值的位置为 Z 磨损栏；且当刀尖向正方向移动时取正号，反之取负号，数值的大小为实测的误差值。

提示：程序在调用相应的刀具补偿时，将自动把刀偏补偿值和磨损补偿值相加后调用。

3. 刀尖圆弧半径补偿

刀尖圆弧半径补偿参数包括刀尖方位代码和刀尖圆弧半径补偿。

（1）刀尖方位代码　数控车床的刀具可以多方向安装，并且刀具的刀尖也有多种形式。为使数控系统知道刀具的安装情况，以便准确地进行刀尖圆弧半径补偿，必须定义表示车刀刀尖方向的方位代码。刀尖共有九个方位，如图 3-24 所示。

（2）刀尖圆弧半径补偿　刀尖圆弧半径补偿的设置方法如下：

1）在主菜单（见图 3-4）下按刀具补偿 F4 键，在弹出的下级子菜单中按刀补表 F2 键，将出现如图 3-25 所示的刀补表，可以进行刀补数据设置。

2）用▲、▼、◀、▶键将光标移到对应刀补号的半径栏或刀尖方位栏中，按 Enter 键后可以输入刀尖圆弧半径值或刀尖方位代码。

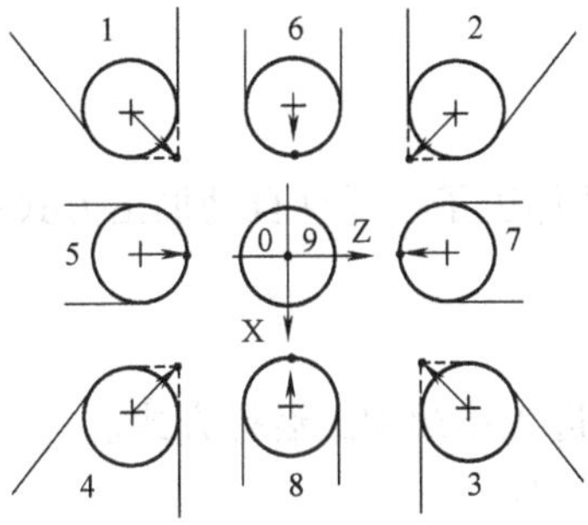

图 3-24 刀尖方位代码

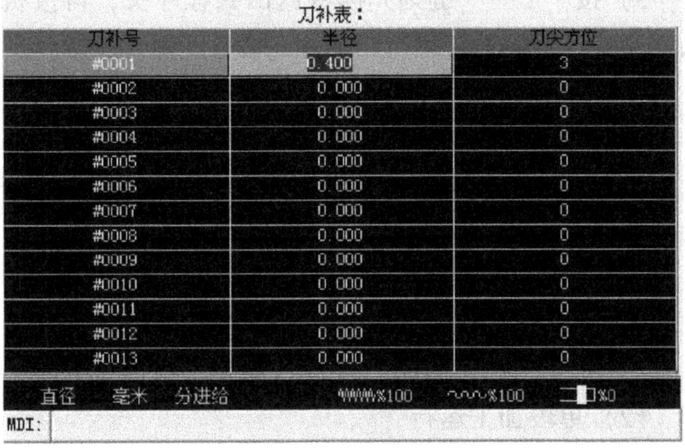

刀补表:

刀补号	半径	刀尖方位
#0001	0.400	3
#0002	0.000	0
#0003	0.000	0
#0004	0.000	0
#0005	0.000	0
#0006	0.000	0
#0007	0.000	0
#0008	0.000	0
#0009	0.000	0
#0010	0.000	0
#0011	0.000	0
#0012	0.000	0
#0013	0.000	0

直径 毫米 分进给 %100 %100 %0
MDI:

图 3-25 设置刀尖圆弧半径补偿

3）修改完毕按键确认。

二、运行数控程序

1. 校验数控程序

在零件程序编制好后，首先可用数控系统的程序校验功能运行程序，在车床不动的情况下，对整个加工过程进行图形模拟加工，检查刀具轨迹和程序语法是否正确。因此在车床上运行的新程序在调入后应首先进行程序校验，正确无误后再启动自动运行。

程序校验运行的操作步骤如下：

1）调入需要校验的加工程序。

2）按机床控制面板上的“自动”键或“单段”键，进入自动运行方式。

3）在程序子菜单（见图 3-5）下按 F5键，此时机床处于程序校验工作方式。

4）按机床控制面板上的“循环启动”键，程序校验开始。

5）校验完毕，若程序正确，光标将返回到程序第一行；若程序有错，命令行将提示程序的哪一行有错。

注意：

1）程序校验运行时，机床不动作。

2）为确保加工程序正确无误，请选择不同的图形显示方式来观察校验运行的结果。

2. 重新运行程序

在当前加工程序终止运行后，希望从程序头重新开始运行程序时，可按以下的步骤操作：

1）在程序子菜单（见图 3-5）下按键，系统给出提示，如图 3-26 所示。

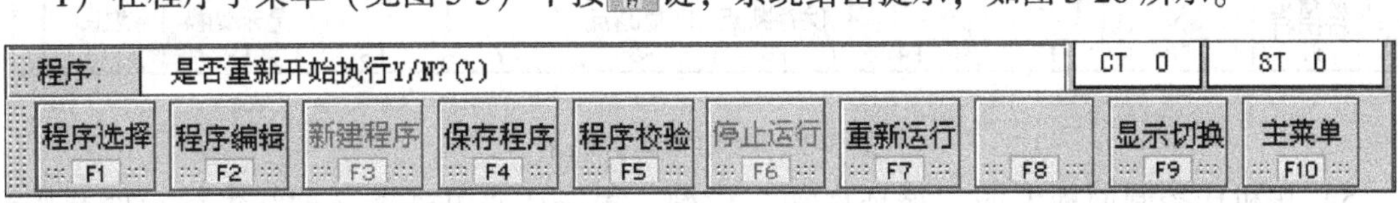

图 3-26 重新运行程序

2）按“N”键则取消重新运行操作。

3）按“Y”键则光标将返回到程序头，再按机床控制面板上的“循环启动”键，从程序首行开始重新运行当前加工程序。

三、自动运行

1. 自动运行方式

确保加工程序和对刀参数无误后，就可以进行零件的自动加工了。零件自动加工方式有连续加工运行方式和单段加工运行方式。

（1）连续加工运行

1）按下机床控制面板上的“自动”键（指示灯亮），进入连续加工运行方式。

2）按下“循环启动”键（指示灯亮），自动连续加工开始。

（2）单段加工运行

1）按下机床控制面板上的“单段”键（指示灯亮），进入单段加工运行方式。

2）按下“循环启动”键，自动运行一段程序。

3）再按下“循环启动”键，运行一段程序，直至程序运行结束。也就是说，在单段加工运行方式下，每运行一段程序都要按一下“循环启动”键。

（3）进给保持　在自动运行过程中按下“进给保持”键（指示灯亮），程序执行将暂停，机床运动轴减速停止。暂停期间机床辅助功能 M、主轴功能 S、刀具功能 T 保持不变。

2. 从任意行运行程序

在自动运行暂停状态下，除了能从暂停处重启动继续运行外，还可控制程序从任意行开始执行。

（1）从红色行开始运行程序　从红色行开始运行程序的操作步骤如下：

1）在程序运行过程中，按机床控制面板上的“进给保持”键（指示灯亮），系统处于进给保持状态。

2）用▲、▼键和翻页键移动蓝色亮条到要开始运行行，此时蓝色亮条变为红色亮条。

3）在主菜单（见图 3-4）下按键，进入运行控制子菜单；再按键，弹出如图3-27所示的对话框。

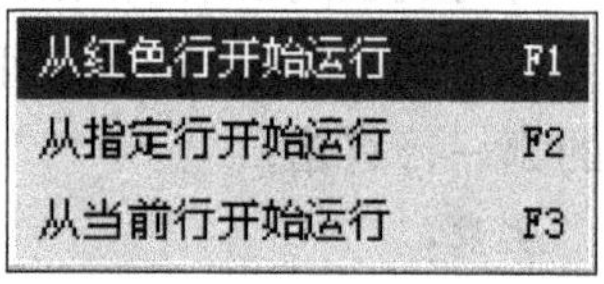

图 3-27　从指定行运行对话框

4）按键或者 F1 键，选择从红色行开始运行，选中要开始运行的行。此时，红色亮条变为蓝色亮条，同时提示栏内会提示要开始运行的行数。如图 3-28 所示，此时选择的红色行为第 18 行。

图 3-28　指定行运行提示

5）按机床控制面板上的“循环启动”键，程序从蓝色亮条（即红色行）处开始运行。

（2）从指定行开始运行程序　从指定行开始运行程序的操作步骤如下：

1）在程序运行过程中，按机床控制面板上的“进给保持”键（指示灯亮），系统处于进给保持状态。

2）在主菜单（见图 3-4）下按键，进入运行控制子菜单；再按键，弹出如图 3-27所示的对话框。

3）用▲、▼键选择从指定行开始运行选项，按键或者按 F2 键，系统给出如图 3-29 所示对话框，提示输入指定开始运行行的行号。

图 3-29　指定行号

4）输入指定开始运行行的行号，如此处输入“22”，按键。

5）按机床控制面板上的“循环启动”键，程序将从第 22 行处开始运行。

（3）从当前行开始运行程序　从当前行开始运行程序的操作步骤如下：

1）在程序运行过程中，按机床控制面板上的“进给保持”键（指示灯亮），系统处于进给保持状态。

2）在主菜单（见图 3-4）下按键，进入运行控制子菜单，再按键，弹出如图 3-27 所示的对话框。

3）用▲、▼键选择从当前行开始运行选项，按键或者 F3 键。

4）按机床控制面板上的“循环启动”键，程序将从蓝色亮条处开始运行。

3. 操作中的特殊处理

（1）倍率修调　进给速度、快速进给速度和主轴转速可以通过修调键修调。如图 3-30 所示，“100%”就是按照机床给定的参数运行，按一下右侧的“+”键，修调倍率递增 2%，按一下左侧的“-”键，修调倍率递减 2%。修调结果会在软件屏幕下方显示出来，图 3-31 中显示的快速倍率为 20%、进给倍率为 50%、主轴倍率为 100%。在实际加工中，根据具体加工状况，选择相应的加工倍率。机床开机时进给倍率和快速倍率均默认为 20%。

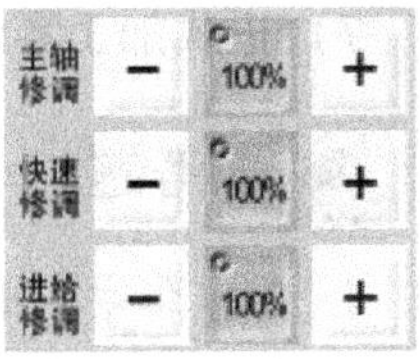

图 3-30　修调键

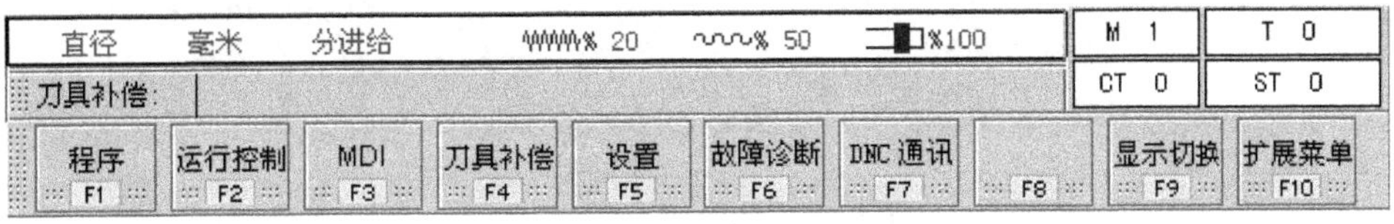

图 3-31　倍率显示

（2）程序跳段　在自动运行方式下，按下“程序跳段”键时，数控系统将不执行程序段开头带有“/”符号的程序段，跳过此程序段执行下一行程序段。

（3）机床锁定　机床锁定的功能是禁止机床坐标轴动作。

在手动方式下，按下“机床锁住”键（指示灯亮）；然后在自动运行方式下按“循环启动”键，系统将执行程序。这时显示屏上的坐标轴位置信息按程序变化，但不输出伺服轴的移动指令，机床停止不动。通过观察机床坐标位置数据和报警显示来判断程序是否有语法、格式或数据错误，这个功能用于校验程序。

提示：机床锁定时，机床辅助功能 M、S、T 仍然有效；每次执行此功能后，须再次进行回参考点操作。

（4）超程解除　在伺服轴行程的两端各有一个极限开关，作用是防止伺服机构碰撞而损坏。每当伺服机构碰到行程极限开关时，就会出现超程报警。当某轴出现超程（“超程解除”键内指示灯亮）时，数控系统视其状况为紧急情况，自动进入急停状态。

退出超程状态时，必须按以下步骤操作：

1）松开“急停”钮，置加工方式为手动或手摇。

2）一直按压着“超程解除”键（控制器会暂时忽略超程的紧急情况）。

3）在手动（手摇）方式下，使该轴向相反方向退出超程状态。

4）松开“超程解除”键。若显示屏上运行状态栏中运行正常取代了出错，表示恢复正常，可以继续操作。

四、机床操作参考步骤

数控车床加工操作的一般步骤如下：

1）开机后执行回参考点操作。

2）手动装夹工件、刀具，并通过尾座手动加工相关工艺孔或形孔。

3）试切法对刀，建立工件坐标系，输入相应参数。

4）可以通过 MDI 键盘手动输入程序，也可以通过 DNC 方式输入数控程序。

5）校验数控程序。

6）用单段加工运行方式试切削首件零件。

7）正式加工零件。

思考题

1. 简述华中 HNC—21T 系统数控车床控制面板的基本组成。
2. 简述如何设置华中 HNC—21T 系统数控车床的刀具补偿。
3. 简述华中 HNC—21T 系统数控车床如何编辑程序。
4. 简述数控车床操作的一般步骤。

第四章 简单轴类零件的编程与加工

轴类零件是加工中经常遇到的典型零件之一。它主要用来支承传动零部件，传递转矩和承受载荷。轴类零件是回转体零件，其长度大于直径，一般由同心轴的外圆柱面、圆锥面、内孔、螺纹及相应的端面组成。根据结构形状的不同，轴类零件可分为光轴、阶梯轴、空心轴和曲轴等。轴的长径比小于5的称为短轴，长径比大于20的称为细长轴，大多数轴介于两者之间。本章主要介绍简单阶梯轴类零件的编程与加工。

第一节 编程指令

学习目标

1. 复习G00指令与G01指令的使用方法。
2. 掌握外径/内径车削固定循环G80指令的使用方法。
3. 了解数控加工过程中刀具的运动轨迹。

一、快速定位指令G00

格式：G00 X（U）__ Z（W）__

功能：使刀具从当前点快速移动到程序段中的指定位置。

说明：X、Z为绝对编程时所要到达点的坐标值；U、W为增量编程时终点相对于起点的距离。

在示例图4-1中，从A点快速移动到B点的程序段为：

G00 X40 Z56 或 G00 U-60 W-36

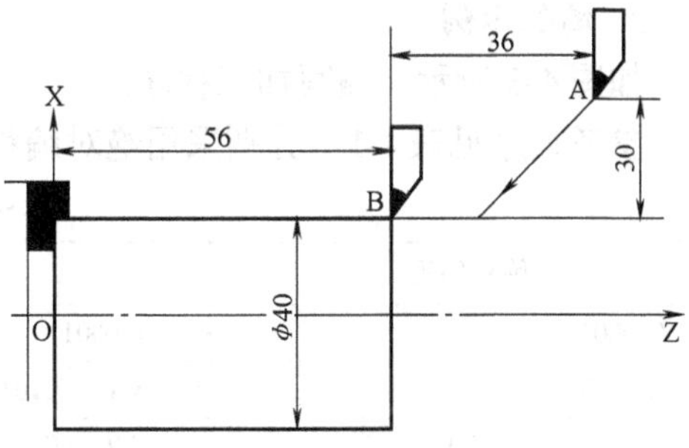

图4-1 G00指令编程示例

提示：

1）G00指令是刀具相对于工件以各轴预先设定的速度，从当前点快速移动到程序段中的指定位置。

2）G00指令中的快移速度由机床参数“快移进给速度”对各轴分别设定，不能用进给功能F指令设定。

3）G00 指令一般用于加工前快速定位或加工后快速退刀。

4）快移速度可由操作面板上的“快速修调”键修正。

5）G00 指令为模态功能，可由 G01、G02、G03 或 G32 功能注销。

6）执行 G00 指令时，由于各轴以各自的速度移动，不能保证各轴同时到达终点，因而联动直线轴的合成轨迹不一定是直线。

7）执行 G00 指令时，常见的做法是将 X 轴移动到安全位置，再放心地执行 G00 指令。

二、直线插补指令 G01

1. 指令格式

格式：G01　X（U）__　Z（W）__　F__

说明：X、Z 为绝对编程时所要到达点的坐标值；U、W 为增量编程时终点相对于起点的距离。F 为直线插补时的进给速度。

在示例图 4-2 中，从 A 点到 B 点的程序段为：

G01　X40　Z20　F0.2 或 G01　U20　W－26　F0.2

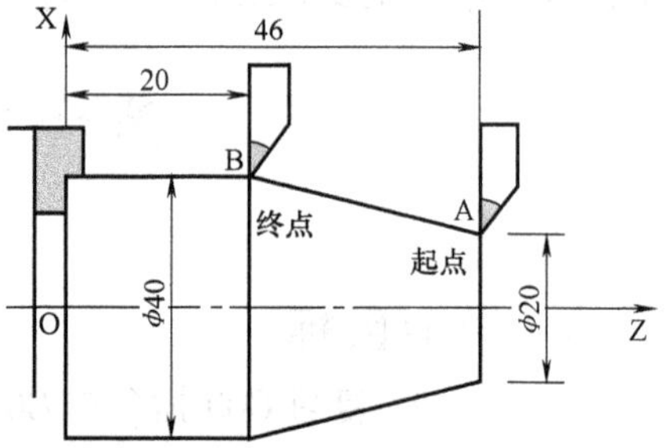

图 4-2　G01 指令编程示例

说明：

1）G01 指令是刀具以指定的进给速度移动到指定的坐标值，用于对工件的切削加工。首次使用此指令时需指定进给量。若不指定，系统会按缺省的速度动作，从而产生不符合编程者意愿的动作。程序中的 F 值如不加设定会延续前面 F 代码指定的值。

2）程序中的 X、Z 为坐标值。值得一提的是，X 坐标值可以是该点的直径值也可以是该点的半径值，可以通过修改机床设定而改变。

3）程序中的 X、Z 为绝对坐标，同时也可以写成 U、W 增量坐标。

4）在 G01、G00 指令的使用中，G00 为快速定位指令，属于非加工指令；而 G01 为加工指令。在加工过程中若不切削工件，则可以用 G00 指令；若切削工件，则必须用 G01 指令。

5）F 指令为模态指令，即一经程序段指定便一直有效，直到后面同组另一指令或被其他指令取消时才无效。

2. 编程示例

如图 4-3 所示，编写加工程序。

参考程序见表 4-1，分别采用绝对编程、增量编程、混合编程的方式编写。

表 4-1　参考程序

绝对编程	增量编程	混合编程
%0001	%0001	%0001
N1　T0101	N1　T0101	N1　T0101
N2　M03　S800	N2　M03　S800	N2　M03　S800
N3　G00　G95　X25　Z2	N3　G00　G95　X25　Z2	N3　G00　G95　X25　Z2
N4　G01　X15（Z2）　F0.2	N4　G91　G01　U－10　F0.2	N4　G01　X15（Z2）　F0.2

（续）

绝对编程	增量编程	混合编程
N 5（X15） Z－30	N 5 W－32	N 5 Z－30
N 6 X25 Z－40	N 6 U5 W－10	N 6 U5 Z－40
N 7 Z20	N 7 G00 W62	N 7 X25 W62
N 8 M05	N 8 M05	N 8 M05
N 9 M30	N 9 M30	N 9 M30

三、外径/内径车削固定循环指令 G80

1. 圆柱车削循环

（1）指令格式

格式：G80 X（U）＿ Z（W）＿ F＿

说明：

1）X（U）、Z（W）为切削终点的绝对/增量坐标。F为进给速度。

2）增量编程时，地址 U、W 后的数值方向由轨迹 1 和 2 的方向来决定。在上述循环中 U 是负值，W 也是负值。

3）刀具的运动轨迹为刀具从 A 点出发，第一段快速移动 X 轴到达 B 点，第二段以 F 进给速度切削到达 C 点，第三段切削进给退到 D 点，第四段快速退回到循环起点 A 点完成一个切削循环，如图 4-4 所示。

4）单程序段时，用循环启动进行 1、2、3、4 动作。

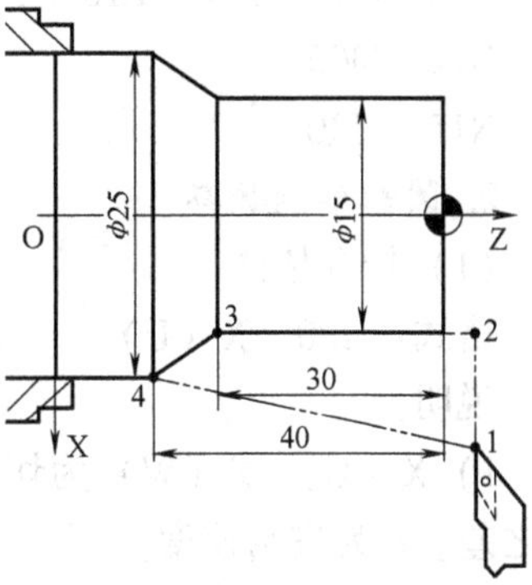

图 4-3 编程示例

（2）编程示例 如图 4-5 所示，用 G80 指令编写加工程序。

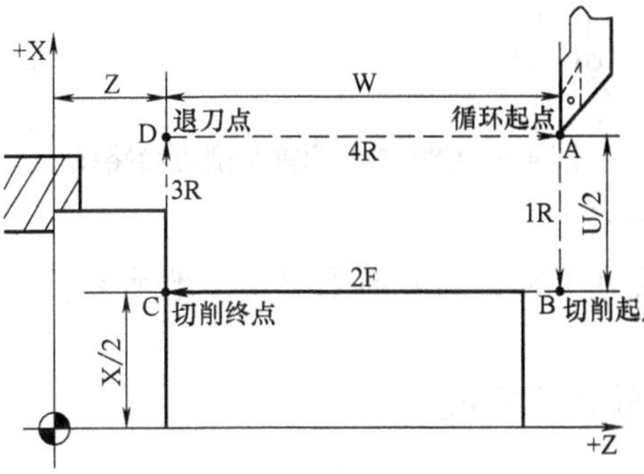

图 4-4 G80 指令圆柱车削进给路线

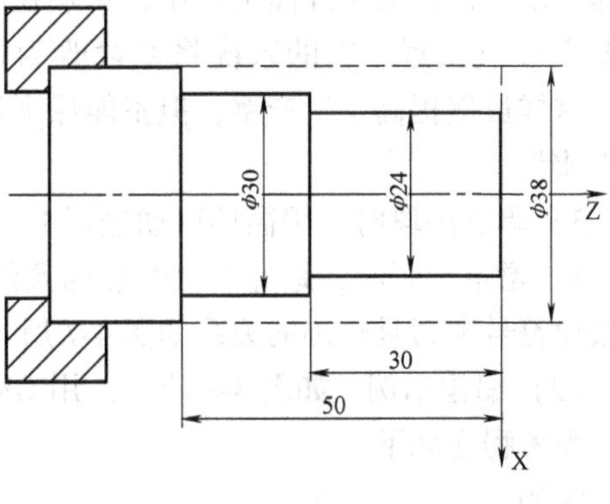

图 4-5 G80 指令编程示例（一）

参考程序如下：

```
%0002
N1  T0101
N2  M03  S800
N3  G00  G95  X38  Z3
N4  G80  X34  Z-50  F0.2
N5  X31  Z-50
```

N6　X27　Z－30

N7　X25　Z－30

N8　G00　X24

N9　G01　Z－30　F0.1

N10　X30

N11　Z－50

N12　X40

N13　G00　X80　Z10

N14　M05

N15　M30

2. 圆锥车削循环

（1）指令格式

格式：G80　X（U）＿　Z（W）＿　I＿　F＿

说明：

1）X（U）、Z（W）为切削终点的绝对/增量坐标。I 为循环起点 B 和切削终点 C 的半径之差。F 为进给速度。

2）如图 4-6 所示，刀具从 A→B 为快速定位，因此在使用此指令时，A 点在轴向上要离开工件以保证快速进刀时的安全。有的系统将该段改为切削进给，保证了进刀的安全。第二段以 F 进给速度切削到达 C 点，刀具从 C 点退到 D 点时为切削进给。为了提高生产率，A 点在径向上不要离 C 点太远。有的系统将此段改为快速退回，这样虽然提高了生产率，但不能保证端面的加工质量。

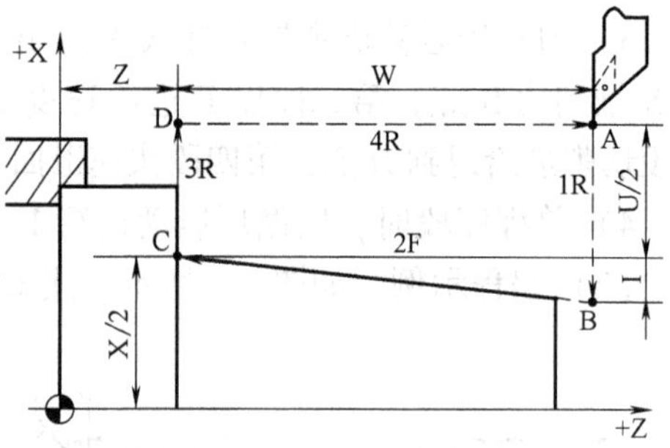

图 4-6　G80 指令圆锥车削进给路线

3）单程序段时，用循环启动进行 1、2、3、4 动作。

4）增量编程时，地址 U、W 后的数值方向由轨迹 1 和 2 的方向来决定。地址 U、W 后的数值符号和刀具轨迹的关系如图 4-7 所示。

（2）编程示例　如图 4-8 所示，用 G80 指令编写加工程序。

参考程序如下：

%0003

N1　T0101

N2　M03　S800

N3　G00　G95　X40　Z5

N4　G80　X31　Z－50　I－2.2　F0.2

N5　X30　Z－50　I－2.2　F0.1

N6　G00　X100　Z40

N7　M05

N8　M30

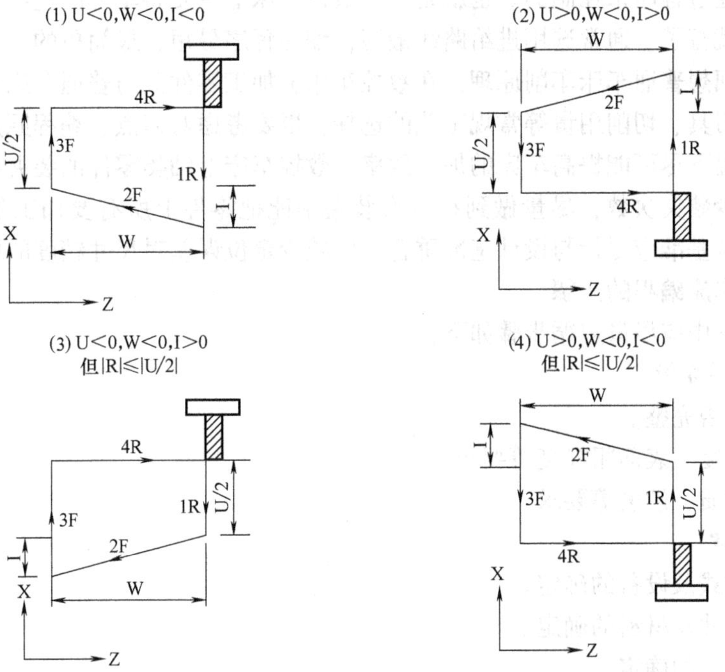

图 4-7　G80 指令与刀具轨迹的关系

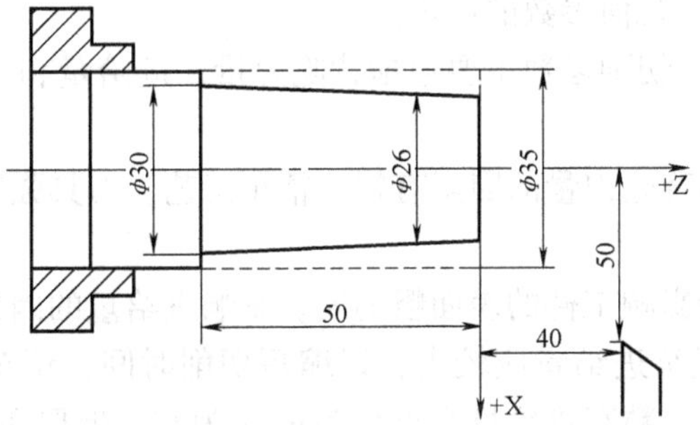

图 4-8　G80 指令编程示例（二）

第二节　简单轴类零件的加工示例

学习目标

1. 了解数控编程的步骤。
2. 掌握 G01 指令、G80 指令在加工轴类零件中的运用。
3. 掌握数控车削进退刀路线的确定方法。
4. 了解简单轴类零件的加工步骤。

数控车床车削零件的进给与普通车床是一样的，只不过普通车床是通过手动控制进给，而数控车床是通过程序来控制的。也就是说在数控车床上只要将车刀的进给路线通过程序按格式编写出来就行了。通常选用进给路线最短，编写程序最短、最简单的，也就是效率最高的进给路线。回想普通车床车削原理，在数控车床上加工零件又与普通车床有所不同，不仅要考虑夹具、刀具、切削用量等常规工艺的选择，更要考虑对刀点、编程原点等的设置，在保证质量的前提下尽可能提高车床的加工效率。数控车床上轴类零件的装夹要尽量选用通用夹具，且应减少装夹次数，尽量做到在一次装夹中能把零件上所有要加工的表面都加工出来。零件的定位基准应尽量与设计基准重合，以减少定位误差对尺寸精度的影响。

一、数控车床编程的步骤

在日常编程中应尽量遵循步骤如下：

1. 产品图样分析

1）尺寸是否完整。

2）产品精度、表面粗糙度等要求。

3）产品材质、硬度等要求。

2. 工艺处理

1）加工方式及设备的确定。

2）毛坯尺寸及材料的确定。

3）装夹定位的确定。

4）加工路线及起刀点、换刀点的确定。

5）刀具数量、材料、几何参数的确定。

6）切削参数的确定。切削参数主要包括背吃刀量、进给量和切削速度，其具体影响因素如下：

① 背吃刀量。影响背吃刀量的因素有粗、精车工艺，刀具强度，机床性能，工件材料及表面粗糙度。

② 进给量。进给量影响工件的表面粗糙度。影响进给量的因素如下：

- 粗、精车工艺。粗车进给量应较大，以缩短切削时间；精车进给量应较小，以降低表面粗糙度。一般情况下，精车进给量小于0.2mm/r为宜，但要考虑刀尖圆弧半径的影响；粗车进给量大于0.25mm/r为宜。
- 机床性能，如功率、刚性。
- 工件的装夹方式。
- 刀具材料及其几何形状。
- 背吃刀量。
- 工件材料。工件材料较软时，可选择较大的进给量；反之，可选择较小的进给量。

③ 切削速度。切削速度的大小可影响切削效率、切削温度、刀具寿命等。影响切削速度的因素有刀具材料、工件材料、刀具寿命、背吃刀量与进给量、刀具几何形状、切削液和机床性能。

3. 数学处理

1）编程零点及工件坐标系的确定。

2）各节点数值的计算。

4. 其他主要内容

1）按规定格式编写程序清单。

2）按程序编辑步骤输入程序，并检查程序。

3）修改程序。

在学习编程过程中，只要按照步骤进行编程，做好编程前的准备工作，学习起来就会事半功倍，从而感觉学习编程非常容易。

二、轴类零件加工综合示例一

在数控车床上加工如图4-9所示轴类零件，毛坯为 $\phi35mm \times 61mm$ 的棒料，材料为45钢，试分析加工工艺，编写数控车床加工程序并进行加工。

1. 工艺分析

我们知道，工件加工时选用粗、精加工的切削用量是不同的，特别是进给路线中的背吃刀量。但采用循环程序加工，每次循环的背吃刀量是相同的，不能明显区分粗、精加工。为了解决这个问题，可以适当偏离循环起点，使粗加工循环完成后仍有精加工余量，并在更换切削用量后再调用一次精加工程序进行切削。

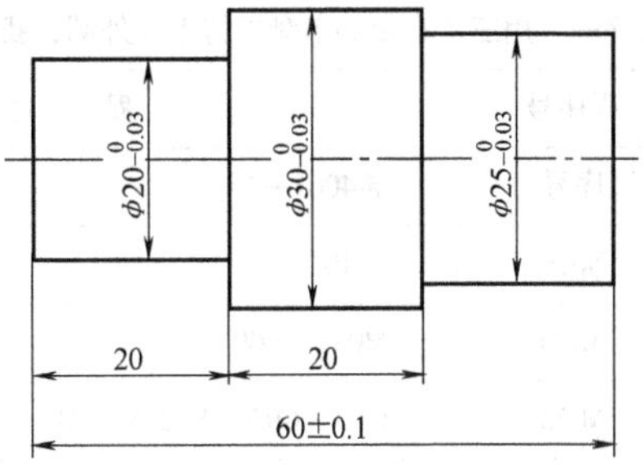

图4-9　轴类零件加工综合示例一

如图4-9所示，该工件外形比较简单，没有形位公差要求，但其表面有严格的尺寸精度要求。工件需要两次调头加工，为保证在进行数控加工中工件能装夹牢靠，先加工工件右端轮廓，再调头，夹持 $\phi25mm$ 外圆加工工件左端轮廓。两次装夹加工时都将工件坐标系原点设定在其装夹后的工件右端面与轴线交点，换刀点都设在X100、Z100的位置上。简单工艺路线如下：

1）车削工件右端 $\phi25mm$ 和 $\phi30mm$ 外圆。

2）调头，夹持 $\phi25mm$ 外圆处。

3）车削工件左端 $\phi20mm$ 外圆。

2. 装夹方法

用三爪自定心卡盘进行定位装夹，夹紧力要适当。

3. 刀具及切削用量的选择

刀具及切削用量的选择见表4-2。

表4-2　刀具卡（一）

实训课题		简单轴类零件的编程与加工	零件名称	轴类零件	零件图号	图4-9
序号	刀具号	刀具名称及规格	刀尖圆弧半径	数量	加工内容	进给量
1	T0101	93°右偏外圆刀	0.4mm	1	右端外轮廓	粗0.3 精0.1
2	T0101	93°右偏外圆刀	0.4mm	1	左端外轮廓	粗0.3 精0.1

4. 量具

游标卡尺0.02mm/（0～150）mm，千分尺0.01mm/（0～25）mm、0.01mm/（25～

50）mm 等。

5. 程序编写

本示例工件外形比较简单，用 G01 指令和 G80 指令都能完成车削加工，但使用 G80 指令可以适当简化程序。两种指令所编写的参考程序见表 4-3 和表 4-4。

表 4-3 参考程序卡（一）

数控车床程序卡	编程原点	工件右端面与轴线交点			编程系统	HNC—21T/22T
	零件名称	轴类零件	零件图号	图 4-9	材料	45 钢
	机床型号	CJK6136	夹具名称	三爪自定心卡盘	实训车间	数控中心

工序一：用三爪自定心卡盘夹持毛坯外圆，找正并夹牢，车削右端轮廓

程序号	程　序	简要说明
序号	%4001—1	程序名
N010	T0101	调用 1 号 93°外圆刀，1 号刀补
N020	M03 S600	主轴正转，转速为 600r/min
N030	G00 G95 X30.5 Z3	快速进给至加工起始点
N040	G01 Z-41 F0.3	粗车右端 ϕ30mm 外圆
N050	X37	提刀
N060	G00 Z3	退刀
N070	X25.5	快速进给至 ϕ25mm 外圆处
N080	G01 Z-20 F0.3	粗车右端 ϕ25mm 外圆
N090	X37	提刀
N100	G00 Z3	退刀
N110	X25	快速进给至 ϕ25mm 外圆处
N120	G01 Z-20 F0.1 S1200	精车右端 ϕ25mm 外圆
N130	X30	进给至 ϕ30mm 外圆处
N140	Z-41	精车右端 ϕ30mm 外圆
N150	X37	提刀
N160	G00 X100 Z100	退刀，返回刀具换刀点
N170	M05	主轴停止
N180	M30	程序结束

工序二：调头，用三爪自定心卡盘垫铜皮夹持 ϕ25mm 外圆，找正保证同轴度并夹牢，车削左端轮廓

程序号	程　序	简要说明
序号	%4001—2	程序名
N010	T0101	调用 1 号 93°外圆刀，1 号刀补
N020	M03 S600	主轴正转，转速为 600r/min
N030	G00 G95 X30 Z3	快速进给至加工起始点
N040	G01 Z-20 F0.3	

（续）

数控车床程序卡	编程原点	工件右端面与轴线交点			编程系统	HNC—21T/22T
	零件名称	轴类零件	零件图号	图 4-9	材料	45 钢
	机床型号	CJK6136	夹具名称	三爪自定心卡盘	实训车间	数控中心

工序二：调头，用三爪自定心卡盘垫铜皮夹持 ϕ25mm 外圆，找正保证同轴度并夹牢，车削左端轮廓

程序号	程　　序	简 要 说 明
序号	%4001—2	程序名
N050	X37	粗车左端 ϕ20mm 外圆
N060	G00　Z3	
N070	X25	
N080	G01　Z－20　F0.3	
N090	X37	
N100	G00　Z3	
N110	X20.5	
N120	G01　Z－20　F0.3	
N130	X37	提刀
N140	G00　Z3	退刀
N150	X20	进给至 ϕ20mm 外圆处
N160	G01　Z－20　F0.1　S1200	精车左端 ϕ20mm 外圆
N170	X37	提刀
N180	G00　X100　Z100	退刀，返回刀具换刀点
N190	M05	主轴停止
N200	M30	程序结束

表 4-4　参考程序卡（二）

数控车床程序卡	编程原点	工件右端面与轴线交点			编程系统	HNC—21T/22T
	零件名称	轴类零件	零件图号	图 4-9	材　　料	45 钢
	机床型号	CJK6136	夹具名称	三爪自定心卡盘	实训车间	数控中心

工序一：用三爪自定心卡盘夹持毛坯外圆，找正并夹牢，车削右端轮廓

程序号	程　　序	简 要 说 明
序号	%4002—1	程序名
N010	T0101	调用 1 号 93°外圆刀，1 号刀补
N020	M03　S600	主轴正转，转速为 600r/min
N030	G00　G95　X37　Z3	快速进给至循环起点
N040	G80　X33　Z－41　F0.3	循环粗车右端 ϕ30mm 外圆
N050	X30.5　Z－41	
N060	X28　Z－20	循环粗车右端 ϕ25mm 外圆
N070	X25.5　Z－20	
N080	G00　X25　Z3	快速进给至 ϕ25mm 外圆处

（续）

数控车床程序卡	编程原点	工件右端面与轴线交点			编程系统	HNC—21T/22T
	零件名称	轴类零件	零件图号	图 4-9	材　料	45 钢
	机床型号	CJK6136	夹具名称	三爪自定心卡盘	实训车间	数控中心
工序一：用三爪自定心卡盘夹持毛坯外圆，找正并夹牢，车削右端轮廓						
程序号	程　序			简 要 说 明		
序号	%4002—1			程序名		
N090	G01　X25　Z－20　F0.1　S1200			精车右端 ϕ25mm 外圆		
N100	X30			进给至 ϕ30mm 外圆处		
N110	Z－41			精车右端 ϕ30mm 外圆		
N120	X37			提刀		
N130	G00　X100　Z100			退刀，返回刀具换刀点		
N140	M05			主轴停止		
N150	M30			程序结束		
工序二：调头，用三爪自定心卡盘垫铜皮夹持 ϕ25mm 外圆，找正保证同轴度并夹牢，车削左端轮廓						
程序号	程　序			简 要 说 明		
序号	%4002—2			程序名		
N010	T0101			调用 1 号 93°外圆刀，1 号刀补		
N020	M03　S600			主轴正转，转速为 600r/min		
N030	G00　G95　X37　Z3			快速进给至循环起点		
N040	G80　X32　Z－20　F0.3			循环粗车左端 ϕ20mm 外圆		
N050	X28　Z－20					
N060	X24　Z－20					
N070	X20.5　Z－20					
N080	G00　X20　Z3			快速进给至 ϕ20mm 外圆处		
N090	G01　Z－20　F0.1　S1200			精车左端 ϕ20mm 外圆		
N100	X37			提刀		
N110	G00　X100　Z100			退刀，返回刀具换刀点		
N120	M05			主轴停止		
N130	M30			程序结束		

6. 加工工件的步骤

1）开启机床。先将“急停”钮关闭，打开电源开关，然后再将“急停”钮打开，使系统处在开始工作状态。按下“回零”键，使机床首先回到机床参考点，以建立机床坐标系。

2）安装刀具和毛坯。找正并夹紧工件。安装刀具时，刀具的安装位置应和编辑程序中的刀具号对应。装刀时，注意各刀具应对准工件中心，各刀具伸出长度应适当，刀具压紧时前后螺钉应同时压紧。

3）输入程序。将工件右端程序输入数控系统，注意新建文件名开头用“O”表示，程序输入完进行保存。

4）手动方式粗、精车右端面。

5）对刀并输入刀偏值。应使用手摇脉冲发生器对刀，无论哪个方向试切削完成后都不要动，退向另外一个方向，然后停机测量，将实际尺寸输入数控系统。设置刀偏时，为了保证加工工件尺寸正确，可根据机床的实际情况，适当设定刀具的磨损值，一般设定为0.2mm。

6）检查程序无误后，单击“循环启动”键进行工件的粗、精加工。

7）加工完毕后，测量工件实际尺寸与其合格尺寸的差值，然后在刀具磨损中修改差值。例如，实际尺寸为 ϕ30.3mm，实际需要的尺寸为 ϕ30mm，则在刀具磨损中将原来数字减去（ϕ30.3mm - ϕ30mm）。

8）单击“循环启动”键进行切削，直至工件尺寸合格为止。

9）调头，夹持工件右端 ϕ25mm 外圆至 ϕ30mm 外圆的端面处（可以很好地保证工件的位置精度）。

10）手动方式粗、精车左端面，并保证工件要求的总长。

11）输入车削工件左端的加工程序（粗、精车左端 ϕ20mm 外圆）。

12）对刀并输入刀偏值（设定刀具的 X 磨损值为 0.2mm）。

13）检查程序无误后，单击“循环启动”键进行工件的粗、精加工。

14）加工完毕后，测量工件实际尺寸与合格尺寸的差值，然后在刀具磨损中修改差值。

15）单击“循环启动”键进行切削，直至工件尺寸合格为止。

16）加工完毕，卸下工件，打扫机床卫生。

三、轴类零件加工综合示例二

在数控车床上加工如图 4-10 所示轴类零件，毛坯为 ϕ35mm×61mm 的棒料，材料为 45 钢，试分析加工工艺，编写数控车床加工程序并进行加工。

1. 工艺分析

如图 4-10 所示，该工件外形比较简单，没有形位公差要求，但其表面有严格的尺寸精度要求。需要重点注意的是，在加工锥面时，G80 指令动作的第一步为 G00 指令方式的快速进给，为避免快速进给时刀具与工件表面接触，通常要将刀具偏离锥度端面，此时刀具起始位置的 Z 轴坐标值与实际锥度的起点坐标不一致，应计算出锥面轮廓延长线上对应所取 Z 坐标处与锥面终点处的实际直径差。该工件需要两次调头加工，为保证在进行数控加工中工件能装夹牢靠，先加工工件右端轮廓，再调头，夹持 ϕ30mm 外圆加工工件左端轮廓。两次装夹加工时都将工件坐标系原点设定在其装夹后的工件右端面与轴线交点，换刀点都设在 X100、Z100 的位置上。简单工艺路线如下：

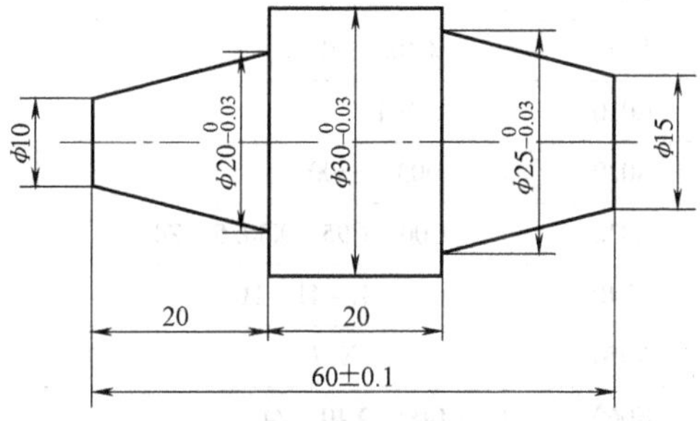

图 4-10　轴类零件加工综合示例二

1）车削工件右端锥度和 ϕ30mm 外圆。

2）调头，夹持 ϕ30mm 外圆，并预留 5mm 左右。

3）车削工件左端锥度。

2. 装夹方法

用三爪自定心卡盘进行定位装夹，夹紧力要适当。

3. 刀具及切削用量的选择

刀具及切削用量的选择见表 4-5。

表 4-5 刀具卡（二）

实训课题		简单轴类零件的编程与加工	零件名称	轴类零件	零件图号	图 4-10
序号	刀具号	刀具名称及规格	刀尖圆弧半径	数量	加工内容	进给量
1	T0101	93°右偏外圆刀	0.4mm	1	右端外轮廓	粗 0.3 精 0.1
2	T0101	93°右偏外圆刀	0.4mm	1	左端外轮廓	粗 0.3 精 0.1

4. 量具

游标卡尺 0.02mm/（0～150）mm、千分尺 0.01mm/（25～50）mm 等。

5. 程序编写

本示例工件外形比较简单，用 G01 指令和 G80 指令都能完成车削加工，但使用 G80 指令可以适当简化程序。两种指令所编写的参考程序见表 4-6 和表 4-7。

表 4-6 参考程序卡（三）

数控车床程序卡	编程原点	工件右端面与轴线交点			编程系统	HNC—21T/22T
	零件名称	轴类零件	零件图号	图 4-10	材　料	45 钢
	机床型号	CJK6136	夹具名称	三爪自定心卡盘	实训车间	数控中心

工序一：用三爪自定心卡盘夹持毛坯外圆，找正并夹牢，车削右端轮廓

程序号	程　序	简要说明
序号	%4001—1	程序名
N010	T0101	调用 1 号 93°外圆刀，1 号刀补
N020	M03　S600	主轴正转，转速为 600r/min
N030	G00　G95　X30.5　Z4	快速进给至起刀点
N040	G01　Z－41　F0.3	粗车右端 ϕ30mm 外圆
N050	X37	提刀
N060	G00　X40　Z4	退刀
N070	X26	快速进给至车削锥度起刀点
N080	G01　X38　Z－20　F0.3	粗车右端锥度
N090	G00　Z4	退刀
N100	X22	快速进给至车削锥度起刀点
N110	G01　X34　Z－20　F0.3	粗车右端锥度
N120	X37	提刀
N130	G00　Z4	退刀
N140	X18	快速进给至车削锥度起刀点
N150	G01　X30　Z－20　F0.3	粗车右端锥度
N160	X37	提刀

（续）

数控车床程序卡	编程原点	工件右端面与轴线交点			编程系统	HNC—21T/22T
	零件名称	轴类零件	零件图号	图 4-10	材　料	45 钢
	机床型号	CJK6136	夹具名称	三爪自定心卡盘	实训车间	数控中心

工序一：用三爪自定心卡盘夹持毛坯外圆，找正并夹牢，车削右端轮廓

程序号	程　序	简要说明
序号	%4001—1	程序名
N170	G00　Z4	退刀
N180	X13.5	快速进给至车削锥度起刀点
N190	G01　X25.5　Z－20　F0.3	粗车右端锥度
N200	X37	提刀
N210	G00　Z4	退刀
N220	X13	快速进给至车削锥度起刀点
N230	G01　X25　Z－20　F0.1　S1200	精车右端锥度
N240	X30	直线进给至 ϕ30mm 外圆
N250	Z－41	精车右端 ϕ30mm 外圆
N260	X37	提刀
N270	G00　X100　Z100	退刀，返回刀具换刀点
N280	M05	主轴停止
N290	M30	程序结束

工序二：调头，用三爪自定心卡盘垫铜皮夹持 ϕ30mm 外圆，找正保证同轴度并夹牢，车削左端轮廓

程序号	程　序	简要说明
序号	%4001—2	程序名
N010	T0101	调用 1 号 93°外圆刀，1 号刀补
N020	M03　S600	主轴正转，转速为 600r/min
N030	G00　G95　X32　Z4	快速进给至车削锥度起刀点
N040	G01　X44　Z－20　F0.3	粗车左端锥度
N050	G00　Z4	退刀
N060	X28	快速进给至车削锥度起刀点
N070	G01　X40　Z－20　F0.3	粗车左端锥度
N080	G00　Z4	退刀
N090	X24	快速进给至车削锥度起刀点
N100	G01　X36　Z－20　F0.3	粗车左端锥度
N110	G00　Z4	退刀
N120	X20	快速进给至车削锥度起刀点
N130	G01　X32　Z－20　F0.3	粗车左端锥度
N140	X36	提刀
N150	G00　Z4	退刀
N160	X16	快速进给至车削锥度起刀点

（续）

数控车床程序卡	编程原点	工件右端面与轴线交点			编程系统	HNC—21T/22T
	零件名称	轴类零件	零件图号	图4-10	材　料	45钢
	机床型号	CJK6136	夹具名称	三爪自定心卡盘	实训车间	数控中心

工序二：调头，用三爪自定心卡盘垫铜皮夹持 ϕ30mm 外圆，找正保证同轴度并夹牢，车削左端轮廓

程序号	程　序	简要说明
序号	%4001—2	程序名
N170	G01　X28　Z-20　F0.3	粗车左端锥度
N180	X36	提刀
N190	G00　Z4	退刀
N200	X12	快速进给至车削锥度起刀点
N210	G01　X24　Z-20　F0.3	粗车左端锥度
N220	X36	提刀
N230	G00　Z4	退刀
N240	X8.5	快速进给至车削锥度起刀点
N250	G01　X20.5　Z-20　F0.3	粗车左端锥度
N260	X36	提刀
N270	G00　Z4	退刀
N280	X8	快速进给至车削锥度起刀点
N290	G01　X20　Z-20　F0.1　S1200	精车左端锥度
N300	X36	提刀
N310	G00　X100　Z100	退刀，返回刀具换刀点
N320	M05	主轴停止
N330	M30	程序结束

表4-7　参考程序卡（四）

数控车床程序卡	编程原点	工件右端面与轴线交点			编程系统	HNC—21T/22T
	零件名称	轴类零件	零件图号	图4-10	材　料	45钢
	机床型号	CJK6136	夹具名称	三爪自定心卡盘	实训车间	数控中心

工序一：用三爪自定心卡盘夹持毛坯外圆，找正并夹牢，车削右端轮廓

程序号	程　序	简要说明
序号	%4002—1	程序名
N010	T0101	调用1号93°外圆刀，1号刀补
N020	M03　S600	主轴正转，转速为600r/min
N030	G00　G95　G42　X38　Z4	快速进给至循环起刀点
N040	G80　X32　Z-41　F0.3	循环切削右端 ϕ30mm 外圆
N050	X30.5　Z-41	
N060	G80　X38　Z-20　I-6	循环切削右端锥度，I为考虑起点Z轴方向偏移后的X轴方向半径差
N070	X34　Z-20　I-6	
N080	X30　Z-20　I-6	
N090	X25.5　Z-20　I-6	

（续）

数控车床程序卡	编程原点	工件右端面与轴线交点			编程系统	HNC—21T/22T
	零件名称	轴类零件	零件图号	图 4-10	材　料	45 钢
	机床型号	CJK6136	夹具名称	三爪自定心卡盘	实训车间	数控中心

工序一：用三爪自定心卡盘夹持毛坯外圆，找正并夹牢，车削右端轮廓

程序号	程　序	简要说明
序号	%4002—1	程序名
N100	G00　X13　Z4	快速进给至右端锥度起刀点处
N110	G01　X25　Z-20　F0.1　S1200	精车右端锥度
N120	X30	直线进给至 ϕ30mm 外圆处
N130	Z-41	精车右端 ϕ30mm 外圆
N140	X36	提刀
N150	G00　G40　X100　Z100	退刀，返回刀具换刀点
N160	M05	主轴停止
N170	M30	程序结束

工序二：调头，用三爪自定心卡盘垫铜皮夹持 ϕ30mm 外圆，找正保证同轴度并夹牢，车削左端轮廓

程序号	程　序	简要说明
序号	%4002—2	程序名
N010	T0101	调用 1 号 93°外圆刀，1 号刀补
N020	M03　S600	主轴正转，转速为 600r/min
N030	G00　G95　G42　X42　Z4	快速进给至循环起刀点
N040	G80　X42　Z-20　I-6	循环切削左端锥度，I 为考虑起点 Z 轴方向偏移后的 X 轴方向半径差
N050	X38　Z-20　I-6	
N060	X34　Z-20　I-6	
N070	X30　Z-20　I-6	
N080	X26　Z-20　I-6	
N090	X22　Z-20　I-6	
N100	X20.5　Z-20　I-6	
N110	G00　X8　Z4	快速进给至左端锥度处
N120	G01　X20　Z-20　F0.1　S1200	精车左端锥度
N140	X36	提刀
N150	G00　G40　X100　Z100	退刀，返回刀具换刀点
N160	M05	主轴停止
N170	M30	程序结束

6. 加工工件的步骤

1）开启机床。先将“急停”钮关闭，打开电源开关，然后再将“急停”钮打开，使系统处在开始工作状态。按下“回零”键，使机床首先回到机床参考点，以建立机床坐标系。

2）安装刀具和毛坯。找正并夹紧工件。安装刀具时，刀具的安装位置应和编辑程序中

的刀具号对应。装刀时，注意各刀具应对准工件中心，各刀具伸出长度应适当，刀具压紧时前后螺钉应同时压紧。

3）输入程序。将工件右端程序输入数控系统，注意新建文件名开头用“O”表示，程序输入完进行保存。

4）手动方式粗、精车右端面。

5）对刀并输入刀偏值。应使用手摇脉冲发生器对刀，无论哪个方向试切削完成后都不要动，退向另外一个方向，然后停机测量，将实际尺寸输入数控系统。设置刀偏时，为了保证加工工件尺寸正确，可根据机床的实际情况，适当设定刀具的磨损值，一般设定为0. 2mm。

6）检查程序无误后，单击“循环启动”键进行工件的粗、精加工。

7）加工完毕后，测量工件实际尺寸与其合格尺寸的差值，然后在刀具磨损中修改差值。例如，实际尺寸为ϕ30. 3mm，实际需要的尺寸为ϕ30mm，则在刀具磨损中将原来数字减去（ϕ30. 3mm－ϕ30mm）。

8）单击“循环启动”键进行切削，直至工件尺寸合格为止。

9）调头，用三爪自定心卡盘垫铜皮夹住工件ϕ30mm外圆约15mm左右，用划线盘找正工件外圆，然后夹紧工件。

10）手动方式粗、精车左端面，并保证工件要求的总长。

11）输入车削工件左边的加工程序（粗、精车左边的锥度）。

12）对刀并输入刀偏值（设定刀具的X磨损值为0. 2mm）。

13）检查程序无误后，单击“循环启动”键进行工件的粗、精加工。

14）加工完毕后，测量工件实际尺寸与其合格尺寸的差值，然后在刀具磨损中修改差值。

15）单击“循环启动”键进行切削，直至工件尺寸合格为止。

16）加工完毕，卸下工件，打扫机床卫生。

思考题

1. 简述外径/内径车削复合循环指令G80的格式及其参数的含义。
2. 加工如图4-11所示的零件，使用G80指令编写数控程序。
3. 加工如图4-12所示的零件，使用G80指令编写数控程序。

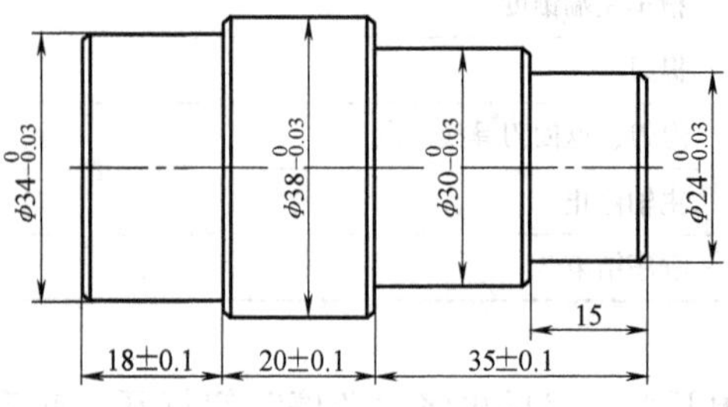

图4-11　思考题2

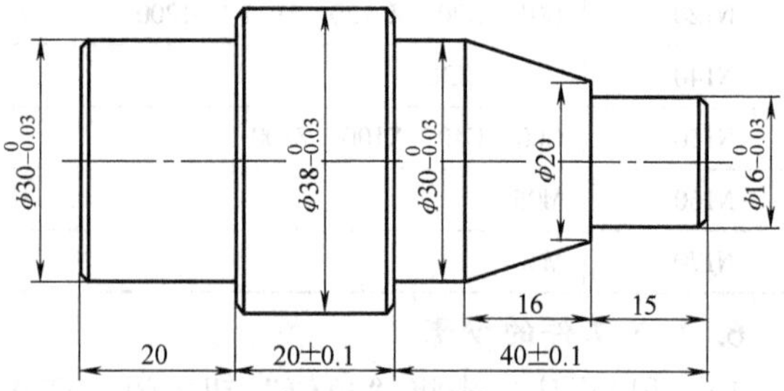

图4-12　思考题3

第五章 槽类零件的编程与加工

数控车床在生产加工过程中，常遇到外圆及轴肩部分的一些外沟槽的加工，常见的有外圆沟槽、45°外沟槽、外圆端面沟槽、圆弧沟槽等。本章着重介绍运用数控编程加工槽类零件的方法，通过对本章的学习，能够掌握子程序的编写方法及槽类零件的加工方法。

第一节 槽类零件的加工工艺分析

学习目标

1. 了解切断刀的种类及安装，合理选择切断刀。
2. 掌握数控车床编程中切槽刀及加工中的相互关系。

一、切断刀的种类及安装

1. 切断刀的种类

切断刀以横向进给为主，前端的切削刃为主切削刃，两侧的切削刃为副切削刃。一般主切削刃较窄，因此刀体的强度较差，在选择刀体的几何角度参数和切削用量时，要注意提高切断刀的强度。

（1）高速钢切断刀　高速钢切断刀的结构如图 5-1 所示。在刃磨过程中，两副后角和副偏角要对称，两副切削刃要平直。

高速钢切断刀进行切削时，会产生很大的热量，为防止刀片脱焊，在开始切削时应充分浇注切削液。为增加刀体的强度，常将切断刀刀体下部做成凸圆弧形。

1）主切削刃的宽度（a）。主切削刃太宽会因切削力太大而振动，同时浪费材料；太窄又会削弱刀体的强度。因此，主切削刃的宽度可用下面的经验公式计算，即

$$a = (0.5 \sim 0.6)\sqrt{d}$$

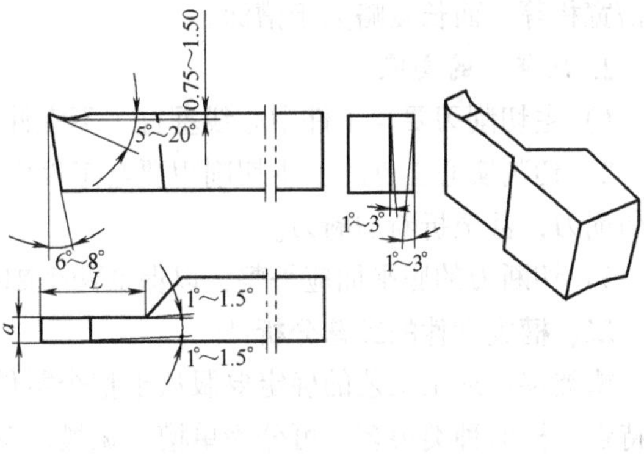

图 5-1　高速钢切断刀的结构

式中 a——主切削刃的宽度（mm）；

d——工件待加工表面的直径（mm）。

2）刀体的长度（L）。刀体太长也容易引起刀体振动，甚至使刀体折断，刀体的长度可用下面公式计算，即

$$L = h + (2 \sim 3)$$

式中 L——刀体的长度（mm）；

h——切入深度（mm）。

（2）硬质合金切断刀 硬质合金切断刀的结构如图5-2所示。

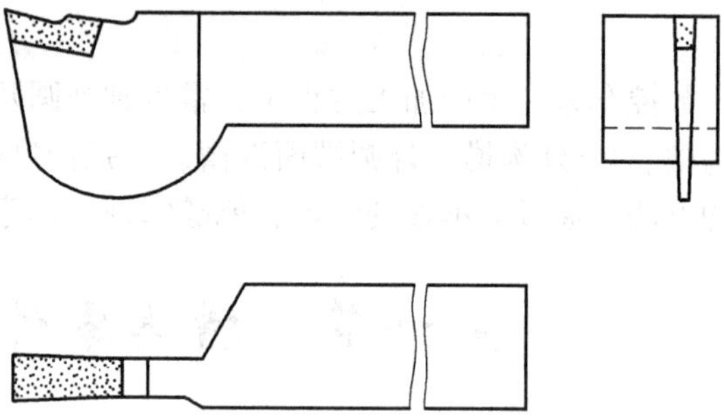

图5-2 硬质合金切断刀的结构

硬质合金切断刀在高速切削工件时，铁屑和工件宽度相等容易在槽内造成堵塞，为了排屑顺利，可以把主切削刃两边倒角或磨成人字形。

（3）弹性切断刀 弹性切断刀的结构如图5-3所示。

弹性切断刀是将切断刀做成刀片，再装夹到弹性刀柄上，通过车刀受力发生弹性变形，使车刀自动让刀从而避免扎刀，防止切断刀折断。

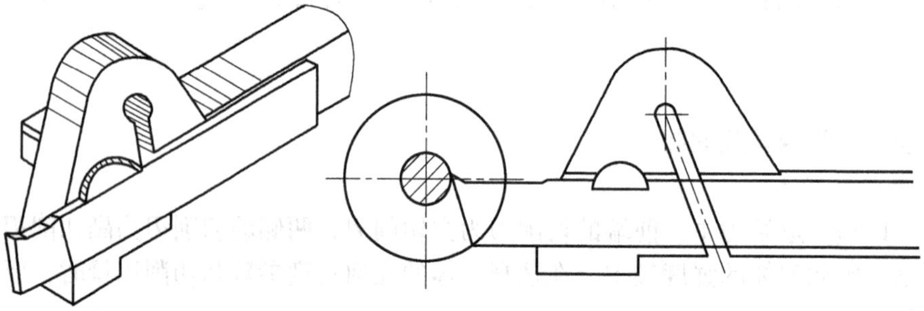

图5-3 弹性切断刀的结构

（4）切槽刀 切槽刀的几何角度和形状与切断刀基本相同。车削较窄的沟槽时，刀宽与槽宽相等，而长度略大于槽深。

2. 切断刀的安装

1）主切削刃要与工件中心线垂直，不宜伸出过长，同时要保证两副切削刃对称。

2）切削实心工件时，主切削刃要与工件中心等高，否则将不能车削到工件中心，而且容易崩刀，甚至折断切断刀。

3）切断刀的底平面应平整，以保证两个副后角对称。

二、槽类零件的工艺分析

槽类零件加工工艺的确定要服从于整个零件的加工需要，同时还要考虑到槽类零件加工的特点。槽的种类很多，可分为单槽、宽槽、深槽及异形槽，但加工时可能会有几种形式的叠加，如单槽同时也是深槽或宽槽。

1. 槽类零件的装夹

根据槽的宽度等条件，在切槽时经常采用直接成形法，就是说槽的宽度就是切槽刀切削刃的宽度，也就是背吃刀量 a_p，这种切削方法会产生很大的切削力。另外，大多数槽位于零件外表面上，切槽时主切削力的方向与零件轴线垂直，这样会影响到零件装夹的稳定性。因此，在数控车床上加工槽类零件一般可采用下面两种装夹方式。

1）采用软卡爪，适当增加夹持面积的长度，以保证定位准确、装夹牢固。

2）利用尾座及顶尖做辅助支承，采用一夹一顶方式装夹，最大限度地保证零件装夹的稳定性。

2. 刀具的选择与加工方式

1）简单槽类零件的加工。对于宽度值、深度值不大，且深度要求不高的槽，可采用与槽等宽的刀具直接切入一次成形的方法加工，如图 5-4 所示。刀具切入到槽底后可利用延时指令使刀具暂时停留，以修整槽底圆度，退刀时可采用工进速度。

2）深槽类零件的加工。对于宽度值不大，但深度值较大的深槽类零件，为了避免切槽过程中由于排屑不畅，使刀具前部压力过大出现扎刀和折断刀具的现象，应采用分次进刀的方式。刀具在切入零件一定深度后，停止进刀并回退一段距离，达到断屑退屑的目的，如图 5-5 所示。同时注意尽量选择强度较高的刀具。

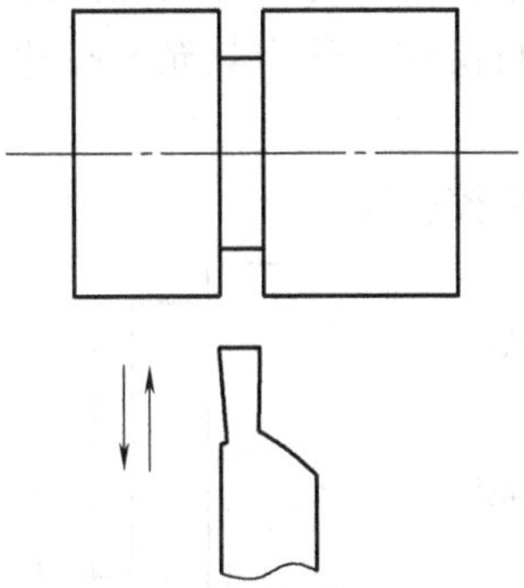

图 5-4　简单槽类零件的加工方式

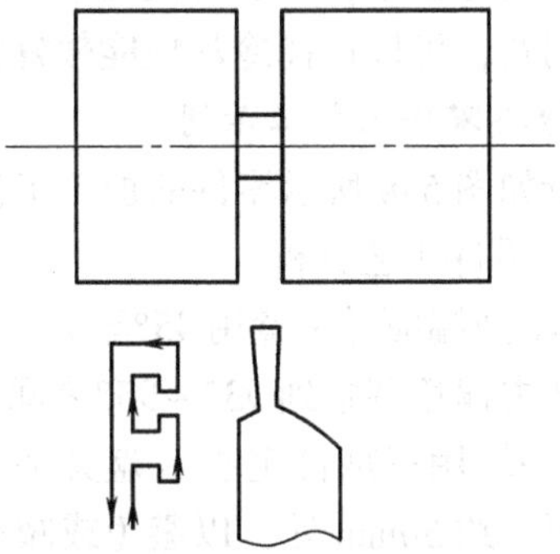

图 5-5　深槽类零件的加工方式

3）宽槽类零件的加工。通常把大于一个切断刀宽度的槽称为宽槽，宽槽的宽度、深度等精度要求及表面粗糙度要求相对较高。在切削宽槽时常采用排刀的方式进行粗切，然后用精切槽刀沿槽的一侧切削至槽底，精加工槽底至槽的另一侧，再沿侧面退出，具体切槽方式如图 5-6 所示。

4）异形槽类零件的加工。对于异形槽类零件的加工，大多采用先切削直槽然后修整轮廓的方法进行切削，如图 5-7 所示。

5）斜沟槽类零件的加工。车削斜沟槽时，应先切削出槽底并在直径上和槽底宽度上留有余量，然后从大外圆处向槽底倾斜切削。注意不能从槽底倾斜退刀，以防止车刀折断或发生事故。

3. 切削参数

背吃刀量、进给量和切削速度是切削用量三要素。在切削过程中，背吃刀量受到切断刀宽度的影响，其大小的调节范围较小。要增加切削的稳定性，提高切削效率，就要选择合适的切削速度和进给速度。在普通车床上进行切槽加工时，切削速度和进给速度相对外圆切削较低，一般取外圆切削的30%～70%。数控车床的各项性能指标要远高于普通车床，同样可以选择相对较高的切削用量，切削速度可以选择外圆切削的60%～80%，进给量选取0.05～0.30mm/r。

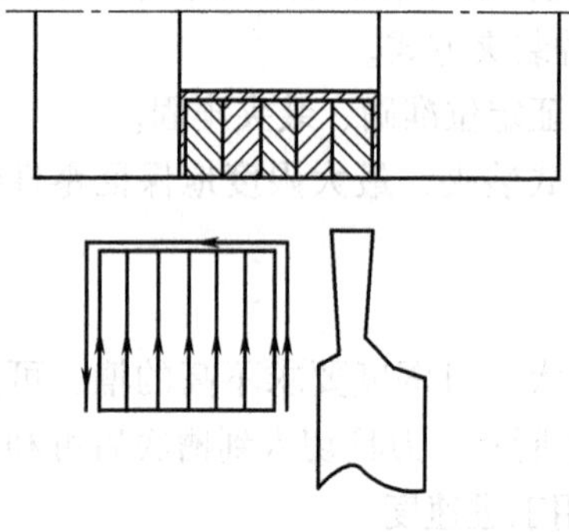

图5-6　宽槽类零件的加工方式

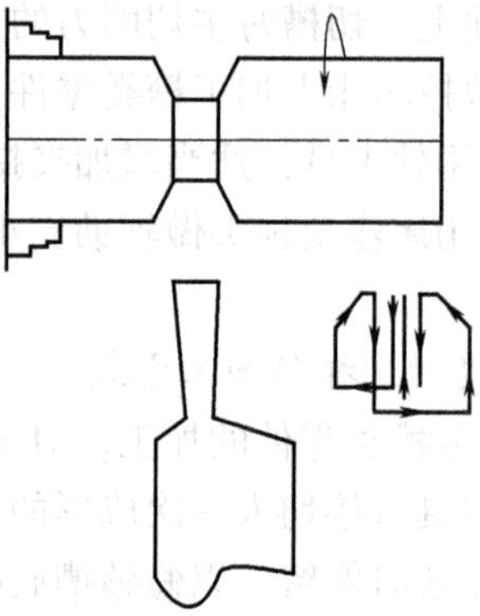

图5-7　异形槽类零件的加工方式

注意在切槽中容易产生振动现象，这往往是由于进给速度过低，或者切削速度与进给速度搭配不当，需及时调整，以保证切削稳定。

在切槽过程中，为了解决切槽刀刀头面积小、散热条件差、易产生高温而降低刀片切削性能等问题，可以选择冷却性能较好的乳化类切削液进行浇注，使刀具充分冷却。

4. 槽类零件的加工示例

分析如图5-8所示零件的加工工艺，并编写相应的数控程序。

（1）零件工艺分析

1）车削端面时尽量用45°车刀。如果用外圆车刀，安装时要把主偏角调整到93°～95°之间。

2）一端用三爪自定心卡盘夹持毛坯外圆，伸出长度应尽量短，约50mm处，以避免或减小振动。

3）运用外圆车刀粗、精车外圆。车削过程中如果表面质量要求不是太高，可运用一把外圆车刀完成。在切削前浇注乳化类切削液，以减小零件尺寸变形和车刀磨损，提高表面质量。

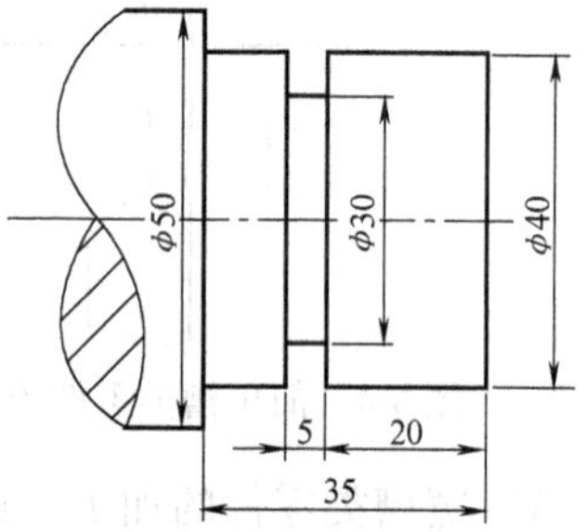

图5-8　沟槽类零件

4）运用硬质合金切断刀切削外沟槽。

5）进行自检、互检和交检，合格后取下零件，打扫机车卫生及周边卫生。

（2）参考程序单

%0001

N01　M03　S800

N02　T0101　（外圆车刀）

N03　G00　G95　X55　Z5

N04　G80　X50　Z-35　F0.2

N05　X47　Z-35

N06　X44　Z-35

```
N07  X41  Z-35
     X40  Z-35
N08  G00  X100  Z200
N09  T0202        （切槽刀）
N10  G00  X50  Z-25
N11  G01  X30  F0.1
N12  X50
N13  G00  X100
N14  Z100
N15  M05
N16  M30
```

第二节　编程指令

学习目标

1. 了解子程序的概念、格式及调用方法。
2. 熟练掌握子程序调用功能，灵活运用子程序编程。

一、子程序指令

1. 子程序的概念

编写加工程序时，有时会遇到一组程序段在一个程序中多次出现，或者在几个程序中都要使用。这种典型的加工程序可以做成固定程序，并单独加以命名，这组程序段就称为子程序。

使用子程序可以减少不必要的重复编程，从而达到简化编程的目的，其作用相当于一个固定循环。

2. 子程序的调用

（1）子程序的格式　在主程序中，调用子程序的指令是一个程序段，其格式随具体的数控系统而定，HNC—21T/22T 系统的子程序调用格式如下：

格式：M98　P__　L__

说明：M98 为子程序调用字。P 为被调用的子程序号。L 为子程序重复调用次数。

由此可见，子程序由子程序调用字、子程序号和调用次数组成。

（2）子程序的返回　子程序返回主程序用 M99 指令，它表示子程序运行结束，返回到主程序。M99 指令也可用于主程序最后程序段，此时程序执行指针会跳回主程序的第一程序段继续执行此程序，所以此程序将一直重复执行，按下“RESET”键才能中断执行。

（3）子程序的嵌套　子程序调用下一级子程序称为嵌套。上一级子程序与下一级子程序的关系，与主程序与第一层子程序的关系相同。子程序可以嵌套多少层由具体的数控系统决定，在程序中存在某一固定顺序且重复出现时，便可把它们作为子程序存储在存储器中，这样可以使程序变得非常简单。子程序可以在自动运行方式下调出，并且被调出的子程序还可以调用另外的子程序。

3. 注意事项

1）加工外圆时，从起刀点到工件起始直径的值除以背吃刀量就是车刀循环次数。

2）加工沟槽时，循环次数应为车削沟槽的数量。

3）主程序号与子程序号相似，不同点是子程序用 M99 指令结束。

4）子程序执行完请求的次数后返回到主程序 M98 指令的下一句继续执行。如果子程序中没有 M99 指令，将不能返回主程序。

5）默认循环次数为一次时，省略循环次数。

二、子程序编程示例

运用子程序编写如图 5-9 所示图形的加工程序。

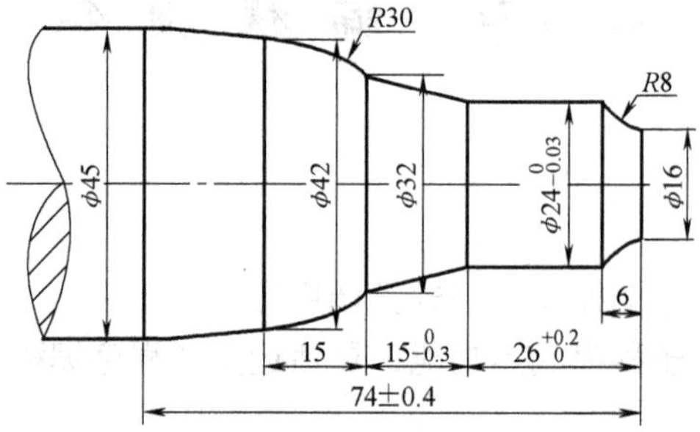

图 5-9　子程序编程示例

参考程序如下：

```
     %0002
N01  M03  S800
N02  T0101
N03  G00  G95  X46  Z5
N04  M98  P0003  L10
N05  G00  X100  Z200
N06  M05
N07  M30
     %0003
N08  G01  U-3
N09  W-5
N10  G02  U8  W-6  R8
N11  G01  W-20
N12  U8  W-15
N13  G03  U10  W-15  R30
N14  G01  U3  W-18
N15  U5
```

N16　G00　W79

N17　U -34

N18　M99

第三节　槽类零件的加工示例

学习目标

1. 根据零件图样，运用子程序调用进行实操练习，进一步掌握、巩固调用子程序在生产中的应用。

2. 掌握槽类零件的加工工艺。

分析如图 5-10 所示多沟槽类零件的加工工艺，编写相应的数控程序，并用华中数控车床加工出相应的零件。

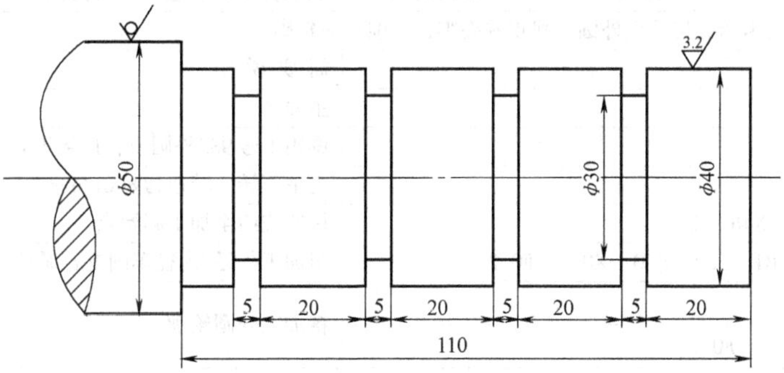

图 5-10　多沟槽类零件

一、工艺分析

1. 工艺路线

1）车削端面。钻中心孔。

2）在切槽时，考虑到工件伸出太长，如果直接切槽，横向抗力太大，容易发生振动甚至折断车刀，所以采用一夹一顶的装夹方式车削工件比较合适。

3）粗、精车 ϕ40mm 外圆长 110mm 至尺寸。

运用外圆车刀粗、精车外圆，车削过程中如果表面质量要求不是太高，可运用一把外圆车刀完成。在切削前浇注乳化类切削液，以减小工件尺寸变形和车刀磨损，提高表面质量。

4）调用子程序从右至左依次切削沟槽至尺寸。在调用子程序过程中，要注意切槽定刀点的位置，不可先切槽再向前移动，这样到切削完成最后一个槽时，还会向前移动一个 +W 容易与工件发生碰撞。

5）检查各部尺寸合格后卸下工件。

2. 刀具及切削用量的选择

刀具及切削用量的选择见表5-1。

表5-1 刀具卡（三）

实训课题		槽类零件的编程与加工	零件名称	多沟槽类零件	零件图号	图5-10
序号	刀具号	刀具名称及规格	刀尖圆弧半径	数量	加工内容	进给量/（mm/r）
1	T0101	93°右偏外圆刀	0.2mm	1	外圆轮廓	粗0.2 精0.1
2	T0202	5mm切槽刀	0.1mm	1	沟槽	0.1

二、参考程序

通过分析零件图样可以看出，像这样深度值和长度值都相等的重复出现的沟槽，如果运用G00指令、G01指令进行加工，程序过于繁多且容易出错；运用子程序调用指令比较简单。参考程序见表5-2。

表5-2 参考程序卡（四）

数控车床程序卡	编程原点	工件右端面与轴线交点			编程系统	HNC—21T/22T
	零件名称	多沟槽类零件	零件图号	图5-10	材料	45钢
	机床型号	CJK6136	夹具名称	三爪自定心卡盘	实训车间	数控中心

工序一：用三爪自定心卡盘夹持毛坯外圆，找正并夹牢，车削右端轮廓		
程序号	程　序	简要说明
序号	%5004	主程序
N010	T0101	调用1号93°外圆刀，1号刀补
N020	M03 S800	主轴正转，转速为800r/min
N030	G00 G95 X46 Z5	快速进给至加工起始点
N040	G71 U2 R1 P50 Q60 X0.2 F0.2	粗加工外径/内径车削复合循环指令
N050	G00 X40	精加工外圆轮廓
N060	G01 Z-110 F0.1	
N070	G00 X200 Z10	快速退到换刀点
N080	M05	主轴停止
N090	M00	程序暂停
N100	T0202	换2号切槽刀，调用2号刀补
N110	M03 S400	主轴正转，转速为400r/min
N120	G00 G95 X45	快速进给至加工起始点
N130	Z0	
N140	M98 P5006 L5	调用子程序O5006，调用5次
N150	G00 X200	提刀
N160	Z10	退刀，返回刀具换刀点
N170	M05	主轴停止
N180	M30	程序结束
序号	%5006	子程序
N200	G01 W-25	Z轴方向进刀
N210	U-20	X轴方向进刀
N220	U20	X轴方向退刀
N230	M99	子程序结束

三、加工操作步骤

1）开启机床　先将“急停”钮关闭，打开电源开关，然后再将“急停”钮打开，使系统处在开始工作状态。

2）按下“回零”键，使机床首先回到机床参考点，以建立机床坐标系。

3）安装刀具和毛坯

① 用三爪自定心卡盘垫铜皮夹持工件左端 ϕ45mm 外圆处，用划线盘找正工件外圆，然后夹紧工件。

② 安装刀具时，刀具的安装位置应和所编制程序中的刀具号对应。1 号刀为 93°右偏外圆刀，2 号刀为切槽刀，刀宽为 5mm。注意各刀具应对准工件中心，各刀具伸出长度应适当，刀具压紧时前后螺钉应同时压紧。

4）对刀并输入刀偏值

① 外圆刀对刀。对 Z 轴方向时端面见光即可，移动 +X 脱离工件而 Z 轴方向不动，输入 Z 向刀补；对 X 轴方向时外圆见光即可，移动 +Z 退离工件，而 X 轴方向不动。停止机床，测量工件尺寸输入刀补数值。

② 切槽刀对刀。切槽刀对刀时，要注意左刀尖为 Z 轴方向的刀位点。

5）输入数控程序。

6）程序校验　在数控系统中对程序进行图形仿真模拟、程序校验及修整，注意一定要锁住机床再校验程序。

7）检查程序无误后，解除机床锁，单击“循环启动”键进行工件的加工。

8）加工工件完毕后，测量工件尺寸值，然后在刀具磨损中修改偏差值。

9）重复步骤 7）~8），直到工件尺寸合格为止。

10）加工完毕后，卸下工件，打扫机床卫生。

第四节　槽类零件的质量检验与分析

学习目标

1. 掌握槽类零件的测量方法。

2. 掌握加工槽类零件时切槽的排屑问题，分析振动及刀体折断的原因。

3. 了解槽类零件的质量检验与分析。

一、槽类零件的检查及测量

1）精度要求不高的沟槽，可用钢直尺测量（见图 5-11a）。

2）精度要求高的沟槽，通常用千分尺或游标卡尺测量（见图 5-11b）。

二、加工槽类零件时的注意事项

1. 切削时的注意事项

切削时一定要注意切削用量三要素的选择，以防止扎刀现象。理想的切屑是呈直带状从

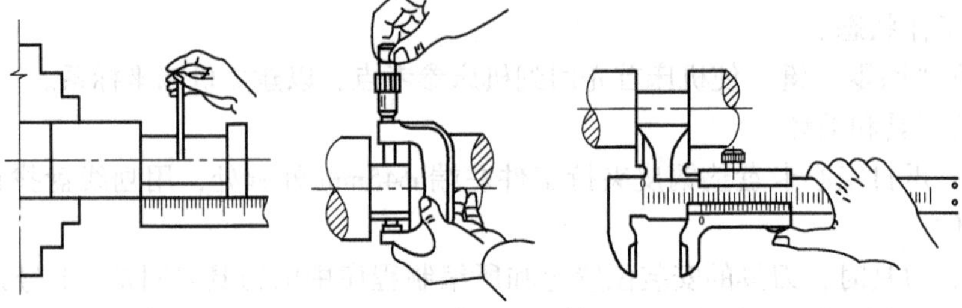

图 5-11　测量沟槽

a）用卡钳、钢直尺测量　b）用千分尺或游标卡尺测量

工件沟槽内流出，然后卷成圆锥形螺旋状、垫圈形螺旋状或发条状，才能防止扎刀现象。

2. 减少振动和防止切断刀折断的方法

1）减少切断或切槽时的振动应采取增大前角，提高刀体的锋利度，但不是无限制的增大，一般应控制在20°以下，这样切削阻力减小，同时适当减小后角，让切削刃附近产生消振作用把工件稳定，防止工件产生振动。也可在主切削刃的中间磨出一个 *R*0.5mm 左右的凹槽，这样不仅能起消振作用，而且能起导向作用，以保证切断的平直性。选用适宜的主切削刃宽度或改变刀柄形状，可增加刀柄的刚性。

2）防止切断刀折断应采取增大刀体强度，减小副后角或副偏角，前角不宜过大，且要正确安装刀具，不得歪斜、高于或低于工件中心太多。切削毛坯时，应先车削外圆再切削沟槽或开始时尽量减小进给量。用高速钢切断刀切削沟槽时应及时冷却、润滑。

3. 车削外沟槽时，可能产生废品的种类、原因及预防措施

（1）种类　沟槽宽度不正确、位置不对、深度不对及表面质量达不到要求。

（2）原因　切断刀宽度没选好、测量不正确或没有及时测量、计算不正确、切断刀强度不够、安装不正确、产生振动及切屑拉伤工件表面。

（3）预防措施　选择合适刀宽、正确测量、正确定位、正确安装车刀、及时冷却、选择合理的切削速度、采取防振措施及控制切屑流向。

4. 编程时的注意事项

1）在工件加工过程中，槽的定位是非常重要的，编程时要特别注意。

2）切槽刀通常有三个刀位点，编程时可以根据基准标注的情况进行合理选择。

3）切槽时，要注意刀宽与槽宽的关系。

4）换刀时，要注意刀架旋转时车刀是否与工件或尾座发生干涉。

思考题

1. 简述子程序调用的格式及各参数的含义。
2. 加工如图 5-12 所示的零件，使用子程序编写数控程序。
3. 加工如图 5-13 所示的零件，使用子程序编写数控程序。

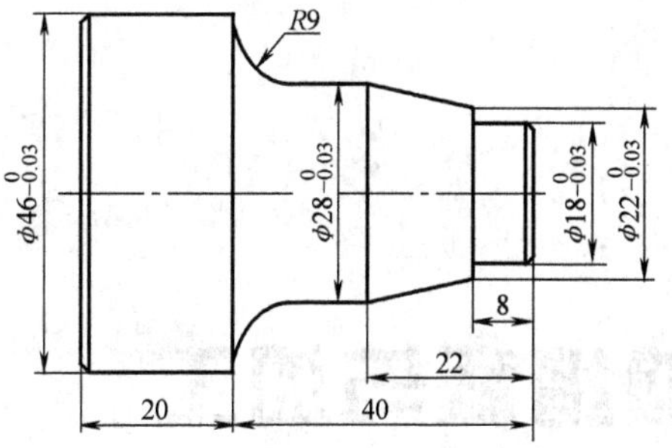

图 5-12　思考题 2

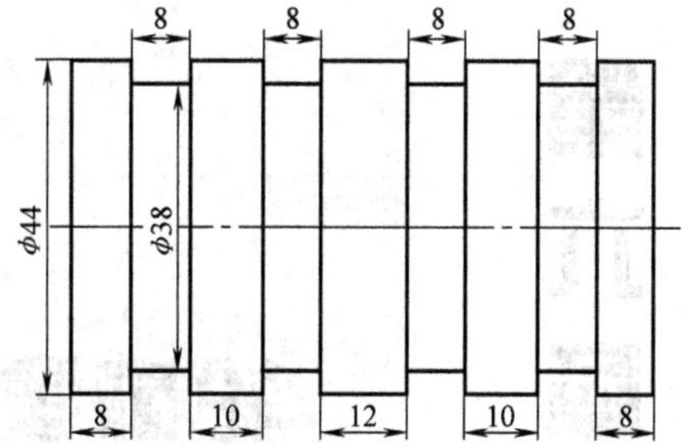

图 5-13　思考题 3

第六章 轮廓零件的编程与加工

轮廓零件是指加工表面由连续的轮廓线组成的零件，包括内轮廓零件和外轮廓零件。外轮廓零件主要是轴类零件，内轮廓零件主要是套类零件。本章着重介绍轴类零件的加工，套类零件的加工将在第七章中介绍。在数控车床上加工轮廓零件常用的加工指令为复合循环指令，在本章中将作为重点学习内容。

第一节 轴类零件的加工工艺分析

学习目标

1. 掌握工艺分析的步骤。
2. 掌握工艺分析的基本内容。
3. 能够分析出一般轴类零件的加工工艺。

一、轴类零件的车削工艺分析

1. 轴类零件的结构特征

轴类零件是机器中重要的零件之一，用来支承旋转类零件（如带轮、齿轮），传递运动和转矩。轴类零件通常由圆柱面、阶台、断面和沟槽等组成，精度要求较高，所以在车削过程中除了保证尺寸精度和表面粗糙度外，还应保证其形状精度和位置精度要求。根据结构形状的不同，轴类零件可分为光轴、阶梯轴、空心轴和曲轴等。

2. 轴类零件的技术要求

（1）尺寸公差　起支承作用的轴颈为了确定轴的位置，通常对其尺寸公差等级要求较高（IT5～IT7）；装配传动类零件的轴颈尺寸公差等级一般要求较低（IT6～IT9）。

（2）形状公差　轴类零件的形状公差主要指轴颈、外圆锥面、莫氏锥孔等的圆度、圆柱度等，一般应将其公差限制在尺寸公差范围内。对形状公差要求较高的内、外圆表面，应在图样上标注其允许偏差。

（3）其他几何公差　除形状公差之外。轴类零件的其他几何公差要求主要是由轴在机械中的位置和功用决定的。通常应保证装配传动类零件的轴颈对支承轴颈的同轴度要求，否则会影响传动零件（如齿轮等）的传动精度，并产生噪声。普通精度的轴，其配合轴段对支承轴颈的径向圆跳动一般为0.01～0.03mm，高精度轴（如主轴）径向圆跳动通常为

0.001 ~0.005mm。

（4）表面粗糙度　一般与传动零件相配合的轴颈表面粗糙度为 $Ra0.63 \sim 2.5\mu m$，与轴承相配合的支承轴颈表面粗糙度为 $Ra0.16 \sim 0.63\mu m$。

3. 轴类零件的装夹与定位方法

数控车床上轴类零件的装夹要尽量选用通用夹具，且应注意减少装夹次数，尽量做到在一次装夹中能把零件上所有要加工的表面都加工出来。零件的定位基准应尽量与设计基准重合，以减少定位误差对尺寸精度的影响。

轴类零件在数控车削加工中常用的装夹方法有以下几种：

（1）用三爪自定心卡盘装夹零件　三爪自定心卡盘是数控车床上最常用的夹具，常用的有机械式和液压式两种。

（2）用一夹一顶方式装夹零件　在数控车削中加工形位精度要求高的零件或装夹悬伸较长的零件时，可采用一端用卡盘夹持另一端用尾座顶尖支承的一夹一顶的装夹方法来装夹零件，如图 6-1 所示。

（3）用双顶尖方式装夹零件　对于较长或必须经过多道工序才能完成的轴类零件，为了保证每次安装时的精度，可用双顶尖方式装夹，如图 6-2 所示。采用双顶尖方式装夹零件方便，不需找正，而且定位精度高，但装夹前必须在零件的两端钻出合适的中心孔。

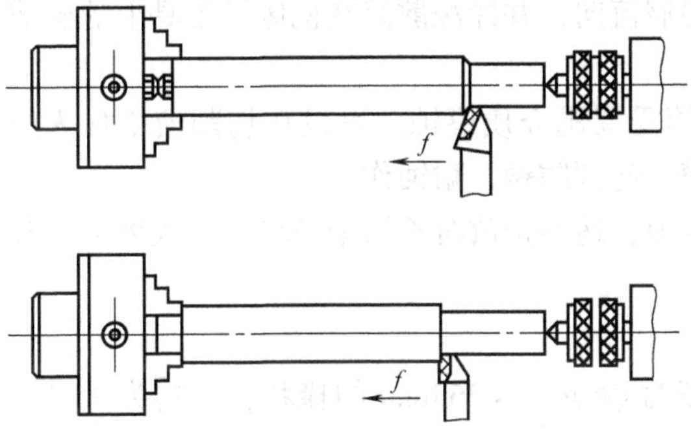

图 6-1　一夹一顶方式装夹零件

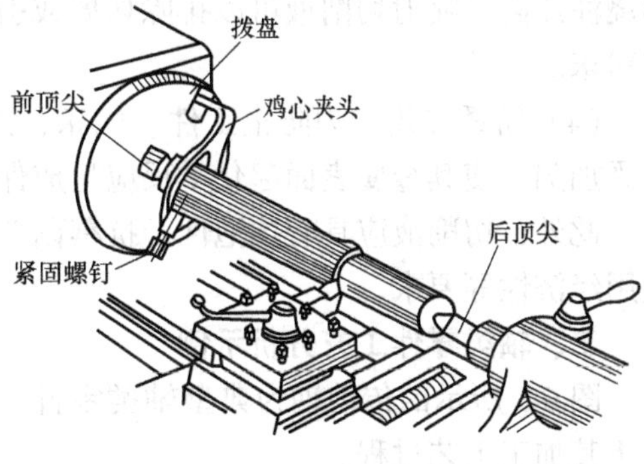

图 6-2　双顶尖方式装夹零件

4. 车削工艺分析

车削轴类零件时，如果轴的毛坯尺寸余量较大又不均匀，或加工精度要求较高，应将粗加工与精加工分开进行。另外根据零件的形状特点、技术要求、数量的多少和零件的装夹方式，轴类零件的车削步骤应考虑以下几个方面：

1）用双顶尖方式装夹车削轴类零件时，一般至少要装夹三次，即粗车第一端，调头再粗车和精车另一端，最后再调头精车第一端。

2）车削短小的零件时，一般先车削一个端面，这样便于确定长度方向的尺寸。车削铸铁件时最好先倒角再车削，这样就不易遇到外皮和型砂，避免损坏车刀。

3）零件车削好后还需要磨削时，只需粗车和半精车，并注意留磨削余量。

4）车削阶梯轴时，应先车削直径较大的一端，以避免过早地降低零件刚性。

5）在轴上车削沟槽时，一般安排在粗车和半精车之后、精车之前；如果零件刚性好或零件精度要求不高，也可在精车之后再车削沟槽。

6）轴类零件的定位基准通常选用中心孔。加工中心孔时，应先车削端面再钻中心孔，以保证中心孔的加工质量。

5. 合理选用切削液

在金属切削过程中合理选用切削液，可以改善刀具与切屑和刀具与工件界面间的摩擦情况，改善散热条件，从而降低切削力、切削温度，减少刀具磨损，延长刀具寿命。切削液还可以减少刀具与切屑的粘结，抑制积屑瘤和鳞刺的生长，提高已加工表面质量，同时可以减少工件的热变形，保证加工精度。通常切削液应具备下列四个方面的作用：

（1）冷却作用　切削液的冷却作用主要靠热传导、对流、汽化来完成。切削液能从它所能达到的最靠近热源的刀具、切屑和工件表面上带走热量，从而降低切削区温度并减小工艺系统的热变形。切削液的导热系数和比热容越高、自身温度越低、流速流量越大，则其冷却性能越好。因此，水的冷却性能最好，乳化液次之，油类最差。

（2）润滑作用　切削液渗透到刀具、切屑与加工表面之间，其中带油脂的极性分子吸附在刀具的前、后面上，形成了物理性吸附膜，若与添加在切削液中的化学物质产生化学反应，形成化学性吸附膜，从而在高温时减小切屑、工件与刀具间的摩擦，减少粘结，降低积屑瘤，抑制鳞刺，从而减少刀具磨损，提高已加工表面质量。

（3）排屑清洗作用　金属切削过程中会产生一些细小的碎屑或粉末，这些碎屑或粉末将可能划伤工件已加工表面和机床的导轨面，或者嵌入砂轮空隙，降低砂轮的磨削性能。利用浇注或高压喷射切削液可以排除切屑或引导切屑流向，并冲洗散落在机床及工具上的碎屑与粉末。

（4）防锈作用　为防止工件、机床、刀具等受周围介质腐蚀，可以在切削液中加入防锈添加剂，使其金属表面起化学反应生成保护膜，起到防锈、耐蚀作用。

此外，切削液应具有抗泡性、抗霉菌变质能力，达到排放时不污染环境、对人体无害和使用经济性等要求。

二、轴类零件工艺分析示例

图 6-3 所示的传动轴为典型轴类零件，毛坯为 $\phi60\text{mm}\times265\text{mm}$ 的棒料，材料为 45 钢，分析其加工工艺过程。

1. 分析零件图样

图 6-3 所示零件是减速器中的传动轴。它属于典型轴类零件，由圆柱面、轴肩、螺纹、螺纹退刀槽、砂轮越程槽和键槽等组成。

1）轴肩一般用来确定安装在轴上零件的轴向位置。

2）各环槽的作用是使零件装配时有一个正确的位置，并使加工中磨削外圆或车削螺纹时退刀方便。

3）键槽用于安装键，以传递转矩。

4）螺纹用于安装各种锁紧螺母和调整螺母。

2. 工艺分析

1）根据工作性能与条件，该传动轴图样对主要轴颈 M、N，外圆 P、Q 以及轴肩 G、H、I 有较高的尺寸精度、几何公差要求和较小的表面粗糙度值，并有热处理要求。这些技术要求必须在加工中给予保证。因此，该传动轴的关键工序是轴颈 M、N 和外圆 P、Q 的加工。

2）确定主要表面的加工方法。传动轴大多是回转表面，主要采用车削与外圆磨削成形。由于该传动轴的主要表面 M、N、P、Q 的精度较高，表面粗糙度值（$Ra=0.8\mu\text{m}$）较

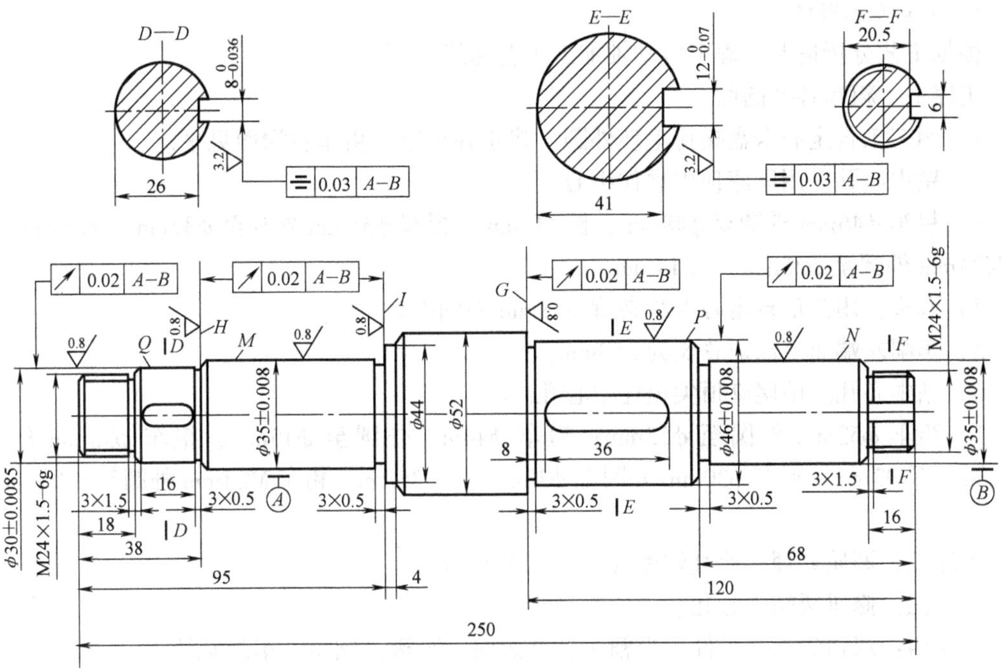

图 6-3　传动轴

小，故车削后还需磨削才能达到技术要求。

3）确定定位基准。合理选择定位基准，对于保证零件的尺寸公差和几何公差要求有着决定性的作用。由于该传动轴的几个主要配合表面（*Q*、*P*、*N*、*M*）及轴肩面（*H*、*G*）对基准轴线 *A*—*B* 有径向圆跳动或端面圆跳动的要求，而且是实心轴，所以应选择两端中心孔为定位基准，采用双顶尖装夹方式以保证零件的技术要求。

粗基准采用热轧圆钢的毛坯外圆。加工中心孔采用三爪自定心卡盘装夹热轧圆钢的毛坯外圆，车削端面，钻中心孔。但必须注意，一般不能用毛坯外圆装夹两次钻两端中心孔，而应以毛坯外圆作为粗基准，先加工一个端面，钻中心孔，车削出一端外圆；然后以已车削过的外圆作为基准，用三爪自定心卡盘装夹，车削另一端面，钻中心孔。如此加工出的两中心孔才能保证同轴。

4）划分阶段。对精度要求较高的零件，其粗、精加工应分开，以保证零件的质量。该传动轴加工划分为三个阶段：粗加工（粗车外圆、钻中心孔等），半精加工（半精车各处外圆、阶梯和修研中心孔及次要表面等），粗、精加工（粗、精磨各处外圆）。各阶段划分大致以热处理为界。

5）拟定工艺过程。中心孔应在粗加工之前加工，在调质之后和磨削之前各需安排一次修研中心孔的工序。调质之后修研中心孔是为消除中心孔的热处理变形和去氧化皮，磨削之前修研中心孔是为提高定位精基准面的精度和减小锥面的表面粗糙度值。拟定传动轴的工艺过程时，在考虑主要表面加工的同时，还要考虑次要表面的加工。在半精加工 ϕ52mm、ϕ44mm 及 M24mm 外圆时，应车削到图样规定的尺寸，同时加工出各退刀槽、倒角和螺纹；三个键槽应在半精车后和磨削之前铣削加工出来。这样既可保证铣键槽时有较精确的定位基准，又可避免在精磨后铣键槽时破坏已精加工的外圆表面。

3. 加工工艺路线

根据工艺分析情况，确定传动轴加工工艺路线如下：

工序一：粗车各外圆面。

1）用三爪自定心卡盘夹持毛坯外圆，找正并夹牢，粗车右端面见平。

2）钻中心孔。用尾座顶尖顶住中心孔。

3）粗车 ϕ46mm 外圆至 ϕ48mm、长 118mm；粗车 ϕ35mm 外圆至 ϕ37mm、长 66mm；粗车 M24mm 外圆至 ϕ26mm、长 14mm。

4）调头，用三爪自定心卡盘夹持 ϕ48mm 外圆处。

5）车削左端面，保证总长为 250mm。

6）钻中心孔。用尾座顶尖顶住中心孔。

7）粗车 ϕ52mm 外圆至 ϕ53mm；粗车 ϕ44mm 外圆至 ϕ45mm；粗车 ϕ35mm 外圆至 ϕ37mm、长 93mm；粗车 ϕ30mm 外圆至 ϕ32mm、长 36mm；粗车 M24mm 外圆至 ϕ26mm、长 16mm。

工序二：调质处理，使其硬度为 220～240HBW。

工序三：修研两端中心孔。

工序四：双顶尖装夹工件，半精车各外圆面，车槽，倒角，车削螺纹。

1）半精车 ϕ46mm 外圆至 ϕ46.5mm、长 120mm；半精车 ϕ35mm 外圆至 ϕ35.5mm、长 68mm；半精车 M24mm 外圆至 ϕ23.85mm、长 16mm；倒外角 $C1$，3 处。

2）半精车 3mm×0.5mm 环槽；半精车 3mm×1.5mm 环槽。

3）车削 M24mm×1.5mm 螺纹至尺寸。

4）调头，采用双顶尖装夹工件。

5）精车 ϕ52mm 外圆至 ϕ52mm；精车 ϕ44mm 外圆至 ϕ44mm；半精车 ϕ35mm 外圆至 ϕ35.5mm、长 95mm；半精车 ϕ30mm 外圆至 ϕ30.5mm、长 38mm；半精车 M24mm 外圆至 ϕ23.85mm、长 18mm；倒外角 $C1$，4 处。

6）车削 3mm×0.5mm 环槽；车削 3mm×1.5mm 环槽。

7）车削 M24mm×1.5mm 螺纹至尺寸。

工序五：在铣床上铣键槽止动垫圈槽。

工序六：在外圆磨床上精加工各外圆面。

第二节　复合循环编程指令

学习目标

1. 掌握外径/内径车削复合循环 G71 指令格式及应用。
2. 掌握闭环车削复合循环 G73 指令格式及应用。

华中数控系统提供了多种复合循环编程指令，运用这些指令，只需指定精加工路线和粗加工的背吃刀量，系统会自动计算粗加工路线和进给次数，可以大大简化编程过程。

一、外径/内径车削复合循环指令 G71

1. 概述

G71 外径/内径车削复合循环指令又称矩形复合循环指令，适用于车削棒料毛坯的外径和内径。在 G71 指令后描述零件的精加工轮廓，CNC 系统根据加工程序所描述的轮廓形状和 G71 指令内的各个参数自动生成加工路线，将粗加工待切除余料切削完成。

2. 指令格式

（1）无凹槽加工格式

格式：G71　U(Δd)　R(r)　P(ns)　Q(nf)　X(Δx)　Z(Δz)　F(f)　S(s)　T(t)

该指令执行如图 6-4 所示的粗加工，并且刀具回到循环起点。精加工路线 *A*→*A*′→*B*′→*B* 的轨迹按后面的指令循序执行，粗加工路线由序号表示。

说明：Δd 为背吃刀量（半径指定，无符号）模态。r 为每次退刀量。ns 为精加工形状程序段落的第一个程序段的顺序号。nf 为精加工形状程序段落的最后一个程序段的顺序号。Δx 为 X 轴方向精加工余量，加工外圆时为正值，加工内孔时为负值。Δz 为 Z 轴方向精加工余量的距离及方向。f、s、t 为进给量、转速、刀具号。粗加工时 G71 指令中编程的 F、S、T 有效，而精加工时处于 ns 到 nf 程序段之间的 F、S、T 有效。

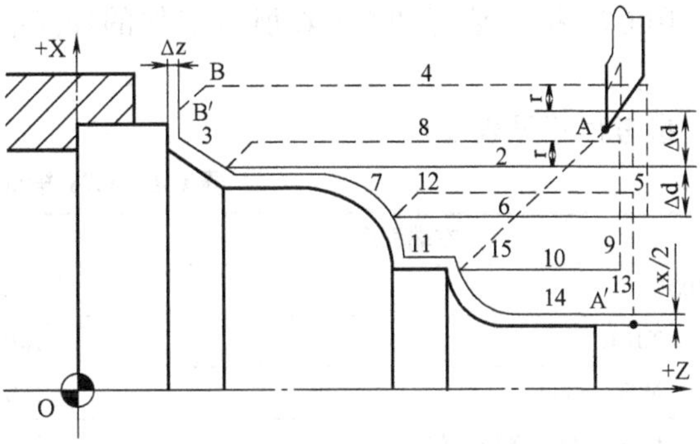

图 6-4　外径/内径车削复合循环指令

在 G71 指令切削循环下，切削循环进给方向平行于 Z 轴，X（Δx）和 Z（Δz）的符号如图 6-5 所示。其中，（+）表示沿轴正方向移动，（−）表示沿轴负方向移动。

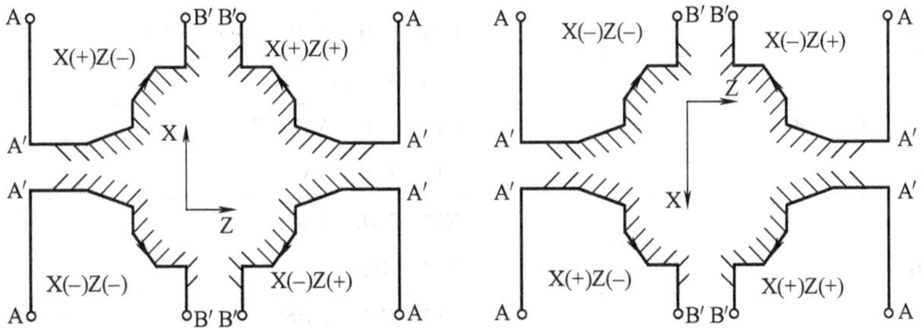

图 6-5　G71 外径/内径车削复合循环下 X（Δx）和 Z（Δz）的符号

提示：

1）G71 指令必须带有 P、Q 地址 ns、nf，且与精加工路线的起、止顺序号对应，否则不能进行该循环加工。

2）在 *A*′至 *B*′间，X 轴、Z 轴必须都是单调增大或单调减少。

3）在顺序号 ns 到 nf 的程序段中，不能调用子程序，但可以使用宏程序。

4）*A*→*A*′→*B*′的精加工形状的移动指令，由顺序号 ns 到 nf 的程序来指令。

5）F、S、T在粗加工时执行，顺序号ns～nf之间程序段中的F、S、T功能都无效。

6）循环起点选择在接近工件处，以缩短刀具行程，避免空刀。

（2）有凹槽加工格式

格式：G71　U(Δd)　R(r)　P(ns)　Q(nf)　E(e)　F(f)　S(s)　T(t)

说明：Δd为背吃刀量（正值，半径值）。r为每次退刀量。ns为精加工形状程序段落的第一个程序段的顺序号。nf为精加工形状程序段落的最后一个程序段的顺序号。e为精加工余量，其为X轴方向的等高距离，外径切削时为正，内径切削时为负。

3. 编程示例

用G71指令编写如图6-6所示零件的加工程序。

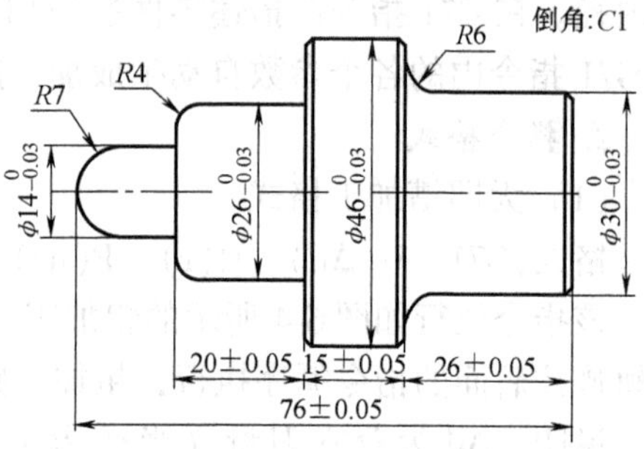

图6-6　G71指令编程示例

参考程序见表6-1。

表6-1　G71指令参考程序

左端程序	右端程序
%6001	%6002
N01　T0101	N01　T0101
N02　M03　S800	N02　M03　S800
N03　G95　G00　X50　Z2	N03　G95　G00　X50　Z0
N04　G71　U1.5　R0.5　P05　Q16　X0.5　Z0　F0.2	N04　G01　X－0.5　F0.2
N05　G00　X－0.5　S1200	N05　G00　Z1
N06　G01　Z0　F0.1	N06　X50
N07　X0	N07　G71　U1.5　R0.5　P08　Q14　X0.5　Z0　F0.2
N08　G03　X14　Z－7　R7	N08　G00　X26　S1200
N09　G01　Z－15	N09　G01　X30　Z－1　F0.1
N10　X18	N10　Z－20
N11　G03　X26　Z－19　R4	N11　G02　X42　Z－26　R6
N12　G01　Z－35	N12　G01　X44
N13　X44	N13　X48　Z－28
N14　X46　Z－36	N14　X50
N15　Z－50	N15　G00　X100
N16　X50	N16　Z100
N17　G00　X100	N17　M30
N18　Z100	
N19　M30	

二、闭环车削复合循环指令G73

1. 概述

G73指令闭环车削复合循环也称为固定形状粗车循环，它主要适用于加工铸件、锻件毛坯零件和已粗车成形的半成品零件。通常轴类零件为了节约材料，提高零件的力学性能，往往采用锻造等方法使零件毛坯尺寸接近零件的成品尺寸，其形状已经基本成形，只是外径、长度较成品大一些。对不具备类似成形条件的零件，如果采用 G73 指令编程反而会增加刀具在切削过程中的空行程，而且不便于计算粗车余量。

2. 指令格式

格式：G73 U(ΔI) W(ΔK) R(r) P(ns) Q(nf) X(Δx) Z(Δz) F(f) S(s) T(t)

该功能在切削零件时刀具轨迹为如图 6-7 所示的封闭回路，刀具逐渐进给，使封闭切削回路逐渐向零件最终形状靠近，最终切削成零件的形状，其精加工路线为 $A \to A' \to B' \to B$。

说明：

1）ΔI 为 X 轴方向的粗加工总余量（半径值）。ΔK 为 Z 轴方向的粗加工总余量。r 为粗切削次数。ns 为精加工路线第一程序段的顺序号。nf 为精加工路线最后程序段的顺序号。Δx 为 X 轴方向精加工余量。Δz 为 Z 轴方向精加工余量。f、s、t 为进给量、转速、刀具号。粗加工时 G73 指令中编程的 F、S、T 有效，而精加工时处于 ns 到 nf 程序段之间的 F、S、T 有效。

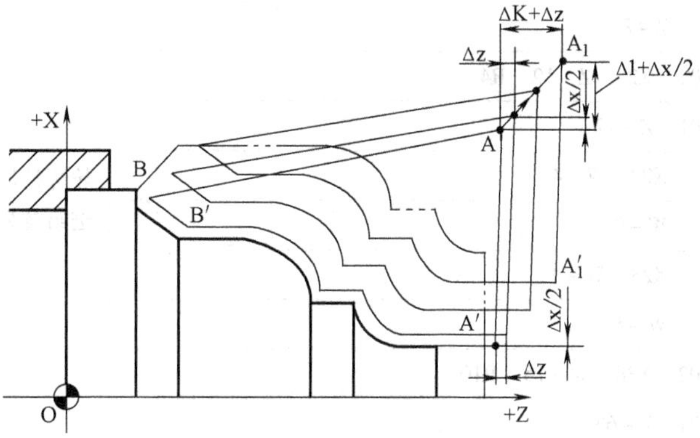

图 6-7 闭环车削复合循环指令

这种指令能对铸造、锻造等粗加工中已初步成形的工件进行高效率切削。

2）ΔI 为工件的毛坯直径与工件最小直径之差的一半。

3）ΔI 和 ΔK 表示粗加工时总的切削量，粗切削次数为 r，则每次 X 轴方向、Z 轴方向的切削量为 ΔI/r、ΔK/r。

4）按 G73 指令程序段中的 P 指令和 Q 指令值实现循环加工，要注意 Δx 和 Δz、ΔI 和 ΔK 的正负号。

3. 编程示例

用 G73 指令编写如图 6-8 所示零件的加工程序，毛坯为 ϕ40mm × 85mm 的棒料。

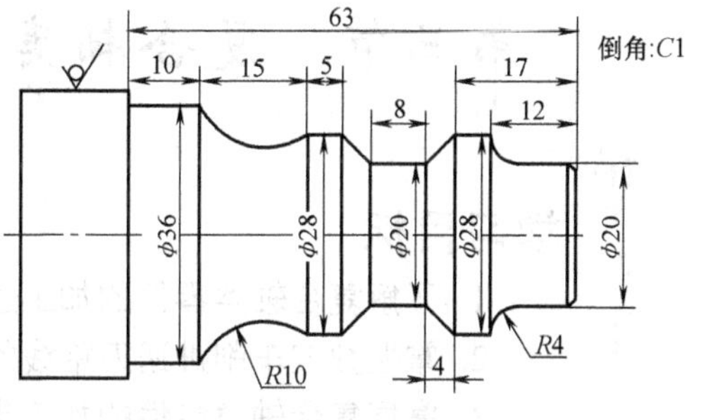

图 6-8 G73 指令编程示例

参考程序见表 6-2。

表 6-2 G73 指令参考程序

程序	简要说明
%6003	程序名
T0101	选刀调刀偏
M03 S800	主轴正转
G95 G00 X42 Z0	快速定位

（续）

程序	简要说明
G01　X-0.5　F0.1	车削端面
G00　Z1	退刀
X42	退刀
G73　U11　W0　R7　P10　Q20　X0.5　Z0　F0.2	闭环车削复合循环程序
N10　G00　X16　S1200	轮廓精加工程序，转速为1200r/min，进给量为0.1mm/r
G01　X20　Z-1　F0.1	
Z-8	
G02　X28　Z-12　R4	
G01　Z-17	
X20　W-4	
W-8	
X28　W-4	
W-5	
G02　X36　W-15　R10	
G01　Z-63	
N20　X40	
G00　X100	退刀
Z100	退刀
M30	程序结束

第三节　复合轴类零件的加工工艺分析

学习目标

1. 了解复合轴类零件的加工过程。
2. 掌握数控车削进退刀路线的确定方法。
3. 掌握复合轴类零件的加工步骤。

一、复合轴类零件加工综合示例一

在数控车床上加工如图6-9所示心轴零件，毛坯为ϕ52mm×177mm的棒料，材料为45钢，试编写其数控车削加工程序并进行加工。

1. 工艺分析

（1）零件外形轮廓分析　零件是实心阶梯轴，长度较长，从外圆轮廓上看，中间直径大，两端直径小，数控车削的加工特点之一是零件外形轮廓在直径方向应由小到大加工，因此加工零件轮廓时要两次调头，一夹一顶装夹零件来车削加工，两次加工前先将中心孔加工

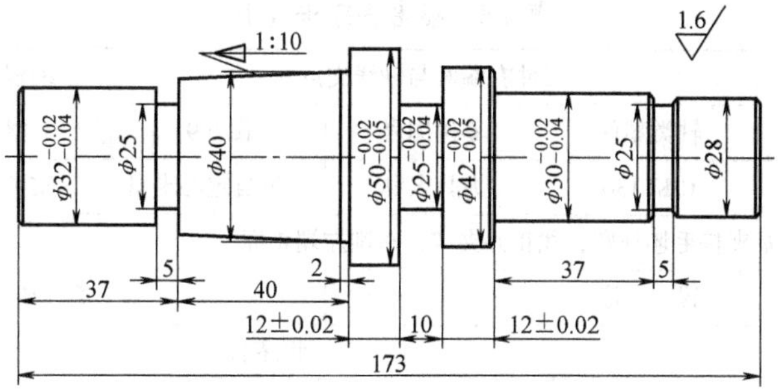

图 6-9　复合轴类零件加工综合示例一

好。第一次装夹零件时，采用三爪自定心卡盘和顶尖装夹零件右端，车削零件左端轮廓；第二次调头装夹零件时，用三爪自定心卡盘垫铜皮夹左端 ϕ32mm 外圆面，一夹一顶加工零件右端轮廓。

（2）精度要求分析　零件中尺寸的精度要求比较高，且表面粗糙度要求也较高，因此要合理选择加工参数。

（3）确定车削加工的工艺路线

工序一：第一次装夹，车削零件左端轮廓至尺寸要求。

1）车削左端面。

2）钻中心孔，装顶尖。

3）粗、精加工倒角、外圆、圆锥面、圆柱面至尺寸要求。

4）车削宽 5mm 的沟槽。

工序二：调头，用三爪自定心卡盘垫铜皮装夹 ϕ32mm 外圆面，车削零件右端轮廓至尺寸要求。

1）车削右端面。

2）钻中心孔，装顶尖。

3）粗、精加工倒角、各外圆轮廓面至尺寸要求。

4）车削宽 5mm 和 10mm 的沟槽。

2. 刀具及切削用量的选择

刀具及切削用量的选择见表 6-3。

表 6-3　刀具卡（四）

实训课题		复合轴类零件的编程与加工	零件名称	轴类零件	零件图号	图 6-9	
序号	刀具号	刀具名称及规格	刀尖圆弧半径	数量	加工内容	转速 /（r/min）	进给量 /（mm/r）
1	T0101	93°外圆刀	0.4 mm	1	左端外形、右端外形	粗 800 精 1500	粗 0.2 精 0.1
2	T0202	5mm 切槽刀	0.4 mm	1	左、右两端槽	粗 600	粗 0.1

3. 零件参考程序

零件参考程序见表 6-4。

表 6-4　参考程序卡（五）

数控车床程序卡	编程原点	工件右端面与轴线交点		编程系统	HNC—21T/22T
	零件名称	轴类零件	零件图号	图 6-9	材料	45 钢
	机床型号	CJK6136	夹具名称	三爪自定心卡盘	实训车间	数控中心

工序一：用三爪自定心卡盘夹持毛坯外圆，找正并夹牢，车削左端轮廓

程序号	程　序	简　要　说　明
序号	%6013	程序名
N010	T0101	调用 1 号 93°外圆刀，1 号刀偏
N020	M03　S800	主轴正转，转速为 800r/min
N030	G95　G00　X53　Z2　M08	快速进给至起刀点，打开切削液
N040	G71　U2　R1　P50　Q130　X0.5　Z0　F0.2	外径/内径车削复合循环程序
N050	G42　G00　X28　S1500	左端轮廓精加工程序
N060	G01　X32　Z-1　F0.1	
N070	Z-37	
N080	X36.2	
N090	X40　W-38	
N100	Z-77	
N110	X52	
N120	Z-90	
N130	X53	
N140	G40　G00　X120	退刀
N150	Z100	退刀至换刀点
N160	M05	主轴停止
N170	T0202	换 2 号切槽刀，调 2 号刀偏
N180	M03　S600	选择转速为 600r/min
N190	G95　G00　X37	X 轴方向快速定位
N200	Z-37	Z 轴方向快速定位
N210	G01　X25　F0.1	车槽 ϕ25mm
N220	X37	退刀
N230	G00　X120　Z100	返回刀具换刀点
N240	M05	主轴停止
N250	M30	程序结束

工序二：调头，用三爪自定心卡盘夹持 ϕ32mm 外圆，找正保证同轴度并夹牢，车削右端轮廓

程序号	程　序	简　要　说　明
序 号	%6014	程序名
N010	T0104	调用 1 号 93°外圆刀，4 号刀偏
N020	M03　S800	主轴正转，转速为 800r/min
N030	G00　G95　X55　Z1　M08	快速进给至起刀点，打开切削液

（续）

数控车床程序卡	编程原点	工件右端面与轴线交点		编程系统	HNC—21T/22T
	零件名称	轴类零件	零件图号	图 6-9	材料	45 钢
	机床型号	CJK6136	夹具名称	三爪自定心卡盘	实训车间	数控中心
工序二：调头，用三爪自定心卡盘夹持 ϕ32mm 外圆，找正保证同轴度并夹牢，车削右端轮廓						
程序号	程　序		简 要 说 明			
序 号	%6014		程序名			
N060	G71 U2 R1 P70 Q170 X0.5 Z0 F0.2		外径/内径车削复合循环程序			
N070	G42 G00 X24 S1500		左端轮廓精加工程序			
N080	G01 X28 Z-1 F0.1					
N090	Z-25					
N100	X30 W-1					
N110	Z-62					
N120	X40					
N130	X42 W-1					
N140	Z-84					
N150	X50					
N160	Z-97					
N170	X53					
N180	G40 G00 X120 Z5		返回换刀点			
N190	M05		主轴停止			
N200	T0205		换 2 号切槽刀，调 5 号刀偏			
N210	M03 S600		选择转速为 600r/min			
N220	G95 G00 X32 Z-25		快速定位至槽位置			
N230	G01 X25 F0.1		加工 5mm 槽			
N240	X30					
N250	Z-23					
N260	X26Z-25					
N270	X25					
N280	X52					
N290	Z-84		定位到 10mm 的槽			
N300	G01 X25 F0.1		加工 10mm 槽			
N310	X44					
N320	Z-80					
N330	X25					
N340	X44					
N350	Z-79					
N360	X25					
N370	Z-84					
N380	X52					
N390	G00 X120 Z5		返回刀具换刀点			
N400	M30		程序结束			

4. 加工工件的步骤

1）开起机床。先将“急停”钮关闭，打开电源开关，然后再将“急停”钮打开，使系统处在开始工作状态。按下“回零”键，使机床首先回到机床参考点，以建立机床坐标系。

2）安装刀具和毛坯。找正并夹紧工件。安装刀具时，刀具的安装位置应和编辑程序中的刀具号对应。注意各刀具应对准工件中心，各刀具伸出长度应适当，刀具压紧时前、后螺钉应同时压紧。

3）输入程序。将工件加工的两个程序分别输入数控系统，注意新建文件名开头用“O”表示，程序输入完进行保存。

4）手动方式车削端面，钻中心孔。

5）对刀并输入刀偏值。应使用手摇脉冲发生器对刀，无论哪个方向试切削完成后都不要动，退向另外一个方向，然后停机测量，将实际尺寸输入数控系统。外圆刀和切槽刀都要在对刀后输入刀偏值。注意刀偏号的对应关系，此时为#0001 和#0002 存储器地址。

6）调用左端加工程序，装上顶尖，单击“循环启动”键进行零件左端轮廓的加工。

7）调头装夹工件，用三爪自定心卡盘垫铜皮夹持工件 ϕ32mm 外圆，用划线盘找正工件外圆，然后夹紧工件。

8）手动方式车削端面，并保证工件总长。钻中心孔。

9）对刀并输入刀偏值。外圆刀和切槽刀都要在对刀后输入刀偏值。注意刀偏号的对应关系，此时为#0004 和#0005 存储器地址。

10）调用右端加工程序，装上顶尖，单击“循环启动”键进行零件右端轮廓的加工。

11）加工完毕，卸下工件，打扫机床卫生。

二、复合轴类零件加工综合示例二

在数控车床上加工如图 6-10 所示零件，毛坯为 ϕ40mm × 100mm 的棒料，材料为 45 钢，试编写其数控车床加工程序并进行加工。

1. 工艺分析

1）图样技术要求分析。零件径向尺寸的公差要求比较高，而轴向尺寸没有公差要求，但整个零件的表面粗糙度要求较高。

2）零件外形轮廓分析。此零件为较复杂轴类零件，有凸凹面、圆锥面、圆弧面等特形面。可以应用 G73 闭环车削复合循环指令来完成轮廓面的加工。

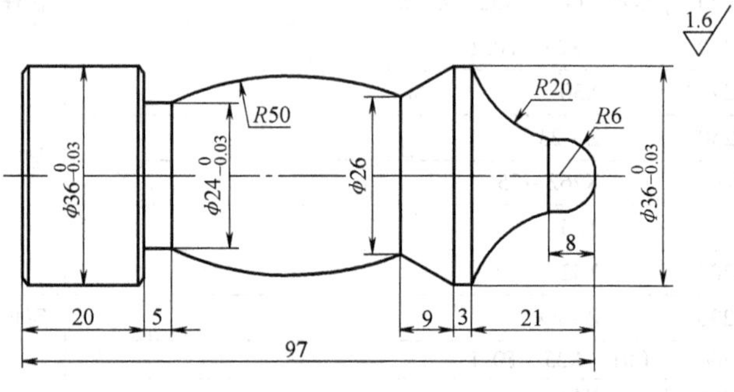

图 6-10　复合轴类零件加工综合示例二

3）毛坯分析。零件毛坯为棒料，且长度方向仅有 3mm 的加工余量，故加工此零件时需要两次装夹，调头加工。第一次装夹工件时，采用三爪自定心卡盘夹持零件右端，加工零件左端 ϕ36mm 圆柱面；调头第二次装夹零件时，用三爪自定心卡盘垫铜片夹持左端 ϕ36mm 圆柱面，加工零件右端轮廓。

4）确定车削加工工艺路线

① 第一次装夹，车削零件左端面及 ϕ36mm 圆柱面至尺寸要求。

② 调头装夹，用三爪自定心卡盘垫铜片夹持 ϕ36mm 外圆面，车削零件右端轮廓至尺寸要求。

2. 刀具及切削用量的选择

零件的粗、精加工可选择主偏角为93°的外圆机夹车刀，刀片选择35°菱形刀片。注意选择刀片的副偏角要大些，车刀的副切削刃不要和已加工的轮廓面干涉，以免产生过切现象。刀具及切削用量的选择见表6-5。

表6-5 刀具卡（五）

实训课题		复合轴类零件的编程与加工	零件名称	轴类零件	零件图号	图6-10	
序号	刀具号	刀具名称及规格	刀尖圆弧半径	数量	加工内容	转速 /（r/min）	进给量 /（mm/r）
1	T0101	93°外圆刀	0.2mm	1	轮廓面、端面	粗800 精1500	粗0.2 精0.1

3. 工件参考程序

工件参考程序见表6-6。

表6-6 参考程序卡（六）

数控车床程序卡	编程原点	工件右端面与轴线交点			编程系统	HNC—21T/22T
	零件名称	轴类零件	零件图号	图6-10	材 料	45钢
	机床型号	CJK6136	夹具名称	三爪自定心卡盘	实训车间	数控中心

工序一：用三爪自定心卡盘夹持毛坯外圆，找正并夹牢，车削左端轮廓

程序号	程 序	简 要 说 明
序号	%6005	程序名
N010	T0101	调用1号93°外圆刀，1号刀偏
N020	M03 S800	主轴正转，转速为800r/min
N030	G95 G00 X45 Z0 M08	快速进给至起刀点，打开切削液
N040	G01 X-0.5 F0.1	车削端面
N050	G00 X45 Z1	退回起刀点
N060	G80 X37 Z-30 F0.2	粗车 ϕ36mm 外圆
N070	G00 X32 S1500	精车 ϕ36mm 外圆
N080	G01 X36 Z-1 F0.1	
N085	Z-25	
N090	X45	
N100	G00 X100 Z100	退到换刀点
N110	M30	程序结束

工序二：调头，用三爪自定心卡盘夹 ϕ36mm 外圆，找正保证同轴度并夹牢，车削右端轮廓

程序号	程 序	简 要 说 明
序号	%6006	程序名
N010	T0102	调用1号93°外圆刀，2号刀偏

（续）

数控车床程序卡	编程原点	工件右端面与轴线交点			编程系统	HNC—21T/22T
	零件名称	轴类零件	零件图号	图6-10	材　料	45钢
	机床型号	CJK6136	夹具名称	三爪自定心卡盘	实训车间	数控中心

工序二：调头，用三爪自定心卡盘夹 ϕ36mm 外圆，找正保证同轴度并夹牢，车削右端轮廓

程序号	程　　序	简　要　说　明
序号	%6006	程序名
N020	M03　S800	主轴正转，转速为800r/min
N030	G00　G95　X45　Z3　M08	快速进给至起刀点，打开切削液
N060	G73　U20　W0　R15　P70　Q190　X0.5　Z0　F0.2	闭环车削复合循环程序
N070	G42　G00　X-1　S　1500	右端轮廓精加工程序
N080	G01　Z0　F0.1	
N090	X0	
N100	G03　X12　Z-6　R6	
N110	G01　Z-8	
N120	G02　X36　Z-21　R20	
N130	G01　W-3	
N140	X26　W-9	
N150	G03　X24　Z-72　R50	
N160	G01　Z-77	
N170	X34	
N180	X38　Z-79	
N190	X40	
N200	G40　X100　Z100	返回换刀点
N210	M05	主轴停止
N220	M30	程序结束

4. 加工工件的步骤

1）开起机床。先将“急停”钮关闭，打开电源开关，然后再将“急停”钮打开，使系统处在开始工作状态。按下“回零”键，使机床首先回到机床参考点，以建立机床坐标系。

2）安装刀具和毛坯。找正并夹紧工件。安装刀具时，刀具的安装位置应和编辑程序中的刀具号对应。装刀时，注意刀具应对准工件中心，刀具伸出长度应适当，刀具压紧时前、后螺钉应同时压紧。

3）输入程序。将工件加工的两个程序分别输入数控系统，注意新建文件名开头用“O”表示，程序输入完进行保存。

4）对刀并输入刀偏值。应使用手摇脉冲发生器对刀，无论哪个方向试切削完成后都不要动，退向另外一个方向，然后停机测量，将实际尺寸输入数控系统。注意刀偏号的对应关系，此时为#0001存储器地址。

5）调用左端加工程序，单击“循环启动”键进行零件左端轮廓的加工。

6）调头装夹工件，用三爪自定心卡盘垫铜皮夹持工件 ϕ36mm 外圆，用划线盘找正工件外圆，然后夹紧工件。

7）对刀并输入刀偏值。要注意保证总长尺寸。此次刀偏存储器地址为#0002。

8）调用右端加工程序，单击“循环启动”键进行零件右端轮廓的加工。

9）加工完毕，卸下工件，打扫机床卫生。

第四节　轴类零件的质量检验与分析

学习目标

1. 掌握轴类零件加工精度检验要求。
2. 掌握轴类零件加工质量分析方法。

一、轴类零件加工精度的检验

1. 轴类零件尺寸精度的检验

（1）轴类零件尺寸精度的检验项目　轴类零件车削加工后，通常要检验控制尺寸精度的项目如下：

1）零件图样上所标注的各外圆表面的外径尺寸公差要求。

2）零件图样上所标注的各阶梯面之间的轴向长度尺寸，以及零件的轴向总长尺寸公差要求。

3）圆锥面的角度公差要求以及圆弧面的尺寸公差要求。

（2）轴类零件尺寸公差的检验方法　检验车削加工尺寸公差的量具种类很多。外径及轴向长度尺寸常用游标卡尺、千分尺、外径千分尺、卡钳等量具来检验，圆锥角度和锥度常用角度样板、圆锥量规、游标万能角度尺、正弦规等量具来检验。

2. 轴类零件形状公差的检验

（1）轴类零件形状公差的检验项目　轴类零件车削加工后，通常要检验控制形状公差的项目如下：

1）零件图样上所标注的外圆表面的圆度要求。

2）零件图样上所标注的圆柱表面的圆柱度要求。

3）零件图样上所标注的外圆表面的素线直线度要求。

（2）轴类零件形状公差的检验方法

1）圆柱面、圆锥面素线直线度的检验。圆柱面、圆锥面素线直线度常用平尺或刀口形直尺、测量表架进行检验，测量精度要求高的零件需要用光学测量仪进行检验。

2）圆度的检验。在生产现场或对圆度要求不太高时，可以用指示表进行检验。对于零件圆度要求比较高时，可以用圆度仪进行检验。

3）圆柱度的检验。圆柱度的检验方法与圆度的基本相同，可以用三坐标测量装置检测。

3. 轴类零件其他几何公差的检验

（1）轴类零件其他几何公差的检验项目　轴类零件车削加工后，通常要检验控制其他几何公差的项目如下：

1）零件图样上所标注的外圆表面轴线之间的同轴度要求（属位置公差）。

2）零件图样上所标注的端面对轴线的垂直度要求（属方向公差）。

3）零件图样上所标注的外圆表面圆跳动要求（属跳动公差）。

（2）轴类零件位置、方向、跳动公差的检验方法　轴类零件的位置、方向、跳动公差常用游标卡尺、指示表、直角尺等量具来检验。

4. 轴类零件表面粗糙度的检验

（1）轴类零件表面粗糙度的评定参数　无论是机械加工后的零件表面，还是用其他方法获得的零件表面，总会存在着由较小间距和峰谷组成的微量高低不平的痕迹，这种加工表面上具有的较小间距和峰谷所组成的微观几何形状特性，就是零件的表面粗糙度。机械加工中常用轮廓算术平均偏差 *Ra* 值评定表面粗糙度。*Ra* 值越小，表面越光滑；*Ra* 值越大，表面越粗糙。

（2）轴类零件表面粗糙度的检验方法　在数控车削加工中，常用的表面粗糙度的检验方法有目测检验、样块比较检验和表面粗糙度测量仪检验等。

二、轴类零件数控加工质量分析

轴类零件在车削加工中，受机床、工艺、操作人员技术、环境等因素的影响，会经常遇到一些质量问题影响加工质量和加工效率。表 6-7 对加工中常出现的质量问题、产生原因、预防及解决方法进行了分析。

表 6-7　常见质量问题及预防措施

质量问题	产生原因分析	预防措施
尺寸精度超差	1. 操作者粗心大意，看错图样或尺寸计算错误 2. 对刀操作错误，刀具磨损或参数修调操作错误 3. 程序编写或输入错误 4. 量具有误差或测量不正确 5. 由于切削热的影响，使工件尺寸发生变化 6. 切削用量选择不当产生让刀	1. 车削时必须看清图样，检查图样，核对计算方法和结果 2. 正确操作机床 3. 检查、修改加工程序 4. 检查量具有效期，掌握正确测量方法 5. 待工件冷却之后再测量 6. 合理选择切削用量
产生锥度	1. 工件装夹时，工件轴线倾斜于主轴轴线 2. 编程错误 3. 工件安装不合理	1. 车削前必须找正工件中心 2. 正确编程，认真校验程序和进行试加工 3. 检查工件安装，增加工件的装夹刚性
圆度超差	1. 毛坯余量不均匀，在切削过程中背吃刀量发生变化 2. 工件装夹时，工件轴线没有找正，旋转时产生跳动 3. 机床主轴间隙太大	1. 分粗、精车加工 2. 车削前找正工件轴线位置 3. 车削前检查主轴间隙并适当调整，可调整机械间隙补偿参数或修理主轴

（续）

质量问题	产生原因分析	预防措施
表面粗糙度达不到要求	1. 切削用量选择不当 2. 车床刚性不足引起振动 3. 车刀刚性不足或伸出刀架太长引起振动 4. 工件刚性不足引起振动 5. 低速切削时未加切削液 6. 刀尖处产生积屑瘤	1. 进给量不宜太大，精车余量和切削速度应选择适当 2. 调整机床，消除机床各部分的间隙 3. 选择适当的刀具，正确装夹车刀 4. 增加工件的装夹刚性 5. 低速切削时应加切削液 6. 选择合适的切削速度
加工中出现扎刀	1. 进给量过大 2. 切屑阻塞 3. 工件安装不合理 4. 刀具角度选择不合理	1. 降低进给速度 2. 采用断、退屑方式切入 3. 检查工件安装，增强安装刚性 4. 正确选择刀具

思考题

1. 简述外径/内径车削复合循环指令 G71 的格式及各参数的含义。
2. 简述闭环车削复合循环指令 G73 的格式及各参数的含义。
3. 加工如图 6-11 所示零件。
4. 加工如图 6-12 所示零件。

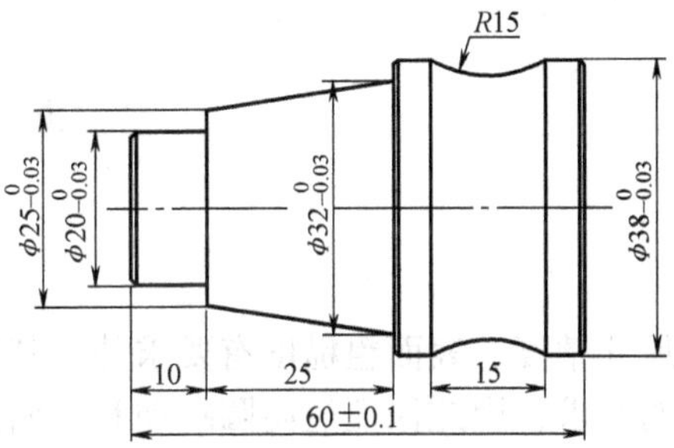

图 6-11　思考题 3

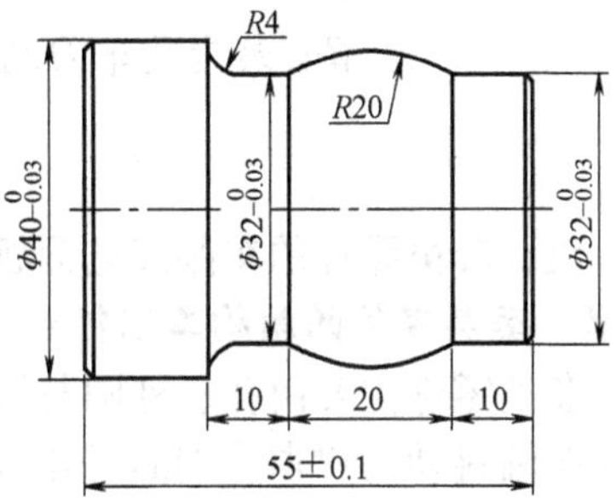

图 6-12　思考题 4

第七章 盘、套类零件的编程与加工

盘、套类零件一般是轴向尺寸较短的回转体类零件，其在机器中应用较为广泛，主要用来支撑、连接、密封零部件。盘、套类零件的加工表面通常由外圆柱面、内圆柱面、端面、阶梯面、螺纹、键槽、沟槽等组成。

第一节 盘、套类零件的加工工艺分析

学习目标

1. 了解盘、套类零件的结构工艺特点。
2. 掌握盘、套类零件的加工工艺。
3. 掌握盘、套类零件的装夹与定位方法。
4. 了解安装内孔车刀的注意事项。

一、盘、套类零件的车削工艺分析

1. 盘、套类零件的结构工艺特点

盘、套类零件主要由孔、外圆与端面组成。除尺寸精度、表面粗糙度有要求外，其外圆对孔有径向圆跳动的要求，端面对孔有端面圆跳动的要求，因此保证径向圆跳动和端面圆跳动要求是制定盘、套类零件的加工工艺需重点考虑的问题。

孔是盘、套类零件的主要特征。因此，盘、套类零件在车削工艺上的特点主要是孔加工比外圆加工要困难许多，具体体现在以下几个方面：

1）内孔加工较外圆车削而言，观察刀具切削情况比较困难，尤其在孔小而深时更为突出。

2）受孔径大小的影响，内孔车刀刚性较差，容易在加工中出现振动等现象。

3）内孔加工尤其是不通孔加工时，切屑难以排出。

4）切削液难以到达切削区域。

5）内孔测量比较困难。

盘、套类零件在加工时一般是径向切削，切削力变化较大，零件易变形，不宜选用较大的切削用量。

2. 盘、套类零件所用刀具

根据盘、套类零件工艺要求的不同，加工方法也不同，车削加工中常用的刀具有外圆横

刀、内孔车刀等。

（1）外圆横刀　外圆横刀和外圆车刀类似，刀片的形状、角度都一样，只是刀片在刀杆上的安装方向不一样，刀杆在刀架上的安装方向不一样，还有使用方法不一样。外圆车刀一般用于零件的轴向加工，外圆横刀主要用于零件的径向加工。

（2）内孔车刀　内孔车刀主要包括通孔车刀、不通孔车刀和机夹可转位内孔车刀。

1）通孔车刀。通孔车刀切削部分的几何形状基本上与外圆车刀相似（见图7-1a），为了减小径向切削抗力，防止车孔时产生振动，主偏角应取得大一些，一般在45°~75°之间，副偏角一般在6°~45°之间。为了防止内孔车刀后刀面和孔壁摩擦，又不使后角磨得太大，一般磨成两个后角（见图7-1c）α_{o1}和α_{o2}，其中α_{o1}取6°~12°，α_{o2}取30°左右。

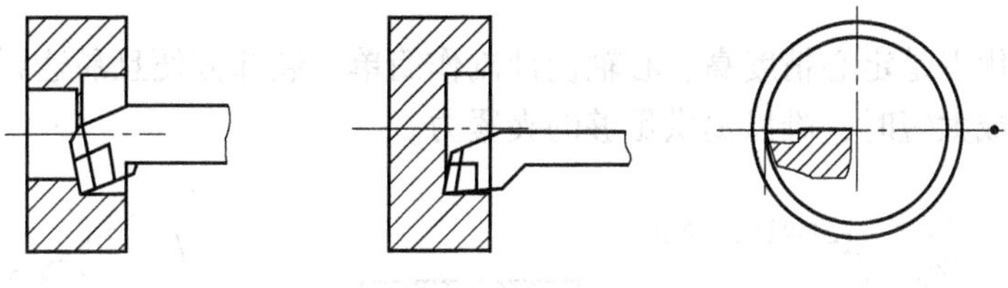

a)　　b)　　c)

图7-1　内孔车刀

a）通孔车刀　b）不通孔车刀　c）两个后角

2）不通孔车刀。不通孔车刀用来车削不通孔或阶梯孔，切削部分的几何形状基本与外圆偏刀相似。它的主偏角大于90°，一般为93°左右（见图7-1b），副偏角为3°~6°，后角为8°~12°。不同之处是不通孔车刀装夹在刀杆的最前端，刀尖到刀杆外端的距离a小于半径R，否则将无法车平孔的底面。

3）机夹可转位内孔车刀。数控车床所采用的可转位车刀，与通用车床相比一般无本质的区别，其基本结构、功能特点是相同的，如图7-2所示。但数控车床的加工工序是自动生成的，因此对机夹可转位内孔车刀的要求高于通用车床所使用的刀具。

3. 盘、套类零件的装夹和定位

盘、套类零件主要的加工表面是内孔、外圆和端面。在数控车床上，一般通过钻孔、车孔或铰孔的办法来达到孔的尺寸精度和表面粗糙度要求。因此，盘、套类零件装夹和定位的关键是保证零件的各项几何公差要求。盘、套类零件常用的装夹方法有以下几种：

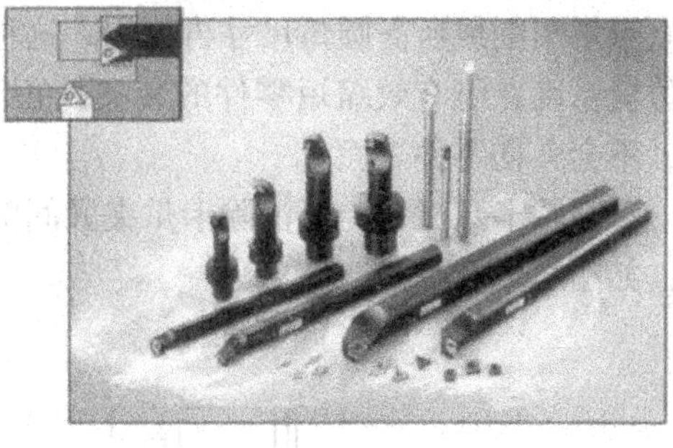

图7-2　机夹可转位内孔车刀

（1）一次装夹　如图7-3所示的盘、套类零件，其形位精度要求相对较高，但在单件或小批量生产中，可以按工序集中原则，在毛坯上留有足够的夹持位置，采用一次装夹方式装夹零件，将零件全部或大多数关键部分加工完毕后切断，以保证零件的几何公差要求。

（2）以内孔为基准装夹　当盘、套类零件的外圆形状复杂而内孔相对比较简单时，可以先将孔加工至图样要求，再按孔的尺寸配置心轴，以内孔为定位基准套在心轴上加工，从而保证零件的同轴度和垂直度等位置精度要求。常用的心轴有圆柱心轴、带阶梯心轴、小锥度心轴和胀力心轴等，如图7-4所示。操作者可依据零件的具体特点合理选择不同形式的心

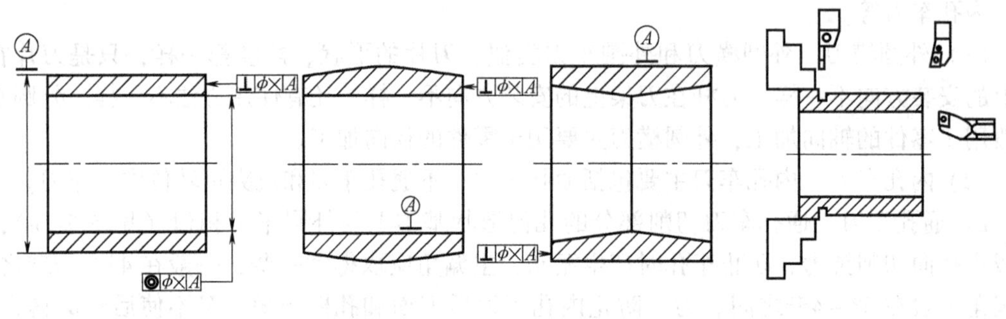

图 7-3　一次装夹加工零件

轴。

这种方法的优点是定心精度高、心轴设计制作简单、装卸方便且易达到技术要求；缺点是当定位孔太小或太短时，难以提供足够的夹紧力。

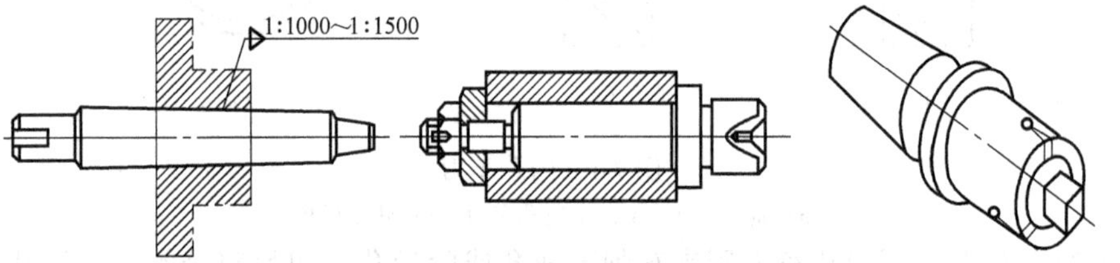

图 7-4　常用心轴

(3) 以外圆为基准装夹　当盘、套类零件的内孔形状较复杂而外圆相对比较简单时，在车床上可以先加工外圆至尺寸要求，再以外圆为装夹基准加工其他部位，从而保证零件的位置精度。夹持外圆最常见的夹具是三爪自定心卡盘，当三爪自定心卡盘使用时间较长时，定心精度降低，难以保证零件的同轴度和垂直度要求，此时可将车床上原有的硬卡爪换成软卡爪。它由未经淬火的中碳钢制成，操作者可先在本机床上按零件的实际夹持部位的尺寸，将软卡爪车削成所需圆弧尺寸再使用。这种方法的特点是零件虽经过多次装夹仍能保持一定的位置精度，能有效缩短零件的装夹找正时间，当装夹表面是已加工表面或材料是软金属时，不会夹伤零件表面。

车削软卡爪时，为了消除卡爪夹紧间隙，必须在卡爪上夹垫一直径适当的定位圆柱或圆环，如图 7-5 所示。

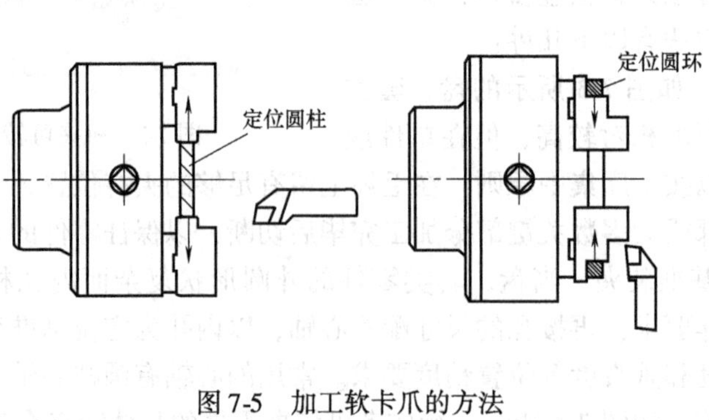

图 7-5　加工软卡爪的方法

4. 车孔的关键技术

车孔的关键技术是解决内孔车刀的刚性问题和排屑问题。

（1）解决内孔车刀的刚性问题

1）尽量增加刀杆的横截面积。通常内孔车刀的刀尖位于刀杆的上面，这样刀杆的横截面积较小，还不到孔横截面积的1/4，若使内孔车刀的刀尖位于刀杆的中心线上，那么刀杆在孔中的横截面积可大大增加。

2）尽量缩短刀杆的伸出长度，以增加车刀刀杆的刚性，减小切削过程中的振动，一般情况下比所加工的内孔略深。

（2）解决排屑问题　孔加工时切屑如果不能顺利排出，则可能划伤已加工表面，严重时切屑会堵塞内孔使刀具损伤。解决排屑问题的办法是正确选择刀具的刃倾角以控制切屑的流出方向。例如，精加工内孔时，可以采用前排屑方式使切屑流向待加工表面（见图7-6），应选用正刃倾角的内孔车刀；加工不通孔时，可以采用后排屑方式使切屑流向已加工表面，则应选用负刃倾角的内孔车刀。

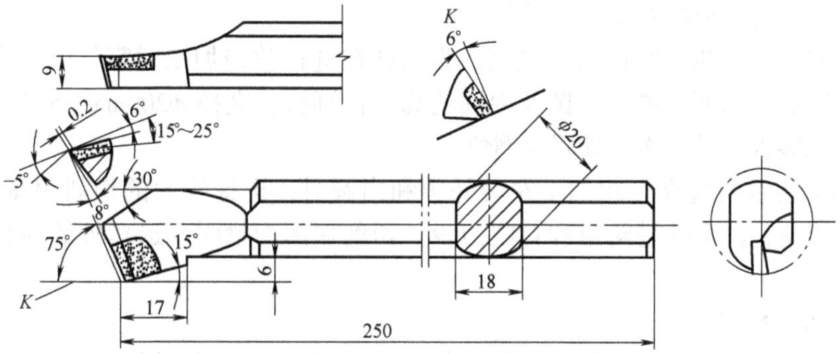

图7-6　前排屑通孔车刀

5. 其他注意事项

（1）合理选择刀具几何参数和切削用量　孔加工时由于加工空间狭小，刀具刚性不足，所以刀具一般要比较锋利，且切削用量应比加工外圆时选择得小些。

（2）充分加注切削液　切削液有润滑、冷却、清洗、防锈等作用，加工孔时应充分加注切削液，以减小工件的热变形，提高零件的表面质量。

二、盘、套类零件加工工艺分析示例

如图7-7所示为一个典型的盘、套类零件。

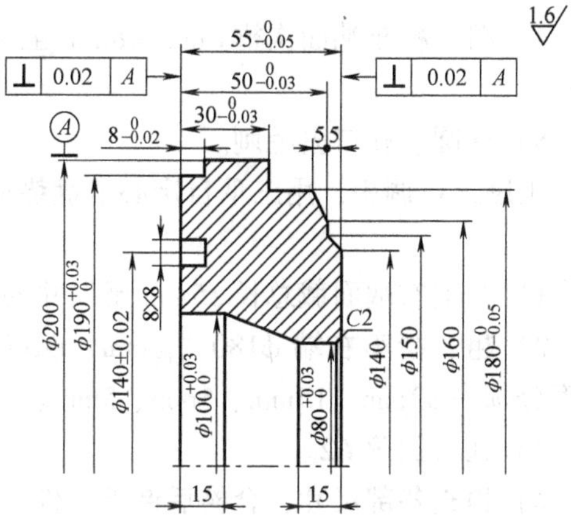

图7-7　盘、套类零件加工工艺分析示例

1. 技术要求

零件要求 φ200mm 外圆与零件左端面和右端面两处的垂直度误差为0.02mm。

2. 分析零件图样

从零件图样来看，零件需要加工外圆、内孔、端面、锥度和端面槽。外圆柱面 ϕ200mm、$\phi190^{+0.03}_{0}$mm、$\phi180^{0}_{-0.05}$mm 和内圆柱面 $\phi100^{+0.03}_{0}$mm、$\phi80^{+0.03}_{0}$mm 的径向尺寸精度要求都较高，且其表面粗糙度值为 R_a1.6μm。轴向尺寸 $55^{0}_{-0.05}$mm、$50^{0}_{-0.03}$mm、$30^{0}_{-0.03}$mm、$8^{0}_{-0.02}$mm 的要求也较高，另外左端的端面槽尺寸精度要求也较高。

3. 工艺分析

（1）零件技术要求分析　加工关键是在车削过程中保证零件左、右两端面与 ϕ200mm 外圆的垂直度要求。因此加工时，在选择定位与夹紧方法上和工序安排上应采取一定的工艺措施。主要措施如下：

1）使用三爪自定心卡盘装夹时，注意卡盘的夹紧压力要适当，防止零件装夹变形，造成加工零件垂直度误差增大。

2）单件加工时，采用磁力表架及指示表对零件找正后进行加工，来保证垂直度要求。

3）批量加工时，采用分工序加工的方法，先车削加工端面且留 0.2mm 的磨削余量，然后在平面磨床上精磨端面来保证垂直度要求。

（2）零件轮廓分析　零件尺寸较大，为保证在进行数控加工时零件能可靠定位，先加工零件左端端面、端面沟槽、外圆及内圆轮廓，再调头，夹持 ϕ200mm 外圆找正后（保证垂直度）加工零件右端端面、外圆及倒角。

（3）切削用量的选择　粗加工左端外圆和内圆时，选择较大的切削用量；精加工时，选择较高的转速，较小的进给量和背吃刀量。切削端面沟槽时，选择较低的转速和进给速度。

4. 加工工艺路线

工序一：用三爪自定心卡盘夹持毛坯外圆，找正并夹牢，车削左端轮廓。

1）粗、精车左端面。

2）粗、精车 ϕ200mm、$\phi190^{+0.03}_{0}$mm 外圆至尺寸要求，长度不少于 31mm。

3）粗、精车内孔 $\phi100^{+0.03}_{0}$mm、$\phi80^{+0.03}_{0}$mm 及锥度至尺寸要求，保证孔深为 15mm 和锥长为 25mm。

4）粗、精车端面沟槽 8mm×8mm 至尺寸要求，并保证 ϕ140mm±0.2mm 尺寸，槽深为 8mm。

5）外圆、孔口去毛刺。

工序二：调头，用三爪自定心卡盘垫铜皮夹持 ϕ200mm 外圆，找正并夹牢，车削右端轮廓。

1）车削右端面截总长 55mm 至尺寸要求。

2）粗、精车右端 $\phi180^{0}_{-0.05}$mm、ϕ160mm、ϕ150mm、ϕ140mm 外圆至尺寸要求，保证长度分别为 32mm、15mm、5mm、5mm。

3）孔口倒角 $C2$。

4）检查各部尺寸，合格后卸下零件。

第二节 编程指令

学习目标

1. 掌握端面车削固定循环指令 G81 的格式与使用方法。
2. 掌握端面车削复合循环指令 G72 的格式与使用方法。
3. 了解数控加工过程中刀具运动的轨迹。

一、端面车削固定循环指令 G81

这里所指的端面是与 X 轴平行的端面，称为平端面。G81 端面车削固定循环指令主要用于截取长度和大小径之差较大而轴向阶梯长度较短的盘、套类零件的端面切削，这些盘、套类零件的端面用 G80 指令编程加工时进给切削次数太多，如图 7-8 所示。而用 G81 指令以车削端面的方式进行循环加工，则减少了切削次数，从而缩短了加工时间，(如图 7-9 所示)。

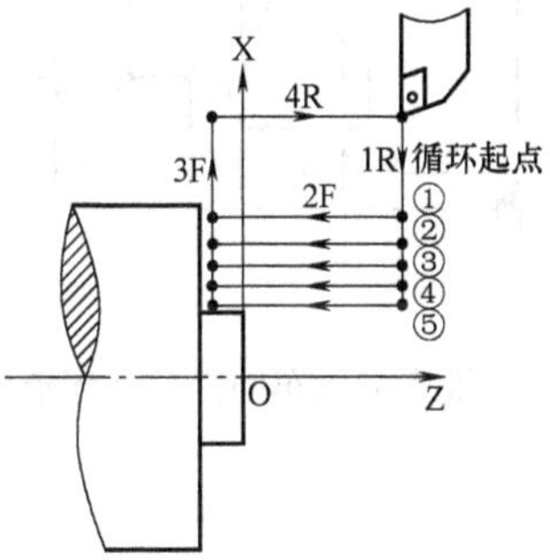

图 7-8 G80 外径/内径车削固定循环指令

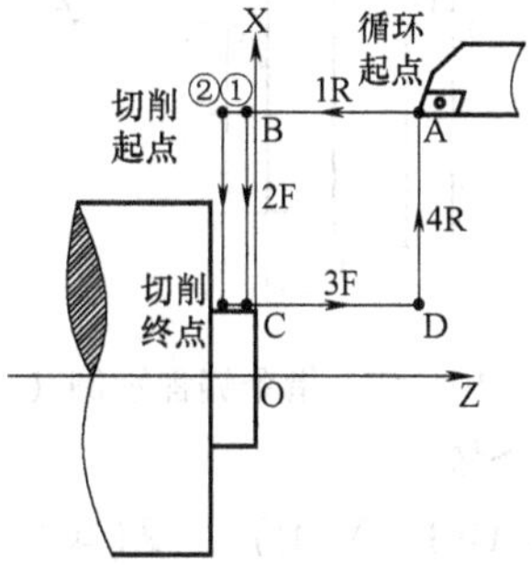

图 7-9 G81 端面车削固定循环指令

1. 指令格式

格式：G81 X（U）_ Z（W）_ F_

说明：

1）X、Z 为绝对值编程时所要到达点的坐标值；U、W 为增量值编程时终点相对于起点的距离。F 为循环切削过程中的进给速度。

该指令执行如图 7-9 所示 A→B→C→D→A 的轨迹动作。

2）G81 指令为模态指令，当程序中连续使用 G81 指令进行循环切削时，后面程序段中的 G81 指令可以省略不写，但 G81 指令段中的 X（U）、Z（W）不能省略。G81 指令在格式上与 G80 指令相似，但执行动作轨迹的方向不同。

2. 编程示例

如图 7-10 所示，用 G81 端面车削固定循环指令编写加工程序。

参考程序：

%7001

N01 T0101 M03 S1500

N02 G00 G95 X65 Z22 循环起点

N03　G81　X50　Z16　F0.2　　　A→B→C→D→A
N04　X50　Z13　　　　　　　　A→E→F→D→A
N05　X50　Z10　　　　　　　　A→G→H→D→A
N06　M05
N07　M30

二、锥度端面车削固定循环指令 G81

锥度端面车削固定循环指令可以在工件的端面上加工出斜锥面，G81 指令和 G80 指令加工锥度时在编程方向和进给方向上有所区别，G80 指令是在工件的外圆上加工出锥度，G81 指令是在工件的端面上加工出锥度，如图 7-11 所示。

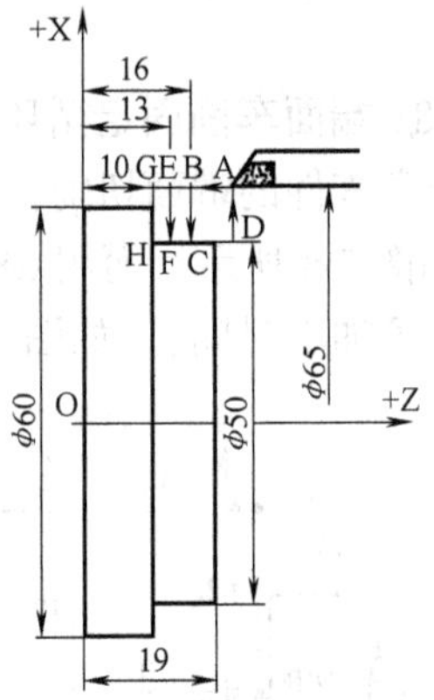

图 7-10　G81 指令编程示例（一）

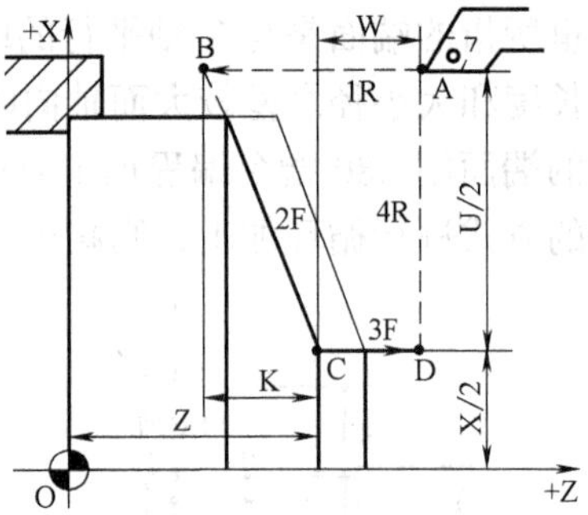

图 7-11　锥度端面车削固定循环指令 G81

1. 指令格式

格式：G81　X(U)　_Z(W)_　K_　F_

说明：X、Z 为绝对值编程时所要到达点的坐标值；U、W 为增量值编程时终点相对起点的距离。K 为切削起点 B 相对于切削终点 C 的 Z 轴方向有向距离（即切削起点的坐标值 B 减去切削终点的坐标值 C）。F 为循环切削过程中的进给速度。

该指令执行如图 7-11 所示 A→B→C→D→A 的轨迹动作。

2. 编程示例

如图 7-12 所示，用 G81 锥度端面车削固定循环指令编写加工程序。

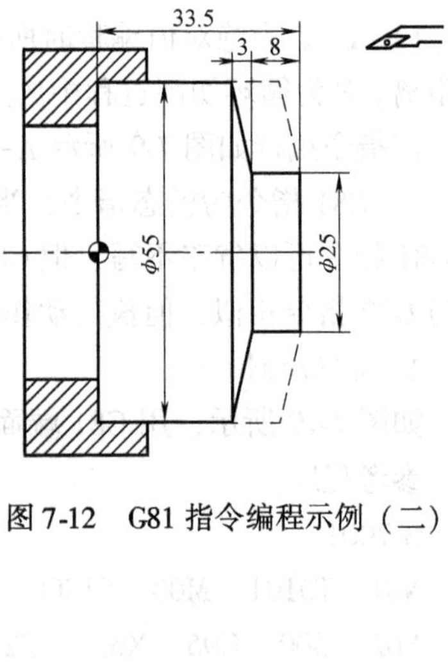

图 7-12　G81 指令编程示例（二）

参考程序：

%7002
N01　T0101　M03　S1000
N02　G00　G95　X60　Z45
N03　G81　X25　Z31.5　K－3.5　F0.2
N04　X25　Z29.5　K－3.5
N05　X25　Z27.5　K－3.5
N06　X25　Z25.5　K－3.5
N07　M05

N08 M30

三、端面车削复合循环指令 G72

G72 端面车削复合循环指令的含义与 G71 指令类似，区别仅在于其切削方向平行于 X 轴。如图 7-13 所示，它是从外径方向往轴心方向以端面切削形式进行外形循环加工，适用于对大小径之差较大而长度较短、端面形状复杂的盘类零件进行分层粗车加工。用 G72 端面车削复合循环指令加工时，只需指定精加工路线和粗加工的背吃刀量，系统会自动计算粗加工路线和切削次数。

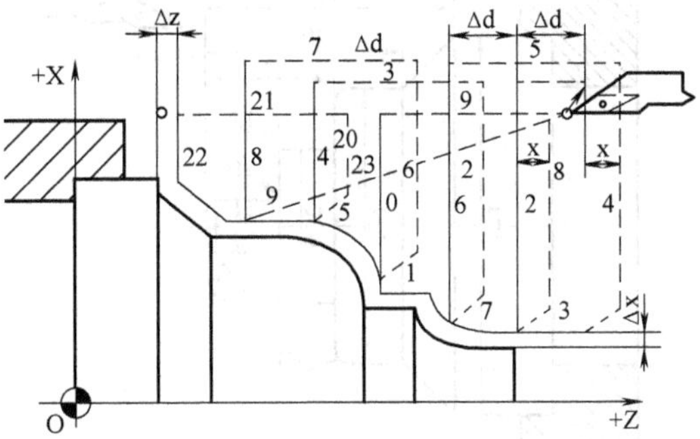

图 7-13　G72 端面车削复合循环指令

1. 指令格式

格式:G72　W(Δd)　R(r)　P(ns)　Q(nf)　X(Δx)　Z(Δz)　F(f)　T(t)　S(s)

说明:

1）Δd 为每次循环 Z 轴方向的背吃刀量。r 为每次退刀量。ns 为精加工形状程序段落的第一个程序段的顺序号。nf 为精加工形状程序段落的最后一个程序段的顺序号。Δx 为 X 轴方向精加工余量的距离及方向。Δz 为 Z 轴方向精加工余量的距离及方向。f、s、t 为粗加工时 G72 指令编程中的 F、S、T 有效，而精加工时处于 ns 到 nf 程序段之间的 F、S、T 有效。

在 G72 指令切削循环下，切削进给方向平行于 X 轴，X（Δx）和 Z（Δz）的符号如图 7-14 所示。其中（+）表示沿轴的正方向移动，（-）表示沿轴的负方向移动。

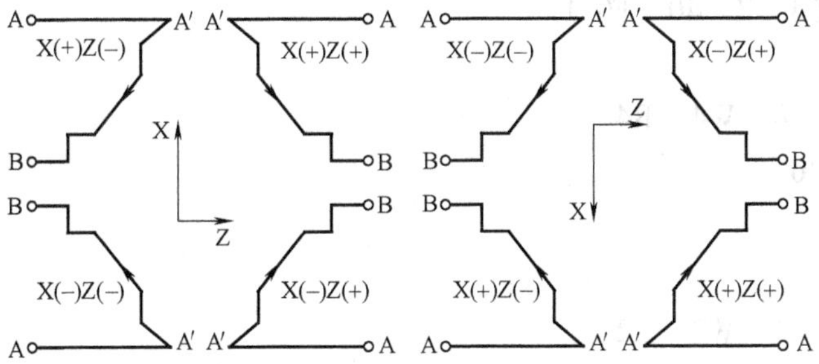

图 7-14　G72 端面车削复合循环指令 X（Δx）和 Z（Δz）的符号

2）G72 指令必须带有 P、Q 地址才能进行该循环加工。

3）粗加工循环时，在顺序号为 ns 的程序段中必须使用 G00 指令或 G01 指令，且该程序段中不应编有 X 轴方向移动的指令。

4）处于 ns 到 nf 程序段之间的精加工程序中可以有 G02 指令和 G03 指令，但不应包含子程序。

5）G72 指令编程路线与 G71 指令相反，与习惯的编程思维有所区别，编程路线应自左向右，自大到小。循环起点应选择在工件 X 轴方向和 Z 轴方向之外，且接近工件端面的安全处。

2. 编程示例

如图 7-15 所示，用 G72 端面车削复合循环指令编写加工程序。

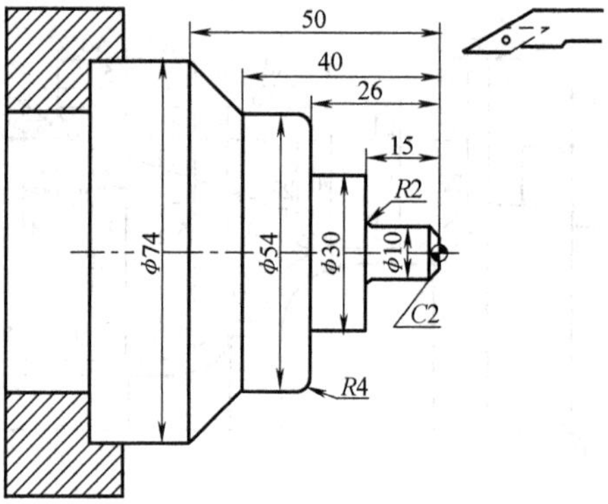

图 7-15 G72 端面车削复合循环指令编程示例

参考程序：

```
%7003
N01  T0101  M03  S500
N02  G00  G95  X100  Z80
N03  X80  Z1
N04  G72  W1.2  R1  P05  Q15  X0.2  Z0.1  F0.2
N05  G00  G41  Z-56
N06  G01  X54  Z-40  F0.1
N07  Z-30
N08  G02  U-8  W4  R4
N09  G01  X30
N10  Z-15
N11  U-16
N12  G03  U-4  W2  R2
N13  G01  Z-2
N14  U-6  W3
N15  G00  G40  Z2
N16  G00  X100  Z80
N17  M05
N18  M30
```

第三节　盘、套类零件的加工示例

学习目标

1. 了解盘、套类零件的加工过程。
2. 掌握端面车削复合循环指令在盘、套类零件加工中的运用。
3. 掌握数控车削进、退刀路线的确定方法。
4. 分析盘、套类零件的加工步骤。

一、盘类零件加工综合示例

在数控车床上加工如图 7-16 所示的盘类零件，毛坯为 ϕ200mm × 55mm 的棒料，材料为铝合金，试编写其数控车削加工程序并进行加工。

1. 分析零件图样

如图 7-16 所示，该零件外形比较简单，没有几何公差要求，其表面也没有严格的尺寸精度要求。只是表面粗糙度要求较高，要求外形轮廓光滑。

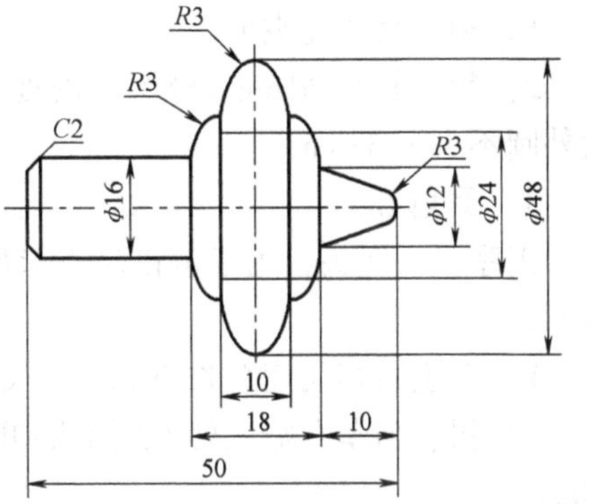

图 7-16　陀螺

2. 工艺分析

1）从零件轮廓分析来看，该零件外形比较简单，没有几何公差要求。但从使用角度来看，该零件两端要求必须同轴，否则旋转起来会产生歪斜现象。

2）零件需要两次调头加工，为保证在进行数控加工时零件能装夹牢靠，先加工零件左端轮廓，再调头夹持 ϕ16mm 外圆加工零件右端轮廓。

3）零件右端轮廓的径向切削尺寸大于轴向切削尺寸，对于这类零件应采用 G72 端面车削复合循环指令进行编程加工。零件左端轮廓的径向切削尺寸小于轴向切削尺寸，所以应采用 G71 外径/内径车削复合循环指令进行编程加工。

4）由于该零件的径向切削尺寸相差较大，应使用 G96 恒线速度切削指令进行编程加工，来保证零件的表面粗糙度要求。

5）两次装夹加工都是将工件坐标系原点设定在其装夹后零件右端面与轴线交点上。零件加工程序的起始点和换刀点都设在 X100、Z100 位置点。

3. 装夹方法

用三爪自定心卡盘进行定位装夹，夹紧力要适当。

4. 刀具及切削用量

刀具及切削用量的选择见表 7-1。

5. 量具

表 7-1　刀具卡（六）

实训课题		盘、套零件的编程与加工	零件名称	盘类零件	零件图号	图 7-16	
序号	刀具号	刀具名称及规格	刀尖圆弧半径	数量	加工内容	恒线速度/（m/min）	进给量/（mm/r）
1	T0101	93°右偏外圆车刀	0.4mm	1	左端外轮廓	粗 150 精 200	粗 0.2 精 0.1
2	T0202	93°左偏端面刀	0.4mm	1	右端外轮廓	粗 150 精 200	粗 0.2 精 0.1
3	T0303	端面刀	0.4mm	1	左右端面	200	0.3

游标卡尺 0.02mm/（0～150）mm、千分尺 0.01mm/（25～50）mm、半径样板 R（1～6.5）等。

6. 加工工艺路线

工序一：用三爪自定心卡盘夹持毛坯外圆，找正并夹牢，车削左端轮廓。

1）粗、精车左端面。

2）粗、精车 ϕ16mm 外圆、两处 $R3$ 圆弧至尺寸要求，保证 ϕ16mm 外圆，长度 22mm、大外圆不少于 33mm。

3）倒角 $C2$。

工序二：调头，用三爪自定心卡盘垫铜皮夹持 ϕ16mm 外圆，找正后并夹牢，车削右端轮廓。

1）车削右端面使总长 50mm 至尺寸要求。

2）粗、精车右端三处 $R3$ 圆弧和两处锥度至尺寸要求，保证长度分别为 18mm、10mm、10mm。

3）检查各部分尺寸，合格后卸下工件。

7. 数值计算

计算零件轮廓上的圆弧连接处各基点坐标值时，应采用计算机绘图后分析各基点的坐标值。该零件上各基点的坐标值已给出，如图 7-17 所示。

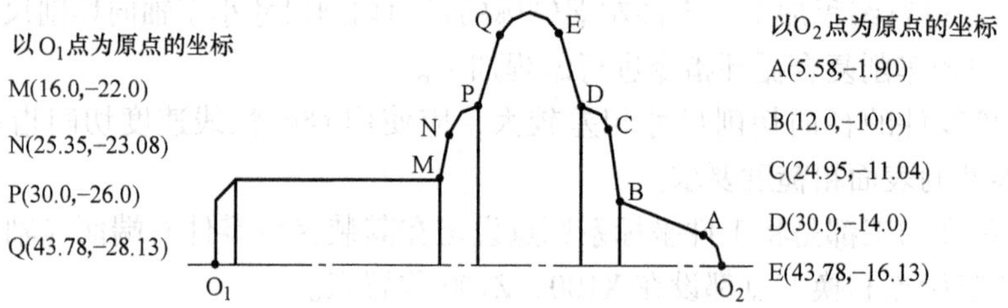

图 7-17　部分基点的坐标值

8. 工件参考程序

工件参考程序见表 7-2。

表 7-2　参考程序卡（七）

数控车床程序卡	编程原点	工件右端面与轴线交点			编程系统	HNC-21T/22T
	零件名称	盘类零件	零件图号	图 7-16	材 料	Al
	机床型号	CJK6136	夹具名称	三爪自定心卡盘	实训车间	数控中心

工序一：用三爪自定心卡盘夹持毛坯外圆，找正并夹牢，车削左端轮廓

程序号	程　序	简要说明
序 号	%7004—1	程　序　名
N010	G92　X100　Z100	建立工件坐标系
N020	T0303　M03　G96　S200	主轴正转，选择 3 号端面刀，使用恒线速度
N030	G46　X300　P2000	限制最高速度和最低速度
N040	G00　G95　X52　Z5	快速定位至 φ52mm 直径，距端面正向 5mm
N050	G01　Z0　F0.2	刀具与端面对齐
N060	X0	加工端面
N070	G00　X100　Z100	快速退刀
N080	T0101　S150	选择 1 号外圆车刀
N090	G00　X52　Z5	快速定位至 φ52mm 直径，距端面正向 5mm
N100	G71　U2　R0.5　P110　Q200　X0.3　Z0	采用外径/内径车削复合循环指令加工左端轮廓
N110	G00　G42　X12　S200	左端轮廓精加工程序
N120	G01　Z0　F0.1	
N130	X16　Z-2	
N140	Z-22	
N150	X25.35　Z-23.08	
N160	G03　X30　Z-26　R3	
N170	G01　X43.78　Z-28.13	
N180	G03　X48　Z-31　R3	
N190	G01　Z-35	
N200	G40　X52	
N210	G00　X100　Z100　M05	返回刀具换刀点，停主轴
N220	M30	程序结束

工序二：调头，用三爪自定心卡盘垫铜皮夹持 φ16mm 外圆，找正后并夹牢，车削右端轮廓

程序号	程　序	简要说明
序 号	%7004—2	程　序　名
N010	G92　X100　Z100	建立工件坐标系
N020	T0303　M03　G96　S200	主轴正转，选择 3 号端面刀，使用恒线速度
N030	G46　X300　P2000	限制最高速度和最低速度
N040	G00　G95　X52　Z5	快速定位至 φ52mm 直径，距端面正向 5mm
N050	G81　X0　Z1　F0.2	车削端面，控制总长
N060	X0　Z0	

（续）

数控车床程序卡	编程原点	工件右端面与轴线交点			编程系统	HNC-21T/22T
	零件名称	盘类零件	零件图号	图 7-16	材 料	Al
	机床型号	CJK6136	夹具名称	三爪自定心卡盘	实训车间	数控中心
工序二：调头，用三爪自定心卡盘垫铜皮夹持 ϕ16mm 外圆，找正后并夹牢，车削右端轮廓						
程序号	程 序			简要说明		
序 号	%7004—2			程 序 名		
N070	G00 X100 Z100			快速退刀		
N080	T0202 S150			选择 2 号端面刀		
N090	G00 X52 Z2			快速定位至 ϕ97mm 直径，距端面正向 2mm		
N100	G72 W1.5 R0.3 P110 Q190 X0.3 Z0			采用端面车削复合循环粗加工右端轮廓		
N110	G00 G41 Z－19 S200			右端轮廓精加工程序		
N120	G01 X48 F0.1					
N130	G02 X43.78 Z－16.13 R3					
N140	G01 X30 Z－14					
N150	G02 X24.95 Z－11.04 R3					
N160	G01 X12 Z－10					
N170	X5.58 Z－1.9					
N180	G02 X0 Z0 R3					
N190	G01 G40 Z2					
N200	G00 X100 Z100 M05			返回刀具换刀点，停主轴		
N210	M30			程序结束		

9. 加工工件的步骤

1）开启机床。

① 先将“急停”钮关闭，打开电源开关，然后再将“急停”钮打开，使系统处在开始工作状态。

② 按下“回零”键，使机床首先回到机床参考点，以建立机床坐标系。

2）安装工件和刀具。

① 先用三爪自定心卡盘轻轻夹持工件一端，使工件右端面离开卡爪 35mm 左右，用划线盘找正工件外圆，然后夹紧工件。

② 安装刀具时，刀具的安装位置应和编辑程序中的刀具号对应。1 号刀为 93°外圆车刀，3 号刀为端面刀。

③ 装刀时，注意各刀具应对准工件中心，各刀具伸出长度应适当，刀具压紧时前后螺钉应同时压紧。

3）输入程序。将工件左端程序输入数控系统，注意新建文件名开头用“O”表示，程序输入完进行保存。

4）对刀并输入刀补。应使用手摇脉冲发生器对刀，无论哪个方向试切削完成后都不要动，退向另外一个方向，然后停机测量，将实际尺寸输入数控系统。

5）程序校验。在数控系统中对程序进行图形仿真模拟、程序校验及修整，注意一定要锁住机床后再校验程序。

6）检查程序无误后，解除机床锁，单击“循环启动”键进行工件的粗、精加工。

7）单击“循环启动”键自动加工，直到工件尺寸合格为止。

8）调头，加工工件右端轮廓。

9）安装工件和刀具。

① 用三爪自定心卡盘垫铜皮夹持工件左端 ϕ16mm 外圆，用划线盘找正工件外圆，然后夹紧工件。

② 安装刀具时，刀具的安装位置应和编辑程序中的刀具号对应。2 号刀为 93°左偏端面刀，3 号端面刀不动。

10）输入程序。将工件右端程序输入数控系统，注意新建文件名开头用“O”表示，程序输入完进行保存。

11）对刀并输入刀补。应使用手摇脉冲发生器对刀，无论哪个方向试切削完成后都不要动，退向另外一个方向，然后停机测量，将实际尺寸输入数控系统。

12）程序校验。在数控系统中对程序进行图形仿真模拟、程序校验及修整，注意一定要锁住机床后再校验程序。

13）检查程序无误后，解除机床锁，单击“循环启动”键进行工件的粗、精加工。

14）单击“循环启动”键自动加工。

15）加工完毕，按图样要求检测工件尺寸是否合格，对工件进行误差与质量分析。

16）合格后卸下工件，打扫机床卫生。

二、套类零件加工综合示例

在数控车床上加工如图 7-18 所示的套类零件，毛坯为 ϕ210mm × 135mm、孔为 ϕ45mm 的管料，材料为 45 钢，试编写其数控车床加工程序并进行加工。

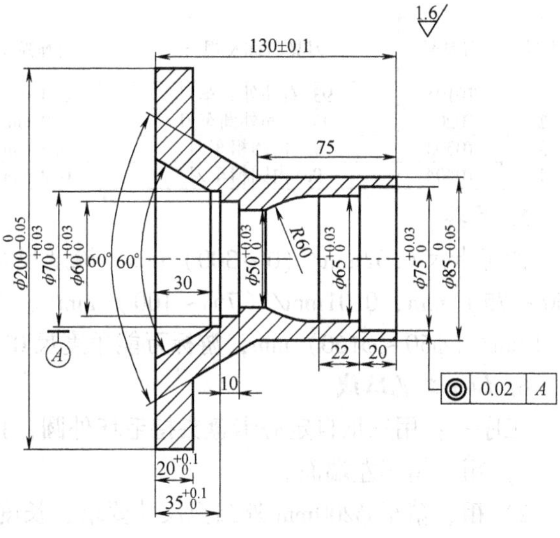

图 7-18　套类零件加工综合示例

1. 分析零件图样

1）该零件为一个比较典型的套类零件，零件的径向尺寸较大，两端内孔 $\phi70^{+0.03}_{0}$mm 和 $\phi75^{+0.03}_{0}$mm 还有同轴度要求（0.02mm）。

2）从零件图样来看，零件需要加工外圆、内孔、端面和锥度。外圆柱面 $\phi200^{0}_{-0.05}$mm、$\phi85^{0}_{-0.05}$mm 和内圆柱面 $\phi75^{+0.03}_{0}$mm、$\phi70^{+0.03}_{0}$mm、$\phi65^{+0.03}_{0}$mm、$\phi60^{+0.03}_{0}$mm、$\phi50^{+0.03}_{0}$mm 的径向尺寸精度要求都较高，且其表面粗糙度值为 R_a1.6μm。轴向尺寸 130 ±0.1mm、$35^{+0.1}_{0}$mm、$20^{+0.1}_{0}$mm 的要求也较高。另外左端的孔壁较薄，加工时应注意零件的变形。

2. 工艺分析

1）从零件技术要求分析，加工关键是在车削过程中保证零件 $\phi75^{+0.03}_{0}$mm 内孔与 $\phi70^{+0.03}_{0}$mm 内孔的同轴度要求。因此加工时，在选择定位、夹紧方法上和工序安排上应采取一定的工艺措施。主要措施如下：

① 从零件轮廓分析，零件径向尺寸较大，为保证在进行数控加工时零件能可靠定位，应先加工零件左端面、外圆及内圆轮廓，再调头夹持 ϕ200mm 外圆，用磁力表架及指示表对零件找正后（保证同轴度要求），加工零件右端端面、外圆、内圆轮廓及倒角。

② 采用一次装夹将左、右内孔同时加工出来。先加工左端面、外圆和内孔，并在内孔预留 0.3mm 的精加工余量，然后将零件调头装夹加工右端端面、外圆和内孔；在右端内孔车削完成后，反向车削左端内孔，以保证两端内孔的同轴度。但要求内孔车刀刀尖离刀杆的距离在 28mm 以上才能进行加工。切削零件右端面时，零件壁较薄，应选用较小的进给量和背吃刀量，以减少切削力和切削变形。

2）分析该零件的轮廓形状，采用 G71 外径/内径车削复合循环指令进行编程加工。

3）两次装夹加工都是将工件坐标系原点设定在其装夹后零件右端面的中心上，零件加工程序起始点和换刀点都设在 X300、Z200 位置点。

3. 装夹方法

用三爪自定心卡盘进行定位装夹，夹紧力要适当。

4. 刀具及切削用量的选择

刀具及切削用量的选择见表 7-3。

表 7-3 刀具卡（七）

实训课题		盘、套零件的编程与加工	零件名称	套类零件	零件图号	图 7-18	
序号	刀具号	刀具名称及规格	刀尖圆弧半径	数量	加工内容	转速 /（r/min）	进给量 /（mm/r）
1	T0101	93°右偏外圆车刀	0.4 mm	1	粗车外圆和端面	500	0.2
2	T0202	93°右偏外圆车刀	0.2 mm	1	精车外圆	800	0.1
3	T0303	93°内圆粗车刀	0.4 mm	1	粗车内孔	500	0.2
4	T0404	93°内圆精车刀	0.2 mm	1	精车内孔	800	0.1

5. 量具

游标卡尺 0.02mm/（0～300）mm，深度尺 0.02mm/（0～200）mm，千分尺 0.01mm/（50～75）mm、0.01mm/（75～100）mm、0.01mm/（175～200）mm，内径指示表 0.01mm/（$\phi50$～$\phi160$）mm，游标万能角度尺 0°～320°，半径样板 R60 等。

6. 加工工艺路线

工序一：用三爪自定心卡盘夹持毛坯外圆，找正并夹牢，车削左端轮廓。

1）粗、精车左端面。

2）粗、精车 ϕ200mm 外圆至尺寸要求，长度为 25mm。

3）粗、精车内孔 $\phi70^{+0.03}_{0}$mm、$\phi60^{+0.03}_{0}$mm 及锥度 60°至尺寸要求，保证孔深为 35mm、10mm 和锥长为 30mm。

4）外圆、孔口去毛刺。

工序二：调头，用三爪自定心卡盘垫铜皮夹持 $\phi200^{0}_{-0.05}$mm 外圆，找正保证同轴度要求并夹牢，车削右端轮廓。

1）车削右端面使总长 130mm 至尺寸要求。

2）粗、精车右端 $\phi85_{-0.05}^{0}$mm 外圆和锥度 60°至尺寸要求，保证长度为 75mm 和 20mm。

3）粗、精车内孔 $\phi75_{0}^{+0.03}$mm、$\phi65_{0}^{+0.03}$mm、$\phi50_{0}^{+0.03}$mm 及圆弧 $R60$ 至尺寸要求，保证孔深为 22mm 和 20mm。

4）外圆、孔口去毛刺。

5）检查各部分尺寸，合格后卸下工件。

7. 数值计算

编程中需计算零件锥孔大端直径、外圆锥大端直径及圆弧孔的轴向长度。

1）零件锥孔大端直径可用三角函数计算，为

$$\phi = 70\text{mm} + 2 \times (30\text{mm} \times \tan30°) = 104.641\text{mm}$$

2）外圆锥大端直径也可用三角函数计算，为

$$\phi = 85\text{mm} + 2 \times (35\text{mm} \times \tan30°) = 134.015\text{mm}$$

3）圆弧孔的轴向长度可根据其在圆心处建立的圆弧方程计算，为

$$Z = \sqrt{60^2\text{mm} - (50\text{mm} + 5\text{mm})^2} = 23.979\text{mm}$$

8. 零件参考程序

参考程序见表 7-4。

表 7-4　参考程序卡（八）

数控车床程序卡	编程原点	工件右端面与轴线交点			编程系统	HNC-21T/22T
	零件名称	套类零件	零件图号	图 7-18	材 料	45 钢
	机床型号	CJK6136	夹具名称	三爪自定心卡盘	实训车间	数控中心

工序一：用三爪自定心卡盘夹持毛坯外圆，找正并夹牢，车削左端轮廓

程序号	程 序	简 要 说 明
序 号	%7005—1	程 序 名
N010	G92　X300　Z200	建立工件坐标系
N020	T0101　M03　S500	主轴正转，转速为 500r/min，选择 1 号外圆车刀
N030	G00　G95　X215　Z5	快速定位至 ϕ215mm 直径，距端面正向 5mm
N040	G01　Z0　F0.2	刀具与端面对齐
N050	X43	加工端面
N060	G00　X215　Z5	快速定位至 ϕ215mm 直径，距端面正向 5mm
N070	G80　X205　Z－25	采用外径/内径车削固定循环指令加工左端外圆
N080	X200.5　Z－25	
N090	X200　Z－25　F0.1	
N100	G00　X300　Z200	返回刀具换刀点
N110	T0303	选择 3 号内圆粗车刀
N120	G00　X43　Z5	快速定位至 ϕ43mm 内孔处，距端面正向 5mm
N130	G71　U2　R0.5　P170　Q230　X－0.3　Z0	采用外圆复合循环指令加工左端内孔
N140	G00　X300　Z200	返回刀具换刀点
N150	T0404　S800	主轴转速为 800r/min，选择 4 号内圆精车刀
N160	G00　X43　Z5	快速定位至 ϕ43mm 内孔处，距端面正向 5mm
N170	G00　G41　X104.641	左端内轮廓精加工程序
N180	G01　Z0　F0.1	
N190	X70　Z－30	
N200	Z－35	
N210	X60	
N220	Z－45	
N230	G40　X43	

（续）

数控车床程序卡	编程原点	工件右端面与轴线交点			编程系统	HNC-21T/22T
	零件名称	套类零件	零件图号	图 7-18	材 料	45 钢
	机床型号	CJK6136	夹具名称	三爪自定心卡盘	实训车间	数控中心
工序一：用三爪自定心卡盘夹持毛坯外圆，找正并夹牢，车削左端轮廓						
程序号	程 序			简 要 说 明		
序 号	%7005—1			程 序 名		
N240	G00 Z200			返回刀具换刀点，停主轴		
N250	X300 M05					
N260	M30					
工序二：调头，用三爪自定心卡盘垫铜皮夹持 ϕ200mm 外圆，找正保证同轴度要求并夹牢，车削右端轮廓						
程序号	程 序			简 要 说 明		
序 号	%7005—2			程 序 名		
N010	G92 X300 Z200			建立工件坐标系		
N020	T0101 M03 S500			主轴正转，转速为 500r/min，选择 1 号外圆车刀		
N030	G00 G95 X215 Z5			快速定位至 ϕ215mm 直径，距端面正向 5mm		
N040	G81 X43 Z1 F0.2			加工端面控制总长		
N050	X43 Z0					
N060	G71 U2 R0.3 P100 Q140 X0.3 Z0			采用外径/内径车削复合循环粗加工右端外轮廓		
N070	G00 X300 Z200			返回刀具换刀点		
N080	T0202 S800			选择 2 号外圆精车刀，主轴转速为 800r/min		
N090	G00 X215 Z5			快速定位至 ϕ215mm 外圆处，距端面正向 5mm		
N100	G00 G42 X85			右端外轮廓精加工程序		
N110	G01 Z-75 F0.1					
N120	X134.015 Z-110					
N130	X200					
N140	G40 X202					
N150	G00 X300 Z200			返回刀具换刀点		
N160	T0303 S500			选择 3 号内孔粗车刀，主轴转速为 500r/min		
N170	G00 X43 Z5			快速定位至 ϕ43mm 内孔处，距端面正向 5mm		
N180	G71 U2 R0.5 P220 Q290 X-0.3 Z0			采用外径/内径车削复合循环指令加工右端内孔		
N190	G00 X300 Z200			返回刀具换刀点		
N200	T0404 S800			选择 4 号内圆精车刀，主轴转速为 800r/min		
N210	G00 X43 Z5			快速定位至 ϕ43mm 内孔处，距端面正向 5mm		
N220	G00 G41 X75			右端内轮廓精加工程序		
N230	G01 Z-20 F0.1					
N240	X65					
N250	Z-42					
N260	G03 X50 W-23.979 R60					
N270	G01 W-25					
N280	G40 X43					
N290	G00 Z200			返回刀具换刀点，停主轴		
N300	X300 M05					
N310	M30			程序结束		

9. 加工工件的步骤

1）开启机床。

① 先将“急停”钮关闭，打开电源开关，然后再将“急停”钮打开，使系统处在开始工作状态。

② 按下“回零”键，使机床首先回到机床参考点，以建立机床坐标系。

2）安装工件和刀具。

① 先用三爪自定心卡盘轻轻夹持工件一端，用划线盘找正工件外圆，然后夹紧工件。

② 安装刀具时，刀具的安装位置应和编辑程序中的刀具号对应。1 号刀为 93°外圆粗车刀，3 号刀为 93°内圆粗车刀，4 号刀为 93°内圆精车刀。

③ 装刀时，注意各刀具应对准工件中心，各刀具伸出长度应适当，刀具压紧时前后螺钉应同时压紧。

④ 安装内圆车刀时，刀杆应尽量和主轴轴线平行同时尽量向 X 轴的负方向装夹，避免加工时出现撞刀和超程现象。

3）输入程序。将工件左端程序输入数控系统，注意新建文件名开头用“O”表示，程序输入完进行保存。

4）对刀并输入刀补。

① 应使用手摇脉冲发生器对刀，无论哪个方向试切削完成后都不要动，退向另外一个方向，然后停机测量，将实际尺寸输入数控系统。

② 内圆车刀对刀时其进给方向与外圆车刀相反，对刀时应注意内圆车刀进退的方向。内圆车刀试切削时，背吃刀量不宜过大，太大会影响内圆车刀的对刀精度。

③ 设置刀补时，为了保证加工工件尺寸正确，可根据机床的实际情况，适当设定各刀具的磨损值，一般设定精车余量为 0.3mm（外圆为 +0.3mm，内圆为 -0.3mm）。

5）程序校验。在数控系统中对程序进行图形仿真模拟、程序校验及修整，注意一定要锁住机床后再校验程序。

6）检查程序无误后，解除机床锁，单击“循环启动”键进行工件的粗、精加工。

7）加工完毕后，测量工件实际尺寸与其合格尺寸的差值，然后在刀具磨损中修改差值。例如，实际尺寸为 ϕ200.35mm，实际需要的尺寸为 ϕ200mm，则在刀具磨损中将原来数字减去（ϕ200.35mm - ϕ200mm）。最后在程序中使用程序跳段将粗车程序跳过去，只进行精加工。

8）单击“循环启动”键自动加工，直到工件尺寸合格为止。

9）调头，加工工件右端轮廓。

10）安装工件和刀具。

① 用三爪自定心卡盘垫铜皮夹持工件左端 ϕ200mm 外圆，用划线盘找正工件外圆，然后夹紧工件。

② 安装刀具时，刀具的安装位置应和编辑程序中的刀具号对应。2 号刀为 93°外圆精车刀，1 号刀、3 号刀、4 号刀不动。

11）输入程序。将工件右端程序输入数控系统，注意新建文件名开头用“O”表示，程序输入完进行保存。

12）对刀并输入刀补。

① 应使用手摇脉冲发生器对刀，无论哪个方向试切削完成后都不要动，退向另外一个方向，然后停机测量，将实际尺寸输入数控系统。

② 设置刀补时，为了保证加工工件尺寸正确，可根据机床的实际情况，适当设定各刀具的磨损值，一般设定精车余量为 0.3mm（外圆为 +0.3mm，内圆为 -0.3mm）。

13）程序校验　在数控系统中对程序进行图形仿真模拟、程序校验及修整，注意一定要锁住机床后再校验程序。

14）检查程序无误后，解除机床锁，单击“循环启动”键进行工件的粗、精加工。

15）加工完毕后，测量工件实际尺寸与其合格尺寸的差值，然后在刀具磨损中修改差值例如，实际尺寸为 ϕ85.35mm，实际需要的尺寸为 ϕ85mm，则在刀具磨损中将原来数字减去（ϕ85.35mm－ϕ85mm）。最后在程序中使用程序跳段将粗车程序跳过去，只进行精加工。

16）单击“循环启动”键自动加工。

17）加工完毕，按图样要求检测工件尺寸是否合格，对工件进行误差与质量分析。

18）合格后卸下工件，打扫机床卫生。

第四节　盘、套类零件的测量、质量检验与分析

学习目标

1. 掌握内孔的测量方法。
2. 了解盘、套类零件的质量检验与分析。

一、孔径的测量

测量孔径尺寸时，应根据工件的尺寸、数量及精度要求，采用相应的量具进行测量。如果孔的精度要求较低，则用钢直尺、游标卡尺测量。精度要求较高的零件可采用以下几种方法测量。

1. 塞规

塞规由通端、止端和手柄组成，如图 7-19a 所示。通端的尺寸等于孔的最小极限尺寸，止端的尺寸等于孔的最大极限尺寸。为了明显区别通端与止端，塞规止端长度比通端要短一些。测量时，若通端通过而止端不能通过，说明尺寸合格，如图 7-19b 所示。测量不通孔的

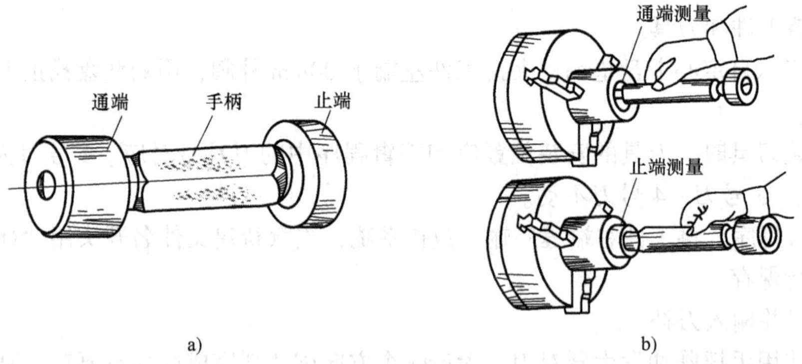

图 7-19　塞规结构及其测量方法

a）塞规结构　b）测量方法

塞规应在外圆上沿轴向开有排气槽。

2. 内径指示表

用内径指示表可测量孔径。内径指示表结构如图 7-20 所示，它由测量头和各种尺寸的接长杆组成，其测量范围为 18～1500mm 之间，分度值为 0.01mm，每根接长杆上都注有基本尺寸和编号，可按需要选用。内径指示表的测量方法如图 7-21 所示。

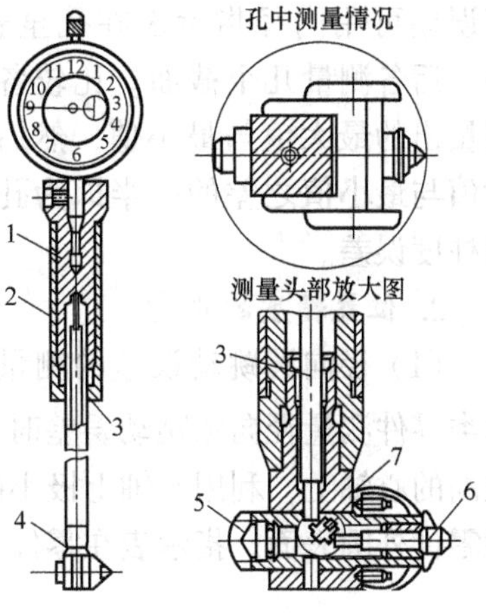

图 7-20　内径指示表

1—测架　2—弹簧　3—杆　4—定心器　5—测量头　6—触头　7—摆动块

3. 内径千分尺

内径千分尺的使用方法如图 7-22 所示。测量时，操作者应使量具在孔内正确摆动，找出直径方向的最大值，同时找出轴线方向的最小值，此时重合的尺寸就是孔的实际尺寸。

内径千分尺的测量范围为 50～1500mm 之间，其分度值为 0.01mm。内径千分尺无测力装置，故测量误差较大。

4. 内测千分尺

当测量的孔径小于 25mm 时，常用内测千分尺进行测量，其结构如图 7-23 所示。这种千分尺的原理与外径千分尺相同，只是它的刻线方向与外径千分尺相反。当微分筒顺时针旋转时，活动爪右移量增大。

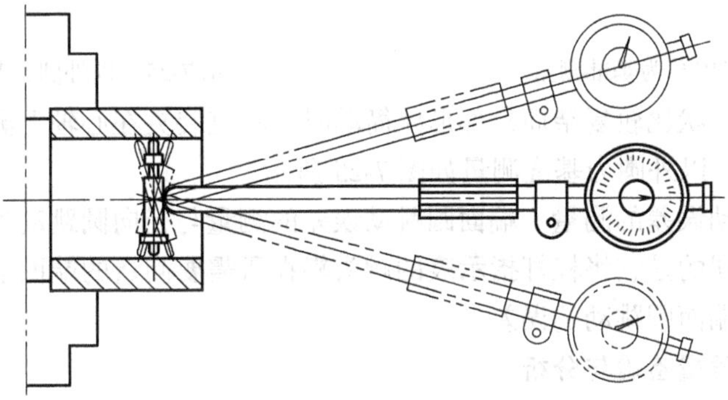

图 7-21　内径指示表的测量方法

二、内孔形位精度的测量

1. 形状精度的测量

在车床上加工出的圆柱孔，其形状精度控制一般是测量孔的圆度误差和圆柱度误差。

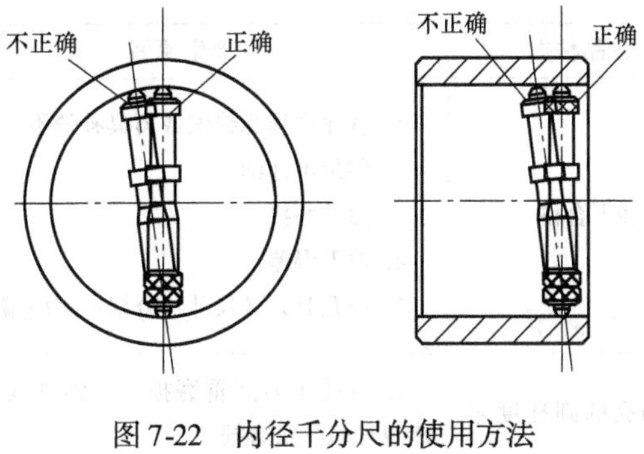

图 7-22　内径千分尺的使用方法

(1) 圆度误差的测量　孔的圆度误差可用内径指示表测量。测量前应用标准套规或外径千分尺配合使用，比较出孔径的实际尺寸，将测量头放入孔内，在各个方向上测量，在测量截面内取最大值与最小值之差的一半为单个截面上的圆度误差。

(2) 圆柱度误差的测量　孔的圆柱度误差可用内径指示表在孔全长的前、中、后各测量几个截面。比较各个截面测量出的最大值与最小值，然后取其最大值与最小值之差的一半即为孔全长的圆柱度误差。

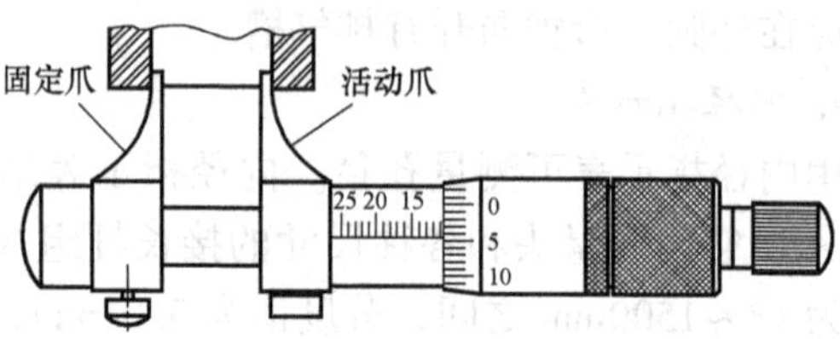

图 7-23　内测千分尺

2. 位置精度的测量

(1) 径向圆跳动误差的测量　一般套类零件测量径向圆跳动误差时，可以内孔为基准测量，如图 7-24 所示。将零件套在精度很高的心轴上，利用心轴上极小的锥度使零件轴向定位，用指示表或杠杆指示表的触头去接触零件外圆表面。指示表在零件上转一圈所得的读数差，就是径向圆跳动的误差。

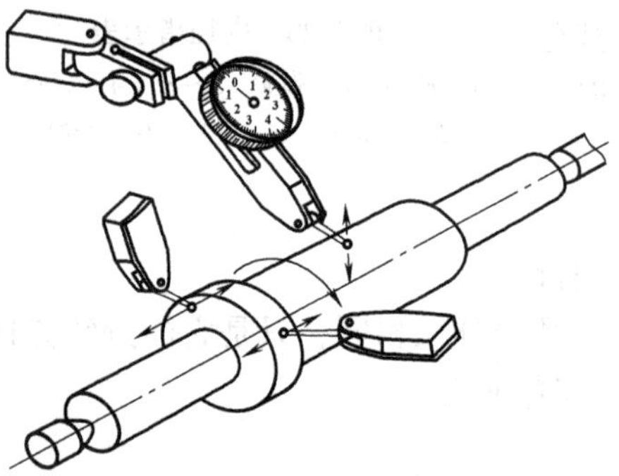

图 7-24　以内孔为基准测量

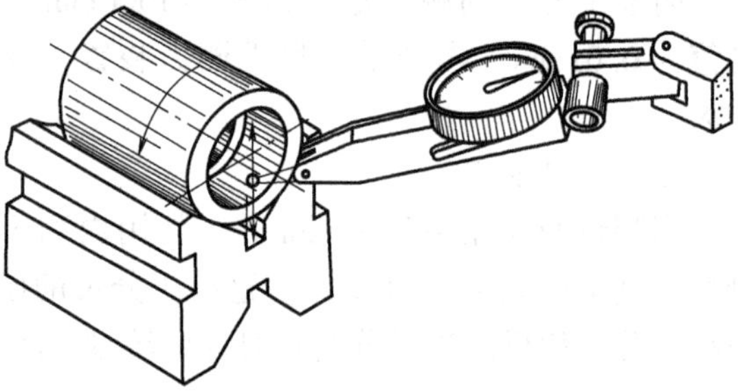

图 7-25　以外圆为基准测量

当零件的内部形状比较复杂而外部形状简单时，不宜装夹在心轴上测量，可将零件放在 V 形架上轴向定位，以外圆为基准测量如图 7-25 所示。

(2) 端面圆跳动误差的测量　端面圆跳动误差的测量与径向圆跳动误差的测量的装夹方法大致相同，所不同的是它将杠杆指示表的触头靠在所需要测量的端面上，转动零件，测得指示表的读数即为端面圆跳动的误差。

三、内孔加工质量检验与分析

内孔加工质量检验与分析见表 7-5。

表 7-5　内孔加工质量检验与分析

废品种类	产生原因	预防措施
孔径不合格	1. 程序中坐标错误或刀具补偿不合格 2. 测量不仔细 3. 刀具磨损 4. 对刀误差 5. 铰孔时刀具尺寸不合格或尾座偏位	1. 检查并修改程序 2. 认真测量 3. 重磨车刀 4. 重新对刀 5. 检查铰刀尺寸或调整尾座
内孔的圆柱度超差	1. 内孔车刀严重磨损，主轴轴线歪斜，床身导轨严重磨损 2. 铰孔时有喇叭口，主要是尾座偏位	1. 修磨车刀，找正或大修机床 2. 找正尾座或用浮动套筒

（续）

废品种类	产生原因	预防措施
内孔表面粗糙度大	1. 刀具磨损，刀杆产生振动 2. 切削用量选择不合理，未加注切削液 3. 铰刀磨损或刃口有缺陷	1. 修磨车刀，采用刚性好的车刀 2. 合理选择切削用量，并充分加注切削液 3. 刃磨或更换铰刀，并妥善保管好刀具
同轴度、垂直度超差	1. 用一次装夹方法切削时，工件移位或机床精度不高 2. 心轴装夹时，心轴中心孔碰毛或心轴本身同轴度不合格 3. 用软卡爪装夹时，软卡爪车削不合格	1. 装夹牢固，减小切削用量，调整机床精度 2. 研修心轴中心孔，校直心轴 3. 软卡爪应在本机床上车出，直径略大于工件装夹尺寸

思考题

1. 简述端面车削固定循环指令 G81 的格式及各参数的含义。
2. 简述端面车削复合循环指令 G72 的格式及各参数的含义。
3. 编写如图 7-26 所示零件的加工程序。
4. 编写如图 7-27 所示零件的加工程序。

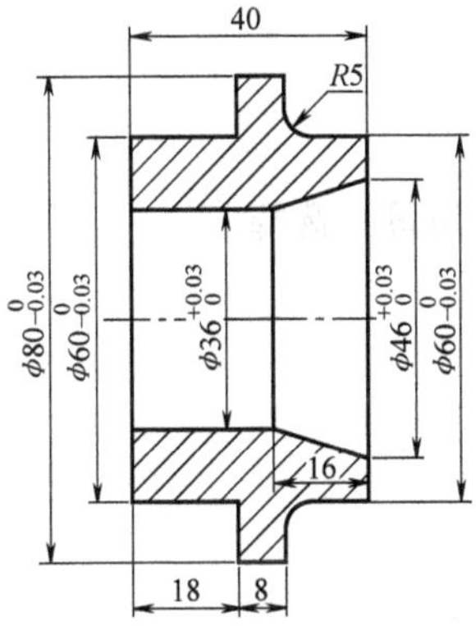

图 7-26　思考题 3

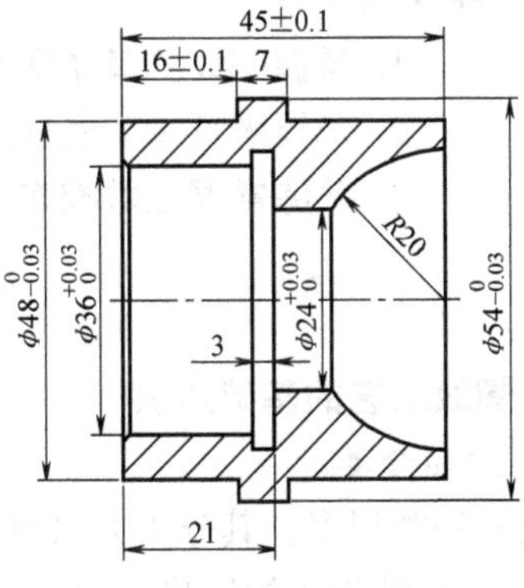

图 7-27　思考题 4

第八章 螺纹类零件的编程与加工

利用数控车床加工螺纹时，由数控系统控制螺距的大小和精度，从而简化计算，不用手动更换交换齿轮，螺纹的精度高且不会出现乱扣现象。螺纹切削回程期间车刀快速移动，切削效率大幅提高，选用专用数控螺纹切削刀具和较高的切削速度，又进一步提高了螺纹的形状精度和表面质量。因此，螺纹类零件的加工是数控车床编程与操作中经常遇到的。

第一节 螺纹类零件的加工工艺分析

学习目标

1. 掌握螺纹的基本概念。
2. 掌握螺纹车刀的安装及螺纹的车削方式。
3. 熟练掌握在数控车床上车削螺纹时切削用量的选择。

一、螺纹工艺的基础知识

1. 螺纹的分类

螺纹的种类很多，其分类方法也有多种。

1）按形成螺旋线的形状不同，可分为圆柱螺纹和圆锥螺纹。

2）按用途不同，可分为联接螺纹和传动螺纹。

3）按牙型特征不同，可分为三角形螺纹、矩形螺纹、梯形螺纹和锯齿形螺纹。

4）按螺旋线的旋向不同，可分为右旋螺纹和左旋螺纹。

5）按螺旋线的线数不同，可分为单线螺纹和多线螺纹。

2. 螺纹的标注方法

螺纹的完整标注由螺纹特征代号、螺纹公差代号和旋合长度代号组成。按国家标准规定：

1）螺纹公称直径和螺距用数字表示。细牙普通螺纹、梯形螺纹和锯齿形螺纹必须加注螺距（其他螺纹不标注）。

2）多线螺纹在公称直径后面需要标出“导程/线数”（单线螺纹不标注）。

3）左旋螺纹必须标出“LH”字样（右旋螺纹不标注）。

4）螺纹公差代号包括中径公差代号与顶径公差代号。公差带代号由表示其大小的公差等级数字和表示其位置的字母组成。

5）梯形螺纹代号用“Tr”及公称直径和螺距表示。左旋螺纹须在尺寸规格之后加注“LH”，右旋螺纹则不标注，如 Tr40×4、Tr36×36LH 等。

6）矩形螺纹代号只用“矩”及公称直径和螺距表示，如矩 42×6 等。导程与线数用斜线分开，左边表示导程，右边表示线数，如矩 45×6/2LH 等。

3. 螺纹车刀的选择与安装

（1）螺纹车刀的选择　在数控车床上加工螺纹与普通车削相比，螺纹车削的进给速度要高出许多，螺纹刀片刀尖处的作用力要高几十甚至几百倍。切削速度较快，切削力较大，因此在数控车削加工螺纹时一般采用可转位普通螺纹车刀（图 8-1 所示为外螺纹车刀），该种车刀使用的是全牙型螺纹刀片。

（2）螺纹车刀的安装　车削螺纹时，为了保证牙型角正确，对螺纹车刀的安装要求是很严格的。螺纹车刀的安装要求如下：

1）牙型对称于中心线且垂直于工件轴线。

2）车刀伸出刀座的长度不应超过刀杆截面高度的 1.5 倍。

3）刀尖必须对准工件中心。

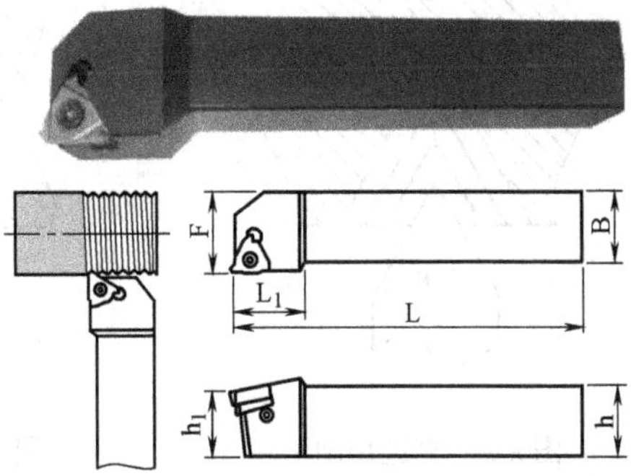

图 8-1　外螺纹车刀

当选用高速钢螺纹车刀或者硬质合金螺纹车刀时，为了保证牙型角正确，通常用带有 V 形块的螺纹角度样板安装螺纹车刀。带有 V 形块的螺纹角度样板后面有一个 V 形角尺面，装刀时靠在螺纹外圆面上作为基准，以保证螺纹车刀的刀尖角平分线垂直于螺纹工件轴线，如图 8-2 所示。

4. 螺纹车削进给法

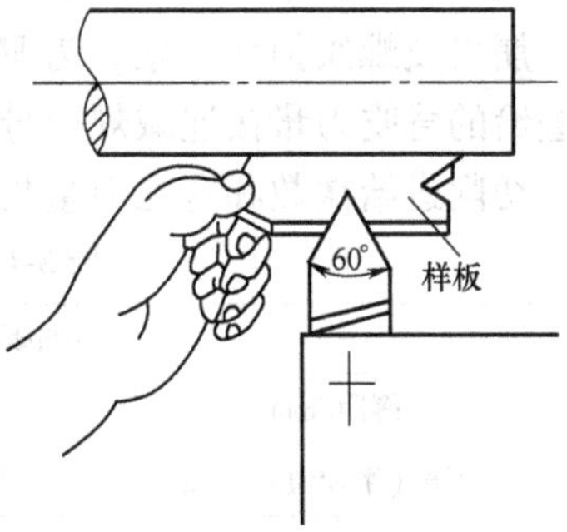

图 8-2　用 V 形块安装螺纹车刀

螺纹在数控车床上车削是根据螺旋线原理加工而成的。数控车削单线螺纹时，工件每旋转一圈，数控指令控制刀具前进一个螺距，工件做等速旋转运动，车刀与工件接触做等速轴向移动，刀尖相对工件即形成螺旋线运动。由于切削刃的形状不同，在工件表面切去的截面形状也不同，所以可以加工出不同形状的螺纹，切削刃的形状和几何参数决定了螺纹的牙型。

螺纹数控车削加工常用三种方法。

（1）直进切削法　在每次螺纹切削往复行程后，车刀沿横向（X 轴方向）进给，这样反复多次切削行程完成螺纹加工，这种方法称为直进切削法，如图 8-3 所示。直进切削法车削螺纹可以得到比较准确的牙型，但是车刀刀尖全部参加切削，切削力较大，而且排屑困难。因此切削时，两侧切削刃易磨损，螺纹不易车光，并且容易产生扎刀现象。在切削螺距较大的螺纹时，由于背吃刀量大，切削刃磨损较快，从而造成螺纹中径误差，因此该方法多用于小螺距的螺纹加工。

（2）斜进切削法　在粗车螺纹时，为了操作方便，在每次切削往复行程后，车刀除了沿横向（X 轴方向）进给外，纵向（Z 轴方向）只沿一个方向做微量进给，这种方法称为斜进切削法，如图 8-4 所示。由于斜进切削法为单侧刃加工，加工刃容易损伤和磨损，使加工出的螺纹面不直，刀尖角发生变化，而造成牙型精度较差。但由于其为单侧刃加工，刀具负载较小，排屑容易，并且背吃刀量为递减式，故此加工方法一般适用于大螺距的螺纹加工。斜进切削法粗车螺纹后，必须用左右切削法精车螺纹才能使螺纹的两侧都获得较好的表面质量。

（3）左右切削法　在每次螺纹切削往复行程后，车刀除了沿横向（X 轴方向）进给外，还要纵向（Z 轴方向）做微量左、右两个方向进给（借刀），这样反复多次切削行程完成螺纹加工，这种方法称为左右切削法，如图 8-5 所示。左右切削法精车螺纹可以使螺纹的两侧都获得较好的表面质量。采用左右切削法切削时，车刀左、右进给量不能过大。

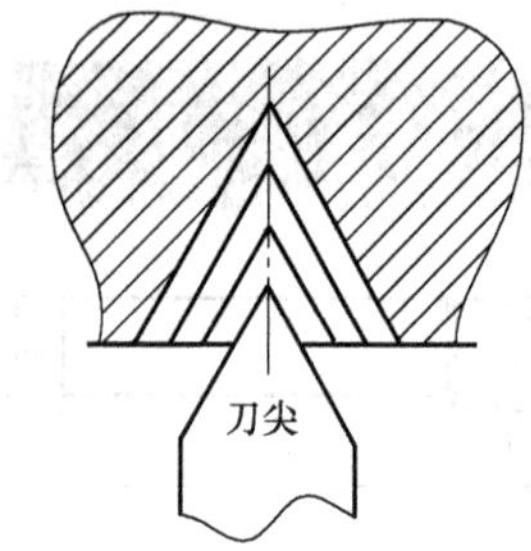

图 8-3　直进切削法

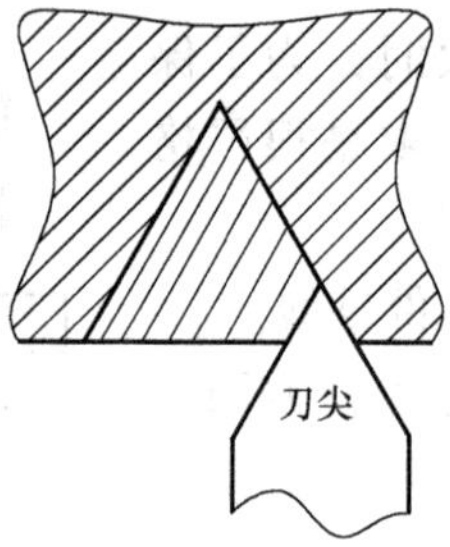

图 8-4　斜进切削法

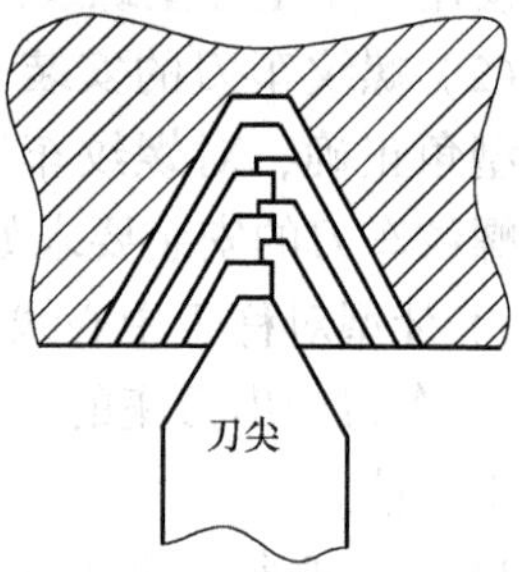

图 8-5　左右切削法

5. 车削螺纹时切削用量的选择

（1）背吃刀量的确定　在螺纹加工中，背吃刀量等于螺纹车刀切入工件表面的深度，随着螺纹车刀的每次切入，背吃刀量在逐渐增加。而且无论采用何种进给方式，螺纹切削刀具经常是两个或两个以上的切削刃同时参加切削，这样会产生较大的切削力，甚至容易出现扎刀、崩尖及螺纹掉牙现象。为避免上述现象发生，当螺纹牙深较大时，一般分数次进给，每次进给的背吃刀量按递减规律分配，即随着螺纹深度的增加，要相应地减小进给量。常用的螺纹切削进给次数和背吃刀量见表 8-1。

表 8-1　常用的螺纹切削进给次数和背吃刀量　　（单位：mm）

普通螺纹　牙深 = 0.6495 × *P*　（*P* 是螺纹螺距）								
螺距/mm		1.0	1.5	2.0	2.5	3.0	3.5	4.0
牙深（半径值）/mm		0.650	0.974	1.299	1.624	1.949	2.273	2.598
进给次数和背吃刀量（直径值）	1 次	0.7	0.8	0.9	1.0	1.2	1.5	1.5
	2 次	0.4	0.6	0.6	0.7	0.7	0.7	0.8
	3 次	0.2	0.4	0.6	0.6	0.6	0.6	0.6
	4 次		0.16	0.4	0.4	0.4	0.6	0.6
	5 次			0.1	0.4	0.4	0.4	0.4
	6 次				0.15	0.4	0.4	0.4
	7 次					0.2	0.2	0.4
	8 次						0.15	0.3
	9 次							0.2

（续）

英制螺纹								
牙/in		24	18	16	14	12	10	8
牙深（半径值）/in		0.678	0.904	1.016	1.162	1.355	1.626	2.033
进给次数和背吃刀量（直径值）	1次	0.398	0.399	0.396	0.397	0.450	0.496	0.598
	2次	0.20	0.30	0.30	0.30	0.30	0.35	0.35
	3次	0.08	0.15	0.25	0.25	0.30	0.30	0.30
	4次		0.055	0.070	0.150	0.200	0.200	0.250
	5次				0.065	0.105	0.200	0.250
	6次						0.08	0.200
	7次							0.085

关于表8-1的说明：

1）表中的牙深表示螺纹的单边牙深，根据车工工艺的相关知识，牙深等于0.6495×螺距。例如，螺距为2.5mm的螺纹，其牙深为0.6495×2.5mm＝1.624mm。

2）表中的进给次数和背吃刀量表示推荐螺纹直进切削法的每次进给量，背吃刀量的数值为直径值，牙深越大则进给次数越多。例如，加工螺距为2.0mm的螺纹，牙深为1.299mm，用直径值表示为2.598mm，分5次切削完成，总的背吃刀量为0.9mm＋0.6mm＋0.6mm＋0.4mm＋0.1mm＝2.6mm。

3）表中给出的进给次数和背吃刀量为推荐值，编程者可以根据自己的经验和实际情况进行选择。

4）螺纹加工前，一般应使螺纹加工表面的直径加工到实际大径（小径）。外螺纹实际大径计算式为

$$D_{实} = D - 0.13 \times P$$

内螺纹实际小径计算式为

$$D_{实} = D - P$$

（2）主轴转速的确定　数控车床加工螺纹时，因其传动链的改变，原则上其转速只要能保证主轴每转一周，刀具沿主进给轴（多为Z轴）方向位移一个螺距即可，不应受到限制。但数控车床加工螺纹时，会受到以下几方面的影响：

1）螺纹加工程序段中指定的螺距值，相当于以进给量（mm/r）表示的进给速度F，如果选择的主轴转速过高，其换算后的进给速度（mm/min）必定大大超过正常值。

2）刀具在位移过程的起点和终点，都受到伺服驱动系统升降速和数控装置插补运算速度的约束，由于升、降频特性满足不了加工需要等原因，则可能引起进给运动产生超前和滞后现象，从而导致加工出的螺距不符合要求。

3）螺纹切削必须通过主轴的同步功能实现，需要用到主轴脉冲发生器（编码器）。当主轴转速选择过高时，通过编码器发出的定位脉冲将可能因过冲而导致工件的螺纹产生乱牙现象。

根据上述现象，确定螺纹加工时的主轴转速应遵循以下几条原则：

1）在保证生产效率和正常切削的前提下，选择较低的主轴转速。

2）当螺纹加工程序段中的升速进给段和降速退刀段的长度值较大时，可选择高一些的主轴转速。

3）当编码器所规定的允许工作转速超过车床所规定的主轴最大转速时，可选择较高一些的主轴转速。

4）通常情况下，车削螺纹时的主轴转速 n 应按其车床说明书或数控系统说明书中规定的计算式进行确定，其计算式为

$$n \leqslant \frac{1200}{P} - k$$

式中 P——被加工螺纹螺距（mm）；

k——保险系数，一般取为 80。

6. 工件的装夹与切削液的选用

（1）工件的装夹　在螺纹切削过程中，无论采用何种进给方式，螺纹切削刀具经常是两个或两个以上的切削刃同时参加切削，所以在切削过程中会产生较大的切削力，容易使工件产生松动和变形现象。因此，在装夹方式上，最好采用软卡爪且增大夹持面积或者一夹一顶的装夹方式，以保证在螺纹切削过程中不会出现因工件松动导致螺纹出现乱牙现象，从而使工件报废。

对于梯形螺纹，其背吃刀量较深，切削余量大，切削力大，而且精度要求较高，加之工件一般较长，一般采用双顶尖装夹方式或一夹一顶装夹方式。粗车较大螺距时，由于切削力较大，通常采用四爪单动卡盘一夹一顶的装夹方式，以保证装夹牢固，同时使用工件的一个阶梯面靠住卡盘平面或用轴向定位块限制，固定工件的轴向位置，以防切削力过大，使工件轴向位移而车坏螺纹。

（2）切削液的选用　螺纹加工多为粗、精加工同时完成，要求精度较高。因此，选用合适的切削液能够进一步提高加工质量，对于一些特殊材料的加工更是如此。根据工件材料的不同，切削液的选用也有所区别，螺纹加工切削液的选用见表 8-2。

表 8-2　螺纹加工切削液的选用

工件材料	碳钢	合金钢	不锈钢及耐热钢	铸铁与黄铜	青铜	铝及铝合金
切削液的选用	1. 硫化乳化液 2. 氧化煤油 3. 煤油 75%，油酸或植物油 25% 4. 压气油 70%，氧化石蜡 30%		1. 氧化煤油 2. 硫化切削油 3. 煤油 60%，松节油 20%，油酸 20% 4. 硫化油 60%，煤油 25%，油酸 15% 5. 四氯化碳 90%，猪油或菜油等	1. 一般不用 2. 煤油（用于铸铁）或菜油（用于黄铜）	1. 一般不用 2. 菜油	1. 硫化油 30%，煤油 15%，2 号或 3 号锭子油 55% 2. 硫化油 30%，煤油 15%，硫酸 30%，2 号或 3 号锭子油 25%

注：其中的百分数均为质量分数。

二、螺纹类零件加工工艺分析示例

车削如图 8-6 所示的螺纹类零件。

1. 工艺分析

（1）零件图样分析　该零件比较简单，右端为 M30mm × 1.5mm 的三角形螺纹、一个宽

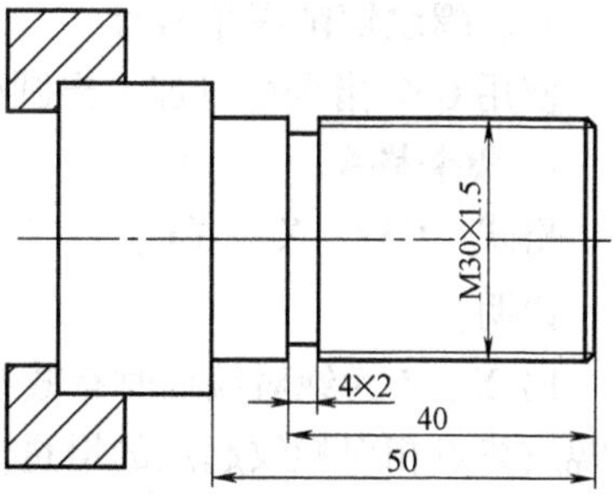

图 8-6 螺纹类零件

4mm 的退刀槽、一个圆柱面，左端为不加工的夹持端。因此需要选择三把刀具，包括外圆车刀、车槽刀、螺纹车刀。

零件图样中的螺纹标注是 M30×1.5，表示螺纹公称直径为 ϕ30mm，螺纹螺距为 1.5mm。采用直进切削法进给加工。

（2）工艺尺寸计算　螺纹大径在车削外圆轮廓时车削出来，外圆轮廓应车削到的尺寸为

$$D = 公称直径 - 0.13 \times P$$

即 $D = 30\text{mm} - 0.13 \times 1.5\text{mm} = 29.805\text{mm}$。

螺纹底径应车削到的尺寸为

$$D = 公称直径 - 1.3 \times P$$

即 $D = 30\text{mm} - 1.3 \times 1.5\text{mm} = 28.05\text{mm}$。

2. 加工工艺路线

1）用三爪自定心卡盘夹持工件左端。

2）用外圆车刀车削加工外圆轮廓至 29.74mm。

3）车槽刀加工 4mm 的退刀槽。

4）螺纹车刀车削螺纹，分四次进给，第一次背吃刀量为 0.8mm，第二次背吃刀量为 0.6mm，第三次背吃刀量为 0.4mm，第四次背吃刀量为 0.16mm。

第二节　编 程 指 令

学习目标

1. 理解并掌握螺纹编程指令的概念。
2. 掌握每个螺纹编程指令的格式。
3. 灵活应用每个螺纹编程指令编写螺纹加工程序。

华中 HNC—21T 系统的螺纹切削指令见表 8-3。

表 8-3　华中 HNC—21T 系统的螺纹切削指令

指令名称	编 程 格 式	进给方式
螺纹切削（G32）	G32　X_　Z_　F_	直进切削法
螺纹切削固定循环（G82）	G82　X_　Z_　F_	直进切削法
螺纹切削复合循环（G76）	G76　C（c）　R（r）　E（e）　A（a）　X（x）　Z（z）　I（i）　K（k）　U（d）　V（Δd_{min}）　Q（Δd）　P（p）　F（L）	斜进切削法

一、螺纹切削指令 G32

使用 G32 指令可以加工出圆柱螺纹、圆锥螺纹和端面螺纹。

1. 指令格式

格式：G32 X (U)_ Z (W)_ R_ E_ P_ F_

说明：

1）X、Z 为绝对编程时有效螺纹终点在工件坐标系中的坐标值。U、W 为增量编程时有效螺纹终点相对螺纹起点的增量。F 为螺纹的导程，即主轴每转一周，刀具相对工件的进给值。R、E 为螺纹切削的退尾量。R 为 Z 轴方向退尾量；E 为 X 轴方向退尾量。R、E 在绝对编程或增量编程时都是以增量方式指定，其值如果为正，表示沿 Z 轴正向、X 轴正向退尾；反之其值为负，表示沿 Z 轴负向、X 轴负向退尾。使用 R、E 可以免去退刀槽，R、E 也可省略，表示不用回退功能。R 一般取 0.75～1.75 倍的螺距，E 取螺纹的牙型高。P 为主轴基准脉冲处距离螺纹切削起始点的主轴转角，默认值为 0 时，可省略不写。

2）从螺纹粗加工到精加工，主轴的转速必须保持一致。

3）在螺纹加工轨迹中应设置足够的升速进给段和降速退刀段，以消除伺服系统滞后造成的螺距误差。

4）使用螺纹切削指令完成一次螺纹切削动作必须具备四个指令动作：G00 指令（X 轴方向进给至螺纹起点）→G32 指令（螺纹切削）→G00 指令（X 轴方向退刀）→G00 指令（Z 轴方向退刀）。其螺纹切削进给路线如图 8-7 所示。

2. 编程示例

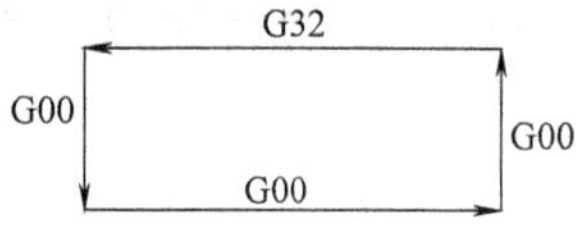

图 8-7 螺纹切削进给路线

如图 8-6 所示的圆柱螺纹类零件，外圆柱面与退刀槽均已加工到尺寸要求，用 G32 螺纹切削指令编写螺纹加工程序。设升速进给段 $\delta_1 = 3mm$，降速退刀段 $\delta_2 = 2mm$。每次背吃刀量（直径值）分别为 0.8mm、0.6mm、0.4mm 和 0.16mm。

参考程序如下：

```
%8001
N01  T0101              (设立坐标系，选一号刀)
N02  G00  X40  Z3       (移到起始点的位置)
N03  M03  S400          (主轴以 400r/min 旋转)
N04  G00  X29.2  Z3     (到螺纹起点，升速进给段为 3mm，背吃刀量为 0.8mm)
N05  G32  Z-38  F1.5    (切削螺纹到螺纹切削终点，降速退刀段为 2mm)
N06  G00  X40           (X 轴方向快退)
N07       Z3            (Z 轴方向快退到螺纹起点处)
N08       X28.6         (X 轴方向快进到螺纹起点处，背吃刀量为 0.6mm)
N09  G32  Z-38  F1.5    (切削螺纹到螺纹切削终点)
N10  G00  X40           (X 轴方向快退)
N11       Z3            (Z 轴方向快退到螺纹起点处)
N12       X28.2         (X 轴方向快进到螺纹起点处，背吃刀量为 0.4mm)
N13  G32  Z-38  F1.5    (切削螺纹到螺纹切削终点)
N14  G00  X40           (X 轴方向快退)
```

N15　　Z3　　(Z 轴方向快退到螺纹起点处)
N16　　X28.04　　(X 轴方向快进到螺纹起点处，背吃刀量为 0.16mm)
N17　G32　Z-38　F1.5 (切削螺纹到螺纹切削终点)
N18　G00　X40　　(X 轴方向快退)
N19　　X100　Z100　(回换刀点)
N20　M05　　(主轴停止)
N21　M30　　(主程序结束)

二、螺纹切削固定循环指令 G82

通过 G32 指令编程示例可以看到，使用 G32 指令编写螺纹加工程序是一项非常繁琐的事情，比如编写分 4 次背吃刀量的螺纹就需要 16（4×4=16）行程序。因此需要用简化的螺纹加工指令来编程。螺纹切削固定循环指令 G82 大大简化了螺纹程序的编写。

1. 直螺纹切削循环

(1) 指令格式

格式：G82　X（U）_　Z（W）_　R_　E_　C_　P_　F_

说明：X、Z 为绝对编程时有效螺纹终点在工件坐标系中的坐标值。U、W 为增量编程时螺纹终点 C 相对于循环起点 A 的有向距离，其符号由轨迹 1 和 2 的方向确定，如图 8-8 所示。R、E 为螺纹切削的退尾量。R、E 均为向量，R 为 Z 轴方向回退量，E 为 X 轴方向回退量，R、E 可以省略，表示不用回退功能。C 为螺纹线数，值为 1 时表示单线螺纹，可省略不写。P 为单线螺纹切削时，主轴基准脉冲处距离切削起始点的主轴转角（缺省值为 0）；或多线螺纹切削时，相邻螺旋线的切削起始点之间对应的转角。F 为螺纹导程。

执行该指令时，螺纹加工的进给轨迹为 A→B→C→D→A。在螺纹加工过程中，刀具先沿 X 轴进给至 B 点，第二步沿 Z 轴切削螺纹，当到达 C 点时启动螺纹回退，第三步刀具沿 X 轴退至 X 初始坐标位置 D 点，第四步沿 Z 轴退刀至初始坐标位置 A 点，完成螺纹指令的一次循环加工。

(2) 编程示例

如图 8-9 所示的圆柱螺纹类零件，外圆柱面与退刀槽均已加工到尺寸要求，用 G82 螺纹切削固定循环指令编写螺纹加工程序。设升速进给段 $\delta_1=3$mm，降速退刀段 $\delta_2=2$mm。

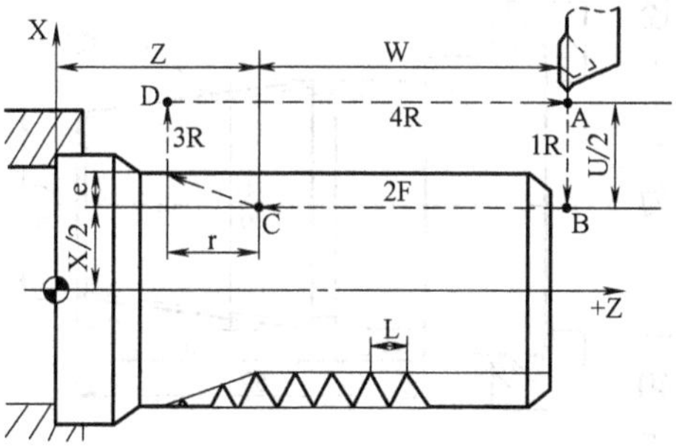

图 8-8　G82 螺纹切削固定循环指令

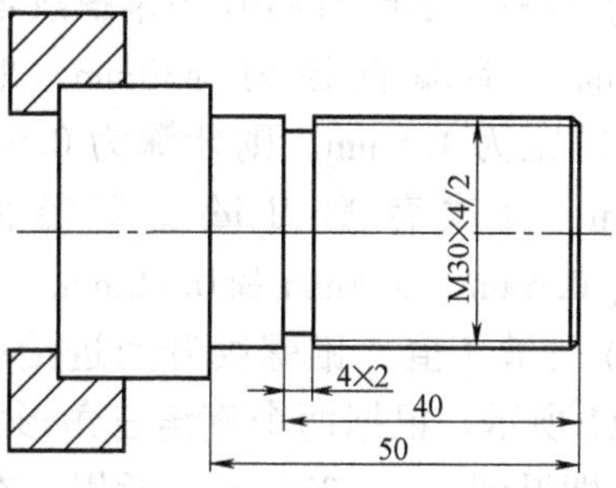

图 8-9　G82 指令编程示例

(1) 分析　零件图样中的螺纹标注是 M30×4/2，表示螺纹为双线螺纹，螺纹公称直径

为 ϕ30mm，螺纹导程为 4mm，螺纹螺距为 2mm，牙深为 0.65 × 2mm = 1.3mm，每次背吃刀量（直径值）分别为 0.9mm、0.6mm、0.6mm、0.4mm 和 0.1mm。

（2）参考程序

```
%8002
N01  T0101                                    （设立坐标系，选 1 号刀）
N02  G00  X40    Z3                           （移到循环起始点的位置）
N03  M03  S400                                （主轴以 400r/min 旋转）
N04  G82  X29.1  Z-38  C2  P180  F4           （第 1 次循环切削螺纹，背吃刀量为 0.9mm）
N05       X28.5  Z-38  C2  P180  F4           （第 2 次循环切削螺纹，背吃刀量为 0.6mm）
N06       X27.9  Z-38  C2  P180  F4           （第 3 次循环切削螺纹，背吃刀量为 0.6mm）
N07       X27.5  Z-38  C2  P180  F4           （第 4 次循环切削螺纹，背吃刀量为 0.4mm）
N08       X27.4  Z-38  C2  P180  F4           （第 5 次循环切削螺纹，背吃刀量为 0.1mm）
N09  G00  X100   Z100                         （回换刀点）
N10  M05                                      （主轴停止）
N11  M30                                      （主程序结束）
```

2. 锥螺纹切削循环

（1）指令格式

格式：G82　X（U）_　Z（W）_　I_　R_　E_　C_　P_　F_

说明：

1）I 为螺纹起点与螺纹终点的半径差，即表示锥螺纹单边锥度差值，其符号为差的符号。其余的程序字的含义与直螺纹切削循环指令相同。

2）加工螺纹时有升速进给段和降速退刀段，因此锥螺纹的锥度值（I）就不能仅仅按照图样上所标注的大端尺寸与小端尺寸来计算，而应该把升速进给段和降速退刀段同时考虑进去。

（2）编程示例

如图 8-10 所示的圆锥螺纹类零件，外圆柱面、圆锥面与退刀槽均已加工到尺寸要求，用 G82 螺纹切削固定循环指令编写锥螺纹加工程序。设升速进给段 δ_1 = 3mm，降速退刀段 δ_2 = 2mm。

（1）分析　零件图 8-10 中锥螺纹零件大端直径为 ϕ40mm，小端直径为 ϕ30mm，螺纹锥长为 40mm，螺距为 1.5mm，则牙深为 0.65 × 1.5mm = 0.975mm，每次背吃刀量（直径值）分别为 0.8mm、0.6mm、0.4mm 和 0.16mm。

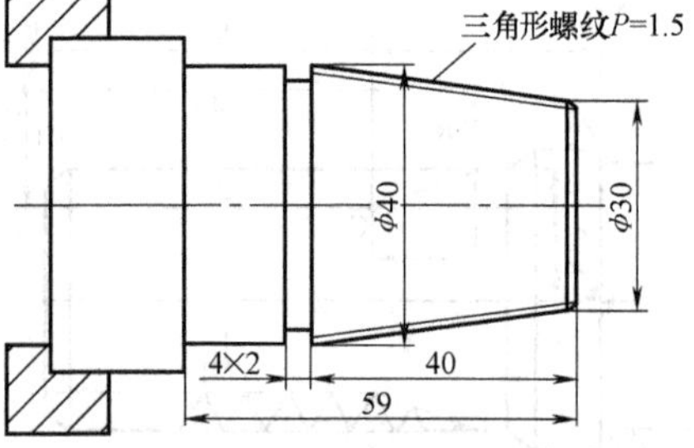

图 8-10　锥螺纹编程示例

（2）计算 I 值　锥螺纹升速进给距离为 3mm，如图 8-11 所示。根据两个直角三角形相似有 43/40 = h/5，即得到 h = 5.375mm，所以，在螺纹起点 Z = 3 处的直径为 40mm − 5.375mm × 2 = 29.25mm。

锥螺纹降速退刀距离为 2mm，如图 8-12 所示。根据两个直角三角形相似有 42/40 = H/5，即得到 H = 5.25mm，所以，在螺纹终点 Z = −42 处的直径为 30mm + 5.25mm × 2 =

40.5mm。

因此得到 I = (29.25mm - 40.5mm) /2 = -5.625mm。

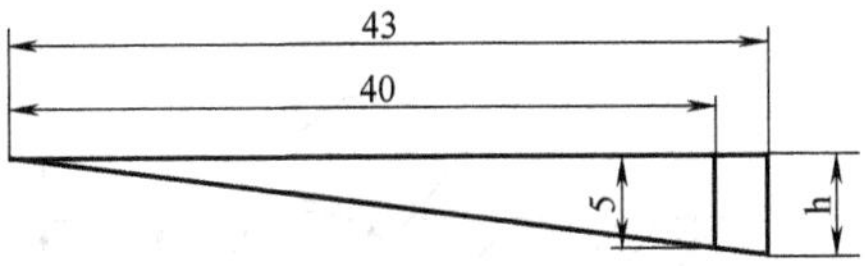

图 8-11 几何分析（一）

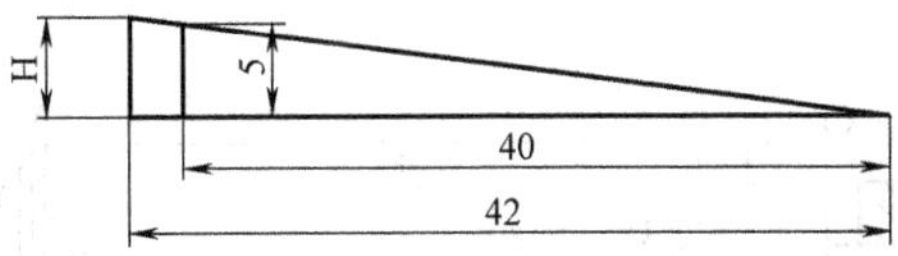

图 8-12 几何分析（二）

(3) 参考程序

```
%8003
N01  T0303                                   (设立坐标系，选 3 号刀)
N02  G00  X45  Z3                            (移到循环起始点的位置)
N03  M03  S400                               (主轴以 400r/min 旋转)
N04  G82  X39.7  Z-42  I-5.625  F1.5         (第 1 次循环切削螺纹，背吃刀量为 0.8mm)
N05       X39.1  Z-42  I-5.625  F1.5         (第 2 次循环切削螺纹，背吃刀量为 0.6mm)
N06       X38.7  Z-42  I-5.625  F1.5         (第 3 次循环切削螺纹，背吃刀量为 0.4mm)
N07       X38.54  Z-42  I-5.625  F1.5        (第 4 次循环切削螺纹，背吃刀量为 0.16mm)
N08  G00  X100  Z100                         (回换刀点)
N09  M05                                     (主轴停止)
N10  M30                                     (主程序结束)
```

三、螺纹切削复合循环指令 G76

螺纹切削指令 G32、螺纹切削固定循环指令 G82 在加工螺纹时都采用的是直进切削法，适合于小螺距的三角形螺纹加工。当螺距较大或者为梯形螺纹时，再用直进切削法就很容易出现扎刀现象。因此就需要采用斜进切削法或左右切削法来加工。螺纹切削复合循环指令 G76 的进给方式为斜进切削法，且进给量依次递减，是避免大螺距和梯形螺纹出现扎刀现象的好方法。

1. 指令格式

格式：G76 C (c) R (r) E (e) A (a) X (x) Z (z) I (i) K (k) U (d) V (Δd_{min}) Q (Δd) P (p) F (L)

说明：

1) c 为精整次数（1~99），模态值。r 为螺纹 Z 轴方向退尾长度（00~99），模态值。e 为螺纹 X 轴方向退尾长度（00~99），模态值。a 为刀尖角度（二位数字），模态值（在 80°、60°、55°、30°、29°和 0°六个角度中选一个）。x、z 为绝对值编程时有效螺纹终点的坐标值。i 为螺纹两端的半径差。例如 i=0，则为直螺纹（圆柱螺纹）切削方式。k 为螺纹高度（半径值）。d 为精加工余量（半径值）。Δd_{min}为最小背吃刀量（半径值）。当第 n 次背吃刀量（$\Delta d\sqrt{n}-\Delta d\sqrt{n-1}$）小于 Δd_{min}时，则背吃刀量设定为 Δd_{min}。Δd 为第一次背吃刀量（半径值）。p 为主轴基准脉冲处距离切削起始点的主轴转角。L 为螺纹导程。

2) 螺纹切削复合循环指令 G76 的加工轨迹如图 8-13 所示。

3）G76 指令进给方式为斜进切削法车削螺纹，切削时为单边切削，减小了刀尖的受力。第一次切削时背吃刀量为 Δd，第 n 次的总背吃刀量为 $\Delta d\sqrt{n}$，每次循环的背吃刀量为 $\Delta d(\sqrt{n}-\sqrt{n-1})$，如图 8-14 所示。

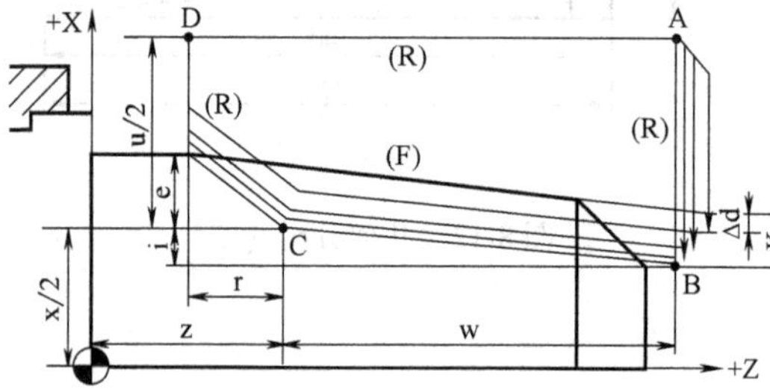

图 8-13　G76 指令加工轨迹

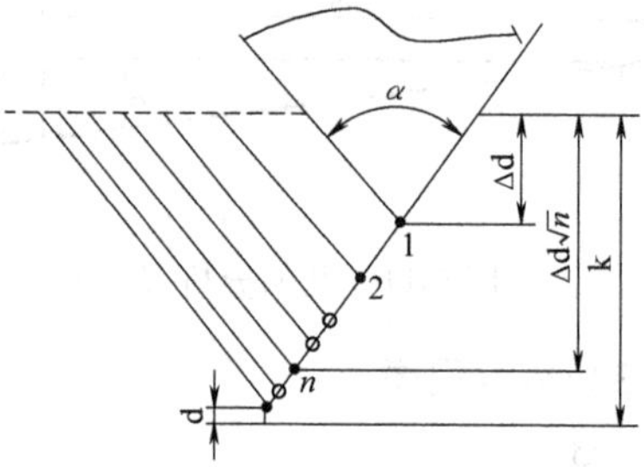

图 8-14　斜进切削法的背吃刀量

2. 编程示例

如图 8-15 所示的梯形螺纹零件，外圆柱面与退刀槽均已加工到尺寸要求，用 G76 指令编写梯形螺纹加工程序。设升速进给段 $\delta_1=6\text{mm}$，降速退刀段 $\delta_2=6\text{mm}$。

（1）分析　图 8-15 中梯形螺纹零件的公称直径为 ϕ36mm，螺纹螺距为 6mm，螺纹有效长度为 60mm。当 $P=6\sim12\text{mm}$ 时，牙顶间隙 a_c 取值为 0.5mm，则牙高 $h_3=0.5P+a_c=0.5\times6\text{mm}+0.5\text{mm}=3.5\text{mm}$，底径 $d_3=d-2h_3=36\text{mm}-2\times3.5\text{mm}=29\text{mm}$。

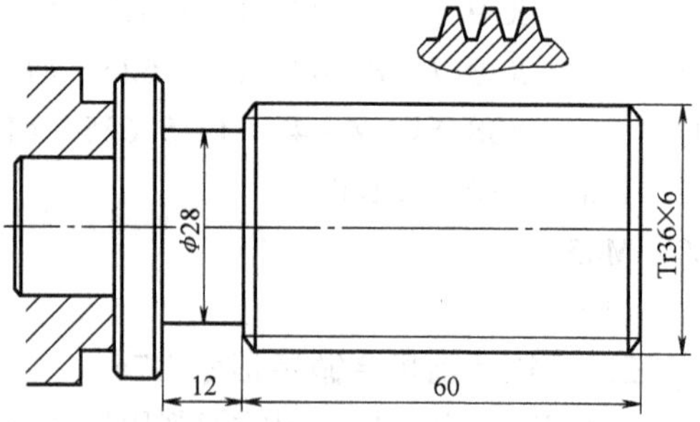

图 8-15　梯形螺纹编程示例

（2）参考程序

```
%8004
N01  T0303                                           （设立坐标系，选 3 号刀）
N02  G00  X45  Z6                                    （移到循环起始点的位置）
N03  M03  S400                                       （主轴以 400r/min 旋转）
N04  G76  C2  A30  X29  Z-66  K3.5  U0.7  V0.05  Q0.1  F6
                                                     （螺纹切削复合循环）
N05  G00  X100  Z100                                 （回换刀点）
N06  M05                                             （主轴停止）
N07  M30                                             （主程序结束）
```

其中，螺纹加工参数包括精加工 2 次，螺纹坐标为（29，-66），牙高为 3.5mm，第一次背吃刀量为 0.7mm，最小背吃刀量为 0.05mm，精加工余量为 0.1mm，导程为 6mm，若数值为 0 的可以省略不写。

第三节　螺纹类零件的加工示例

学习目标

1. 了解螺纹加工工艺分析。
2. 了解螺纹车削加工过程。
3. 掌握数控车床加工螺纹的方法。

一、螺纹加工示例

在数控车床上加工如图 8-16 所示零件，毛坯为 ϕ45mm ×90mm 的棒料，材料为 45 钢，试分析零件的加工工艺，编写其数控车床加工程序并进行加工。

二、螺纹加工工艺分析

1. 加工工艺分析

从零件的轮廓来看，有圆柱面、圆锥面、圆弧面、凹槽及螺纹，并且圆弧面为凹圆弧面。零件毛坯为棒料，加工余量比较多，因此用 G71 指令加工轮廓，且加工轮廓时要调头两次装夹。第一次装夹零件时，采用三爪自定心卡盘装夹零件左端，加工零件右端 ϕ28mm、ϕ42mm 圆柱面；第二次调头装夹零件时，用三爪自定心卡盘配软爪夹持零件右端 ϕ28mm 圆柱面，加工零件左端轮廓、退刀槽及螺纹。

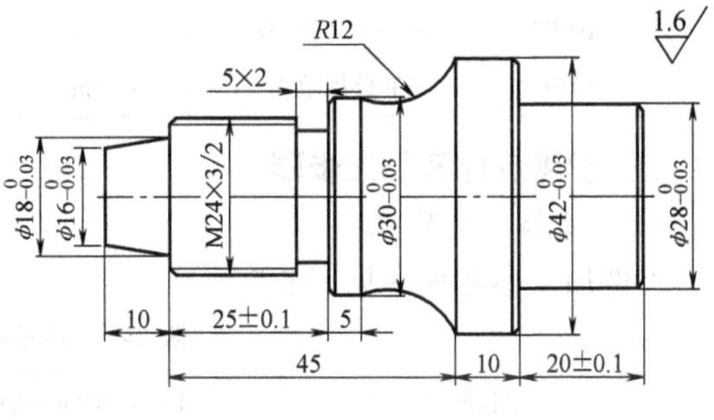

图 8-16　加工零件图

2. 工艺计算

零件图样中的螺纹标注是 M24 ×3/2，表示螺纹为双线螺纹，螺纹公称直径为 ϕ24mm，螺纹导程为 3mm，螺纹螺距为 1.5mm，牙深为 0.65 × 1.5mm = 0.975mm，每次背吃刀量（直径值）分别为 0.80mm、0.60mm、0.40mm 和 0.16mm。

螺纹大径在车削外圆轮廓时车出来，外圆轮廓应车削到的尺寸为

$$D = 公称直径 - 0.13 \times P$$

即 $D = 24\text{mm} - 0.13 \times 1.5\text{mm} = 23.805\text{mm}$。

螺纹底径应车削到的尺寸为

$$D = 公称直径 - 1.3 \times P$$

即 $D = 24\text{mm} - 1.3 \times 1.5\text{mm} = 22.05\text{mm}$。

3. 确定车削加工工艺路线

1）第一次装夹，车削零件右端面及 ϕ28mm、ϕ42mm 圆柱面至尺寸要求。

2）调头装夹，用软爪夹持 ϕ28mm 外圆面，车削左端面，保证总长至尺寸要求。

3）粗、精加工零件左端轮廓至尺寸要求。

4）车削宽为5mm的沟槽。

5）车削螺纹。

4. 刀具及切削用量的选择

零件右端 ϕ28mm、ϕ42mm圆柱面的粗、精加工及端面车削可选择主偏角为93°的外圆机夹车刀，刀片选择55°菱形刀片。左端轮廓加工要选择主偏角为93°的外圆机夹车刀，刀片选择35°菱形刀片，注意选择刀片的副偏角要大些，车刀的副切削刃不要和已加工好的轮廓面干涉，以免产生过切现象。刀具及切削参数见表8-4。

表8-4 刀具卡（八）

实训课题		螺纹类零件的编程与加工	零件名称	螺纹类零件	零件图号	图8-16	
序号	刀具号	刀具名称及规格	刀尖圆弧半径	数量	加工内容	转速 /（r/min）	进给量 /（mm/r）
1	T0101	93°外圆车刀 刀片55°	0.2mm	1	右端轮廓面及端面	粗800 精1500	粗0.2 精0.1
2	T0202	93°外圆车刀 刀片35°	0.2mm	1	左端轮廓面及端面	粗800 精1500	粗0.2 精0.1
3	T0303	3mm外切槽刀	0.1mm	1	槽	400	0.1
4	T0101	60°外螺纹刀	0 mm	1	螺纹	600	F=3

三、参考程序及加工步骤

1. 工件加工参考程序

工件加工参考程序见表8-5。

表8-5 参考程序卡（九）

数控车床程序卡	编程原点	工件右端面与轴线交点			编程系统	HNC—21T/22T
	零件名称	螺纹类零件	零件图号	图8-16	材 料	45钢
	机床型号	CJK6136	夹具名称	三爪自定心卡盘	实训车间	数控中心

工序一：用三爪自定心卡盘夹持毛坯外圆，找正并夹牢，车削右端 ϕ28mm、ϕ42mm轮廓面及端面

程序号	程 序	简 要 说 明
序号	%8005	程序名
N010	T0101	调用1号93°外圆车刀，1号刀偏
N020	M03 S800	主轴正转，转速为800r/min
N030	G95 G00 X50 Z0 M08	快速进给至起刀点，打开切削液
N040	G01 X-1 F0.1	车削端面
N050	G00 X46 Z2	退回到循环起点
N060	G71 U2 R1 P70 Q130 X0.5 Z0 F0.2	外径/内径车削复合循环程序
N070	G00 X22 S1500	右端轮廓精加工程序
N080	G01 X28 Z-1 F0.1	
N090	Z-20	

（续）

数控车床程序卡	编程原点	工件右端面与轴线交点			编程系统	HNC—21T/22T
	零件名称	螺纹类零件	零件图号	图 8-16	材　料	45 钢
	机床型号	CJK6136	夹具名称	三爪自定心卡盘	实训车间	数控中心

工序一：用三爪自定心卡盘夹持毛坯外圆，找正并夹牢，车削右端 ϕ28mm、ϕ42mm 轮廓面及端面

程序号	程　　序	简　要　说　明
序号	%8005	程序名
N100	X40	右端轮廓精加工程序
N110	X42　Z－21	
N120	Z－40	
N130	X45	
N140	G00　X120	退刀
N150	Z100	退刀至换刀点
N160	M05	主轴停止
N170	M30	程序结束

工序二：调头，用三爪自定心卡盘夹 ϕ28mm 外圆，找正保证同轴度，车削左端轮廓、退刀槽及螺纹

程序号	程　　序	简　要　说　明
序号	%8006	程序名
N010	T0202	调用 2 号 93°外圆车刀，2 号刀偏
N020	M03　S800	主轴正转，转速为 800r/min
N030	G00　G95　X50　Z0　M08	快速进给至起刀点，打开切削液
N040	G01　X－1　F0.1	车削端面
N050	G00　X46　Z2	退回到循环起点
N060	G73　U17　W0　R10　P70　Q160　X0.5　Z0　F0.2	闭环车削复合循环程序
N070	G42　G00　X12　S1500	左端轮廓精加工程序
N080	G01　X18　Z－10　F0.1	
N090	X22	
N100	X23.805　W－1	
N110	Z－35	
N120	X28	
N130	X30　W－1	
N140	Z－40	
N150	G02　X42　Z－55　R12	
N160	G01　X45	
N180	G40　G00　X120　Z50	返回换刀点
N190	M05	主轴停止
N200	T0303	换 3 号切槽刀，调 3 号刀偏
N210	M03　S400	选择转速为 400r/min
N220	G95　G00　X32　Z－33	快速定位至槽位置
N230	G01　X20.5　F0.1	加工 5mm 槽
N240	X32	

（续）

数控车床程序卡	编程原点	工件右端面与轴线交点			编程系统	HNC—21T/22T
	零件名称	螺纹类零件	零件图号	图 8-16	材　料	45 钢
	机床型号	CJK6136	夹具名称	三爪自定心卡盘	实训车间	数控中心
工序二：调头，用三爪自定心卡盘夹 ϕ28mm 外圆，找正保证同轴度，车削左端轮廓、退刀槽及螺纹						

程序号	程　　序	简 要 说 明
序号	%8006	程序名
N250	Z－35	加工 5mm 槽
N260	X20	
N270	Z－33	
N280	X32	
N290	G00　X100　Z50	返回换刀点
N300	M05	主轴停止
N310	T0404	换 4 号螺纹刀，调 4 号刀偏
N320	M03　S600	选择转速为 600r/min
N330	G95　G00　X30　Z－7	快速定位至螺纹起点位置
N340	G82　X23.2　Z－33　C2　P180　F3	分 4 次车削双线螺纹
N350	X22.6　Z－33　C2　P180　F3	
N360	X22.2　Z－33　C2　P180　F3	
N370	X22.04　Z－33　C2　P180　F3	
N380	G00　X120　Z50	返回刀具换刀点
N390	M30	程序结束

2. 螺纹零件的加工步骤

1）开启机床。先将“急停”钮关闭，打开电源开关，然后再将“急停”钮打开，使系统处在开始工作状态。按下“回零”键，使机床首先回到机床参考点，以建立机床坐标系。

2）安装刀具和毛坯。找正并夹紧工件。安装刀具时，刀具的安装位置应和编辑程序中的刀具号对应。装刀时，注意各刀具应对准工件中心，各刀具伸出长度应适当，刀具压紧时前后螺钉应同时压紧。螺纹刀安装时使用对刀样板。

3）输入程序。将加工工件的两个程序分别输入数控系统，注意新建文件名开头用“O”表示，程序输入完进行保存。

4）1 号刀对刀并输入刀偏值。应使用手摇脉冲发生器对刀，无论 X 轴方向或者 Z 轴方向试切削完成后都不要动，退向另外一个方向，然后停机测量，将实际尺寸输入数控系统。

5）调用右端加工程序，单击“循环启动”键进行工件右端面及 ϕ28mm、ϕ42mm 圆柱面的加工。

6）调头，用三爪自定心卡盘垫铜皮夹持工件 ϕ32mm 外圆，用划线盘找正工件外圆，然后夹紧工件。

7）2 号外圆刀、切槽刀、螺纹刀对刀并输入刀偏值。注意刀偏号的对应关系。

8）调用左端加工程序，单击“循环启动”键进行工件左端轮廓、退刀槽及螺纹的加工。

9）加工完毕，卸下工件，打扫机床卫生。

第四节 螺纹类零件的质量检验与分析

学习目标

1. 掌握螺纹的测量方法。
2. 了解螺纹加工中的注意事项。
3. 了解螺纹加工中常见问题及产生原因。

一、螺纹的测量

标准螺纹应具有互换性，特别对螺距、中径尺寸要严格控制，否则螺纹副将无法配合。根据不同的质量要求和生产批量的大小，可选择不同的测量方法，常见的测量方法有单项测量法和综合测量法。

1. 单项测量法

单项测量法是选择合适的量具测量螺纹的某一项参数的精度。常见的有顶径测量、螺距测量、中径测量。

（1）顶径测量　由于螺纹的顶径公差较大，一般只需用游标卡尺测量，梯形螺纹的顶径测量也一样。

（2）螺距测量　螺距测量可用螺距规或金属直尺测量。用金属直尺测量时，可多测几个螺距长度，然后取其平均值，梯形螺纹的螺距测量也一样。用螺距规测量时，应将螺距规沿着通过工件轴线的平面方向嵌入牙槽中，如完全吻合，则说明被测螺距是正确的，如图 8-17 所示螺距 $P=1.5$mm。

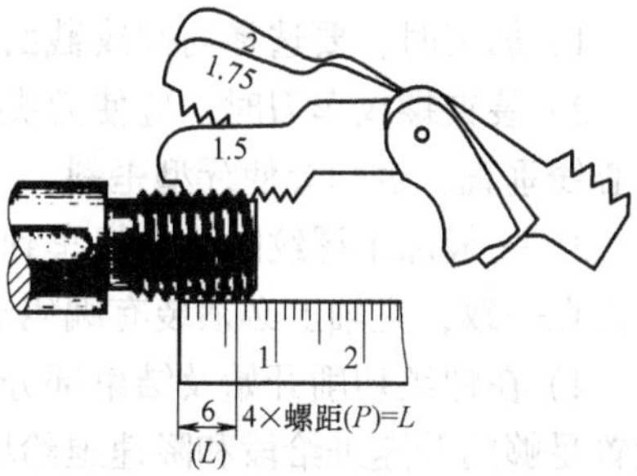

图 8-17　螺距规（金属直尺）测量螺距

（3）中径测量　三角形螺纹的中径可用螺纹千分尺测量，在测量时，两个与螺纹牙型角相同的测量头正好卡在螺纹牙两侧，所得到的千分尺读数就是螺纹中径的实际尺寸，如图 8-18 所示。螺纹千分尺的结构和使用方法与一般千分尺相似，其读数原理也与一般千分尺相同，只是它有两个可以调整的测量头（上测量头、下测量头）。梯形螺纹的中径可采用三针测量，它是一种比较精密的测量方法，适用于测量

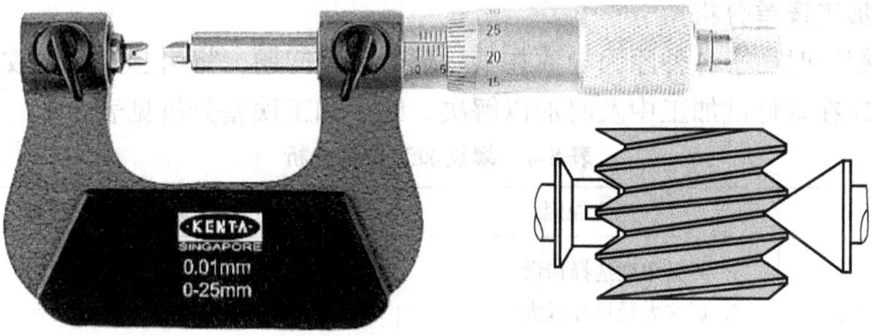

图 8-18　螺纹千分尺测量中径

精度要求较高、螺纹升角小于4°的三角形螺纹、梯形螺纹和蜗杆的中径测量。

2. 综合测量法

综合测量法是采用螺纹量规对螺纹各部分主要尺寸同时进行综合检验的一种测量方法。这种方法效率高、使用方便，能保证较好的互换性，广泛应用于对标准螺纹或大批量生产的螺纹工件的测量中。一般标准螺纹都采用螺纹环规或螺纹塞规来测量。测量外螺纹时，如果螺纹“通端”环规正好旋进，而“止端”环规旋不进，则说明所加工的螺纹符合要求，反之就不合格，如图8-19所示。测量内螺纹时，采用螺纹塞规以相同的方法进行测量，如图8-20所示。

图8-19　螺纹环规

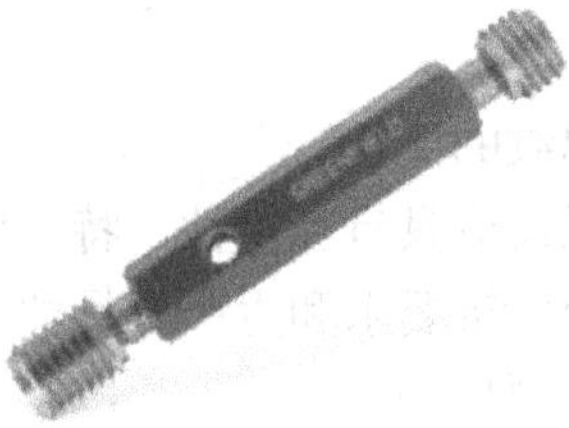

图8-20　螺纹塞规

二、螺纹加工的注意事项

1）加工时，要选择与螺纹截面形状相同、角度一致的螺纹车刀。

2）装夹螺纹车刀时，应使刀尖与工件中心等高，并使车刀刀尖角的对称中心线与工件中心线垂直，否则会使牙型歪斜。

3）一般加工螺纹时，从粗车到精车，用同一轨迹要进行多次螺纹切削。要保证每次的起刀点一致，主轴上必须装有编码器。

4）在螺纹切削开始及结束部分，由于伺服系统的滞后会使导程发生变化。在加工时应设置足够的升速进给段和降速退给段。

5）从螺纹粗加工到精加工，主轴的转速必须保持一致。

6）在车削端面螺纹和锥螺纹时，不能进行恒线速度控制。由于切削速度发生改变，会很难保证正确的螺纹导程。

7）在主轴没有停止的情况下，停止螺纹加工是很危险的。因此，螺纹加工时进给保持无效，按下“进给保持”键刀具在加工完成后停止运动。

8）在车削螺纹中进给倍率无效，固定在100%。

三、螺纹加工误差分析

实际车削螺纹时由于各种原因导致在某一环节出现问题，将引起车削螺纹产生故障，影响正常生产，应在首件试加工中及时加以解决。螺纹加工误差分析见表8-6。

表8-6　螺纹加工误差分析

问题现象	产生原因	预防和消除措施
螺纹牙顶呈刀口状	1. 刀具角度选择错误 2. 螺纹大径尺寸过大 3. 螺纹切削过深	1. 选择正确的刀具角度 2. 检查并选择合适的大径尺寸 3. 减小螺纹背吃刀量

（续）

问题现象	产生原因	预防和消除措施
螺纹牙型过平	1. 刀具中心错误 2. 螺纹背吃刀量过小 3. 刀具牙型角度过小 4. 螺纹大径尺寸过小	1. 选择合适的刀具并调整刀具中心的高度 2. 计算并增加背吃刀量 3. 适当增大刀具牙型角 4. 检查并选择合适的大径尺寸
螺纹牙型底部圆弧过大	1. 刀具选择错误 2. 刀具磨损严重	1. 选择正确的刀具 2. 重新刃磨或更换刀片
螺纹牙型底部过宽	1. 刀具选择错误 2. 刀具磨损严重 3. 螺纹有乱牙现象	1. 选择正确的刀具 2. 重新刃磨或更换刀片 3. 检查加工程序中有无导致乱牙的原因；检查主轴脉冲发生器是否松动、损坏；检查Z轴丝杠是否有窜动现象
螺纹牙型半角不正确	刀具安装角度不正确	调整刀具安装角度
螺纹表面质量差	1. 切削速度过低 2. 刀具中心过高 3. 刀尖产生积屑瘤 4. 切削液选用不合理	1. 调高主轴转速 2. 调整刀具中心高度 3. 选择合理的进给方式及背吃刀量 4. 选择合适的切削液并充分喷注
螺距误差	1. 伺服系统滞后效应 2. 加工程序不正确	1. 增加螺纹切削升、降速段的长度 2. 检查、修改加工程序

思考题

1. 简述螺纹切削进给方式有哪些？螺纹编程G32指令、G82指令和G76指令分别属于哪种进给方式？

2. 简述G32指令、G82指令和G76指令的格式及各参数的含义。

3. 加工如图8-21所示的零件。

4. 加工如图8-22所示的零件。

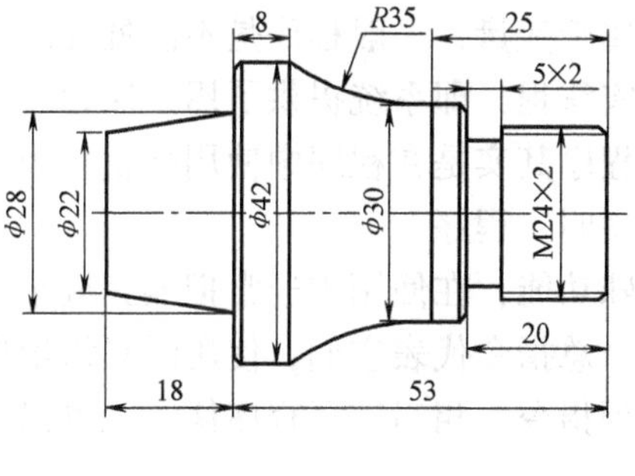

图8-21　思考题3

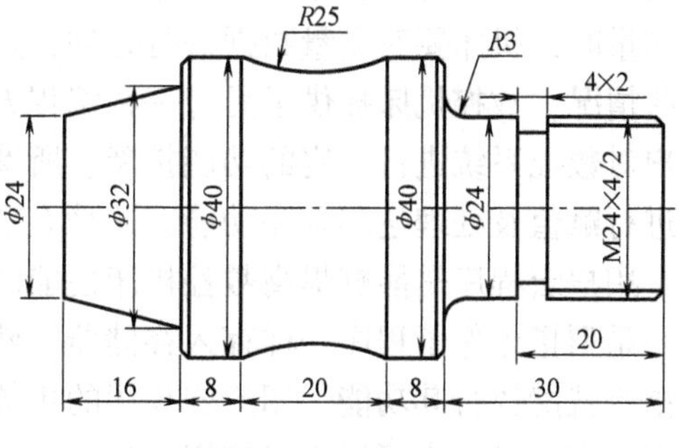

图8-22　思考题4

第九章 非圆曲线轮廓零件的编程与加工

在加工零件时，往往有一些非圆的曲线轮廓面，如椭圆面、抛物线轮廓面等，编写这些零件的加工程序时，要用直线段拟合的方法来完成加工，这就需要逐点计算出曲线上各个点的坐标值，然后用直线插补指令功能拟合出加工轮廓。这样计算的工作量非常大，而且如果零件的表面质量和形状精度要求很高，则需要计算出更多点的坐标值。基于这种情况，应用宏程序编程可以大大减少编程的工作量。

第一节　宏程序基础知识

学习目标

1. 了解宏程序的应用范围。
2. 掌握宏程序高级语言的功能。
3. 掌握宏指令编程技巧。

一、概述

数控指令一般是指 ISO 代码编程，在一般的程序中，程序功能字为常量即每个代码的功能是固定的，只能描述固定形状，缺乏灵活性和适用性。若能用改变参数的方法使同一程序能加工形状属性相同但尺寸参数不同的零件，加工就会非常方便，也能提高可靠性。加工不规则形状的零件时，机床可能要做非圆曲线运动，一般手工编程达不到技术要求。在进行自动测量时，机床要对测量数据进行处理，这些数据属于变量，一般程序是不能处理的。针对这些情况，数控机床提供了另外一种编程方式——宏编程，即系统提供了用户宏程序功能使用户对数控系统进行一定的功能扩展。所谓用户宏程序其实是在程序中使用变量，通过对变量进行赋值及处理达到程序功能，这种有变量的程序叫宏程序。

用户宏程序是能够提高数控机床性能的一种特殊功能，在使用中通常把能完成某一功能的一系列指令像子程序一样存入存储器，然后用一个总指令代表它们，使用时只需给出这个总指令就能执行其功能。用户宏程序的主体是一系列指令，相当于子程序体，既可以由机床生产厂家提供，也可以由机床用户自己编写。

用户宏程序的最大特点是可以对变量进行运算，也可以跳转运行程序，使程序应用更加灵活、高效、快捷。虽然子程序对编写相同加工操作的程序非常有用，但用户宏程序由于允许使用变量算术、逻辑运算及条件转移，使得编写相同加工操作的程序更方便和容易，可将相同加工操作编为通用程序，如型腔加工宏程序和固定加工循环宏程序，使用时加工程序可用一条简单指令调出用户宏程序，与调用子程序完全一样。

宏程序指令适合抛物线、椭圆、双曲线等没有插补指令的曲线编程；适合图形一样，只是尺寸不同的系列零件的编程；适合工艺路线一样，只是位置参数不同的系列零件的编程。宏程序指令简化了编程，扩展了应用范围。

二、宏程序编程

华中世纪星数控系统为用户配备了强大的类似于高级语言的宏程序功能，用户可以使用变量进行算术运算、逻辑运算和函数的混合运算；此外，宏程序还提供了循环语句、分支语句和子程序调用语句，有利于编写各种复杂零件的加工程序，减少乃至免除手工编程时进行繁琐的数值计算，以精简程序量。

1. 宏程序的调用格式和编写格式

(1) 宏程序的调用格式

格式：M98　P（宏程序号）　（变量分配）

说明：M98 为子程序调用指令。P（宏程序号）为被调用的宏程序代号。（变量分配）为宏程序中使用的变量赋值。

宏程序与子程序相同的一点是一个宏程序可被另一个宏程序调用，最多可调用九层。

(2) 宏程序的编写格式　宏程序的编写格式与子程序相同。其格式为：

%××××（0001～8999 为宏程序号）

N10　指令

……

N××××　M99

2. 宏变量及宏常量

(1) 宏变量的表示方法　一个宏变量由#符号和变量号组成，如#i（i=1，2，3…）。

(2) 变量的种类　变量有当前局部变量、全局变量（公共变量）和系统变量三种。

1）当前局部变量#0～#49。当前局部变量指局限在用户宏程序中使用的变量，同一个局部变量在不同的宏程序中其值是不通用的。当断电时当前局部变量被初始化为空变量，调用宏程序时自变量对当前局部变量赋值。每一层都可以用，但每一层的值是不一样的。

2）全局变量#50～#199。全局变量指在主程序中和由主程序调用的各用户宏程序中的公用变量（可以使用同一个变量）。当断电时全局变量被初始化为空变量。每一层都可以用，但每一层的值是一样的（具有传递性）。

3）系统变量。系统变量是固定用途的变量，它的值决定了系统的状态。系统变量用于读和写 CNC 运行时各种数据的变化，例如刀具的当前位置和补偿值等。

提示：用户编程仅限使用#0～#599。#599 以后的变量用户不得使用；#599 以后的变量仅供系统程序编辑人员参考使用。

(3) 变量的赋值　把常数或表达式的赋一个宏变量称为赋值。

1）直接赋值。宏变量=常数。

#3=124.0 表示将数值 124.0 赋值于#3 变量。

#4=#3+2 表示将变量#3+2 的即时值赋于变量#4。

2）间接赋值。间接赋值就是表达式赋值，即把表达式的结果赋给某个变量。

#2 =175/SQRT［2］* COS［55 * PI/180］

3）用传递的字段名赋值。宏程序体以子程序方式出现，所用的变量可在宏程序调用时赋值。

M98　P2000　X100　Z20　F80。其中 X、Z、F 分别对应宏程序中的变量号，变量的具体数值由传递的字段名后的数值决定。传递的字段名与宏程序体中变量号的对应关系见表 9-1。

表 9-1　传递的字段名与宏程序体中变量号的对应关系

字段参数名	变量号	字段参数名	变量号	字段参数名	变量号
A	#0	J	#9	S	#18
B	#1	K	#10	T	#19
C	#2	L	#11	U	#20
D	#3	M	#12	V	#21
E	#4	N	#13	W	#22
F	#5	O	#14	X	#23
G	#6	P	#15	Y	#24
H	#7	Q	#16	Z	#25
I	#8	R	#17		

系统宏 AR［#变量号］是判断参数合法性的宏。对于每个当前局部变量，都可以用系统宏来判断变量是否被定义，是被定义为增量还是绝对方式。

0 表示该变量没有被定义。90 表示该变量被定义为绝对方式 G90 指令。91 表示该变量被定义为增量方式 G91 指令。

（4）宏常量　PI 为圆周率 π。TURE 为条件成立（真）。FALSE 为条件不成立（假）。

3. 运算指令

（1）算术运算　变量之间进行运算的通常表达形式是#i =（表达式）。

1）变量的定义和替换

#i = #j

2）加减运算

#i = #j + #k　　加

#i = #j − #k　　减

3）乘除运算

#i = #j * #k　　乘

#i = #j/#k　　除

（2）条件运算

#j　EQ　#k　　表示 =

#j　NE　#k　　表示 ≠

#j　GT　#k　　表示 >

#j　LT　#k　　表示 <

#j GE #k 表示 ≥

#j LE #k 表示 ≤

(3) 逻辑运算

#j AND #k 与

#j OR #k 或

NOT 非

(4) 函数运算

#i = SIN [#j] 正弦函数

#i = COS [#j] 余弦函数

#i = TAN [#j] 正切函数

#i = ATAN [#j] /#k 反正切函数 -90°~90°

#i = ATAN2 [#j] /#k 反正切函数 -180°~180°

#i = SQRT [#j] 平方根

#i = ABS [#j] 取绝对值

#i = INT [#j] 取整

#i = SIGN [#j] 取符号

#i = EXP [#j] 指数

(5) 表达式　用运算符连接起来的常数或宏变量构成表达式。

例如：#2 = 175/SQRT [2] * COS [55 * PI/180]；

#3 * 6 GT 14；

(6) 运算的组合　以上算术运算和函数运算可以结合在一起使用，运算的先后顺序是函数运算、乘除运算、加减运算。

(7) 括号的应用　表达式中括号的运算将优先进行。包括函数中使用的括号在内，括号在表达式中最多可用 5 层。

4. 控制指令

(1) 条件判别语句 IF、ELSE、ENDIF

格式一：IF　条件表达式

```
IF 条件表达式
…
ELSE
…
ENDIF
```

格式二：IF　条件表达式

```
IF 条件表达式
…
ENDIF
```

说明：

1) 如果条件表达式的条件得以满足，则转而执行程序中的相应操作。

2) 如果条件表达式的条件未得以满足，则执行条件判别语句后的程序。

(2) 循环语句 WHILE、ENDW

格式：WHILE　条件表达式

```
    …
    ENDW
```

说明：

1）条件表达式满足时，程序段 WHILE 至 ENDW 重复执行。

2）条件表达式不满足时，程序转到 ENDW，执行其后的程序。

3）WHILE 和 ENDW 必须成对使用。

4）WHILE 语句允许嵌套，即

```
WHILE ──────┐
WHILE ────┐ │
WHILE ──┐ │ │
ENDW ───┘ │ │
ENDW ─────┘ │
ENDW ───────┘
```

例如，下面的主程序 O1000 调用子程序 O9990 时，设置了 I 和 K 的值，子程序 O9990 可分别通过当前局部变量#8 和#10 来访问主程序的 I 值和 K 值。

```
%1000（主程序）
G92  X0  Z0
M98  P9990  I20  K40
M30

%9990（子程序）
IF [AR[#8] EQ 0] OR [AR[#10] EQ 0]   如果没有定义 I 值或 K 值
M99                                  则返回
ENDIF
N10  G91                             用增量方式编写宏程序
IF  AR[#8] EQ 90                     如果 I 值是绝对方式 G90 指令
#8 = #8 - #30                        将 I 值转换为增量方式,#30 为 X 的绝
                                     对坐标
ENDIF
…
M99
```

HNC—22T 子程序嵌套调用的深度最多可以有九层，每一层子程序都有自己独立的当前局部变量（变量个数为 50）。在子程序中确定上层的当前局部变量，要根据上层的层数而定。

例如：%0099

```
    G92  X0  Z0
    N100  #10 = 98
    M98  P100
```

```
M30
%100
N200   #10 = 100       此时 N100 所在段的当前局部变量#10 为第一层#210
M98   P110
M99
%110
N110
N300   #10 = 200       此时 N200 所在段的局部变量#10 为第二层#260
                       N100 所在段的局部变量#10 为第一层#210
M99
```

三、宏程序控制指令的应用

1. 抛物线示例

例 1　利用循环语句计算数值 1 到 10 的总和。

```
%0010
#1 =0
#2 =1
WHILE   #2   LE   10
#1 =#1 +#2
#2 =#2 +1
ENDW
M30
```

例 2　用宏程序编写如图 9-1 所示抛物线 $z=-x^2/8$ 在 $x=0\sim16$ 内的程序。

根据标准抛物线方程式编程加工。标准抛物线的方程式分四种，即

$$y^2=2px,\ y^2=-2px,\ x^2=2py,\ x^2=-2py$$

本例应使用第二个方程式进行编程并转化，即

$$z=-x^2/8$$

若以 X 值为自变量时，加工到达某一点的 Z（应变量）坐标值为

#12 = -#10 * #10/8

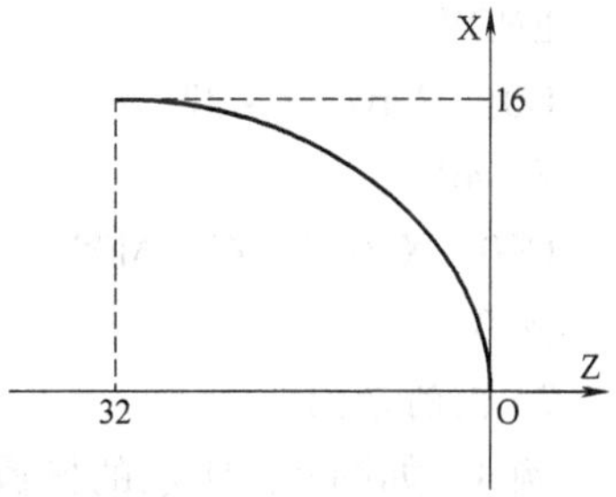

图 9-1　宏程序编写抛物线示例（一）

以 X 值为自变量时，加工程序如下：

```
%0020
#10 =0                                  X 起点坐标
#11 =16                                 X 终点坐标
N10   G92   X0   Z0                     建立工件坐标系
M03   S600
WHILE   #10   LE   #11                  条件判别抛物线 X 坐标的加工范围在 16mm
                                        (半径值)内
G90   G01   X[2 * #10]   Z[#12]   F100  拟合直线段加工
```

```
#10 = #10 + 0.08                         循环 X 坐标每次步进量为 0.08mm
#12 = -#10 * #10/8                       对应循环 Z 坐标
ENDW
G00  Z0
G00  X0  M05
M30
```

例 3 如图 9-2 所示抛物线 $z=-x^2/2$ 在 $z=12\sim32$ 时的图形，试编写精加工程序。

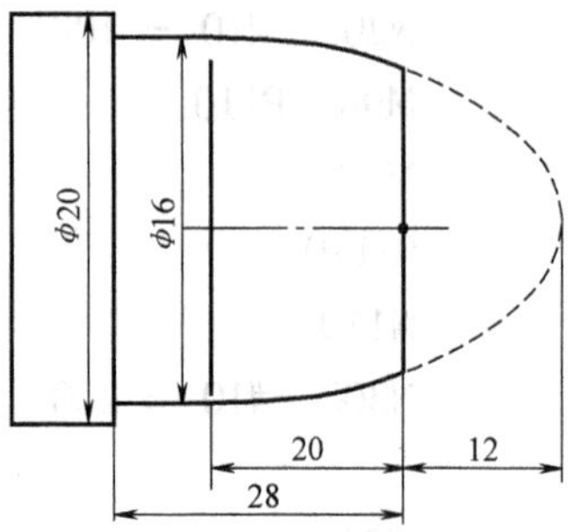

图 9-2 宏程序编写抛物线示例(二)

该抛物线的加工起点不在抛物线顶点上，注意加工抛物线时，应使工件原点和抛物线顶点重合在一起，才能按照图形正确加工出抛物线。

加工参考程序如下：

```
%0030
T0101  M03  S600
G00  X20.5  Z3
#11 = 12                                        Z 坐标初值
#10 = SQRT[2 * [#11]]                           X 坐标初值
WHILE  #10  LE  8                               条件判别抛物线 X 坐标的加工范围
                                                在 8mm(半径值)内
G90  G01  X[2 * #10]  Z[-[#11 - 12]]  F100      移出加工
#10 = #10 + 0.08                                循环 X 坐标每次步进量为 0.08mm
#11 = #10 * #10/2                               对应循环 Z 坐标
ENDW
G01  X16  Z-32
Z-40
G00  X20.5  Z3  M05
M30
```

2. 椭圆示例

例 4 如图 9-3 所示的椭圆，试编写 1/4 椭圆的精加工程序。

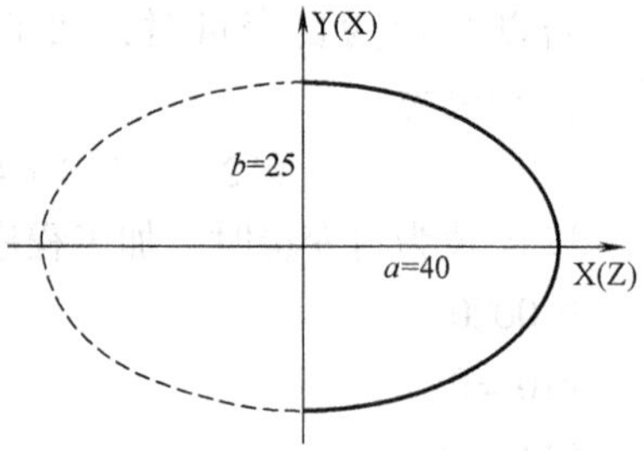

图 9-3 宏程序编写椭圆示例（一）

(1) 根据椭圆参数方程编程加工　椭圆参数方程为

$$x=a\cos\alpha \qquad y=b\sin\alpha$$

转化为加工方程为

$$z=a\cos\alpha \qquad x=b\sin\alpha$$

式中　α——椭圆上某点的极坐标角度。

即本例 X 值为

#3 = 25 * SIN [#1]　　　　半径值

即本例 Z 值为

#4 = 40 * COS [#1]

以角度 α 为自变量时，加工程序如下：

```
%0040
#1 =0                              角度初值
#2 = PI/2                          角度终值
WHILE  #1  LE  #2                  条件判别从0°加工到90°之间满足条件
#3 =25 * SIN [#1]                  X坐标值
#4 =40 * COS [#1]                  Z坐标值
G01  X [2 * #3]  Z [#4]            拟合直线段加工
#1 =#1 +0.2                        循环角度每次步进量为0.2°
ENDW
```

（2）根据标准椭圆方程式编程加工　标准椭圆的方程式为

$$\frac{x^2}{a^2}+\frac{y^2}{b^2}=1$$

转化为加工方程为

$$\frac{z^2}{a^2}+\frac{x^2}{b^2}=1$$

1）若以Z值为自变量，加工到达某一点的X（应变量）坐标值，转换公式为

$$x=\frac{b\sqrt{a^2-z^2}}{a}\qquad 半径值$$

即本例X值为

#3 =25 * SQRT [40 * 40 – #1 * #1] /40　　半径值

以Z值为自变量时，加工程序如下：

```
%0041
#1 =40                                   Z坐标初值
#2 =0                                    Z坐标终值
WHILE  #1  GE  #2                        条件判别Z坐标从40加工到0之间满足条件
#3 =25 * SQRT [40 * 40 –#1 * #1] /40     对应X坐标值
G01  X [2 * #3]  Z [#1]                  拟合直线段加工
#1 =#1 –0.2                              循环Z坐标每次步进量为0.2mm
ENDW
M30
```

2）若以X值为自变量，加工到达某一点的Z（应变量）坐标值，转换公式为

$$z=\frac{a\sqrt{b^2-x^2}}{b}$$

即本例Z值为

#3 =40 * SQRT [25 * 25 – #1 * #1] /25

以X值为自变量时，加工程序如下：

```
%0042
#1 =0                                    X坐标初值
```

#2 =25	X 坐标终值
WHILE #1 LE #2	条件判别 X 坐标（半径值）从 0 加工到 25 之间满足条件
#3 =40 * SQRT [25 * 25 - #1 * #1] /25	对应 Z 坐标值
G01 X [2 * #1] Z [#3]	拟合直线段加工
#1 = #1 +0. 1	循环 X 坐标每次步进量为 0. 2mm
ENDW	
M30	

例 5 如图 9-4 所示椭圆，$a=20$，$b=10$，试编写椭圆精加工程序。

%0050	
#1 =15	Z 坐标初值
#2 = -10	Z 坐标终值
WHILE #1 GE #2	条件判别 Z 坐标从 -10 加工到 15 之间满足条件
#3 =10 * SQRT [20 * 20 - #1 * #1] /20	对应 X 坐标值
G01 X [2 * #3] Z [#1]	取出循环加工
#1 = #1 -0. 2	循环 Z 坐标每次步进量为 0. 2mm
ENDW	
M30	

3. 利用公共变量加工椭圆

例 6 如图 9-5 所示椭圆，$a=60$，$b=28$，试编写加工程序。

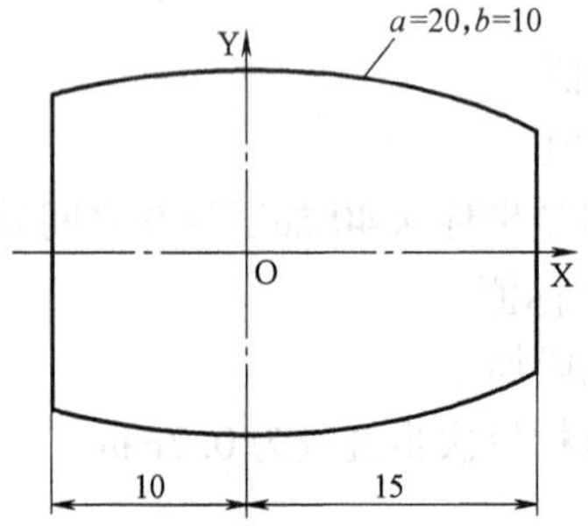

图 9-4 宏程序编写椭圆示例（二）

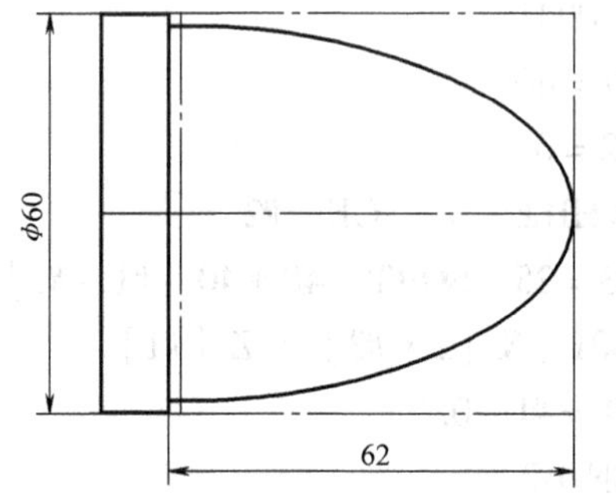

图 9-5 宏程序编写粗、精加工椭圆示例（一）

该椭圆的加工余量较大，不能在一次加工中车削成形，可利用公共变量进行加工。将毛坯总加工余量作为公共变量进行分层加工，X 轴方向每次背吃刀量可自定。在加工椭圆时，椭圆 X 的坐标值加上总加工余量即为实际 X 的坐标值。注意在实际加工中，应使工件原点和椭圆圆心重合在一起，才能按照图形正确加工出椭圆。

加工参考程序如下：

%0060

T0101 M03 S600

```
G00   X62   Z2
#60 =60                        毛坯直径（总加工余量）
#61 =0                         加工的最小直径
#62 =2                         每次背吃刀量
WHILE   #60   GE   #61         条件判别X坐标从0加工到60之间满足条件
M98   P0061                    调用0061子程序
#60 =#60 -#62                  每次X轴方向循环加工2mm
ENDW
G00   X100
Z100
M30

%0061
#1 =0                          角度初值
#2 =PI/2                       角度终值
WHILE   #1   LE   #2           条件判别从0°加工到90°之间满足条件
#3 =#60 +56 * SIN [#1]         实际X坐标值加上总加工余量
#4 =60 * COS [#1] -60          Z坐标值
G01   X [#3]   Z [#4]          取出循环加工
#1 =#1 +0.2                    循环角度每次步进量为0.2°
ENDW
G01   W -2                     加工φ56°mm外圆
G00   U2                       退刀
      Z2                       回到起刀点
M99                            子程序结束
```

4. 利用循环指令加工椭圆

例7 如图9-6所示零件，$a=44$、$b=22$，试编写加工程序。

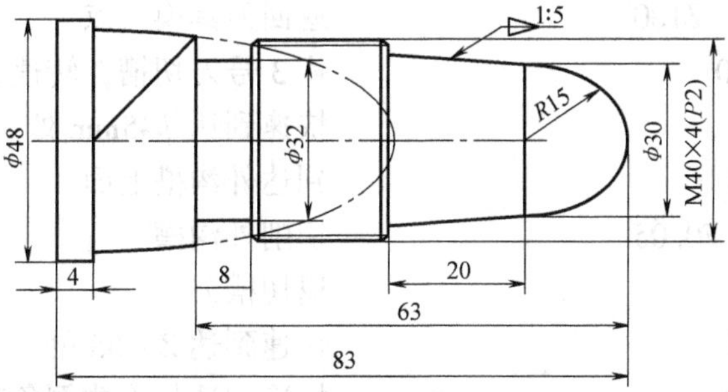

图9-6 宏程序编写粗、精加工椭圆示例（二）

HNC—22T世纪星可在复合循环中使用宏程序加工零件外形，也就是在精车程序段内按照椭圆位置编写宏程序。

加工参考程序如下：

```
%0070
N01  T0101  M03  S600                    主轴正转，转速为600r/min，选择1号粗车刀
N02  G95  G00  X52  Z5                   快速定位至φ52mm直径，距端面正向5mm
N03  G71  U2  R1  P06  Q23  X0.3  Z0.1  F0.2
                                         采用外径/内径车削复合循环粗加工外轮廓
N04  G00  X100  Z100                     粗加工完返回刀具换刀点
N05  T0202  S1000                        选择2号精车刀，转速为1000r/min
N06  G00  G42  X0                        精加工X轴方向起点
N07  G01  Z0  F0.1                       精加工Z轴方向起点
N08  G03  X30  Z-15  R15                 加工R15mm圆弧
N09  G01  X34  Z-35                      加工1:5锥度
N10       X39.8  C2                      倒角C2
N11       Z-63                           加工φ40mm外圆
N12  #1=22*SQRT[1-16*16/44/44]           计算椭圆起点X轴方向坐标值（半径值）
N13  #2=2*[#1]                           计算椭圆起点X轴方向坐标值（直径值）
N14  G01  X[#2]                          到达椭圆起点
N15  #3=16                               抛物线Z轴方向起点坐标
N16  WHILE  #3  GE  0                    条件判别Z坐标从16加工到椭圆中心满足条件
N17  #4=22*SQRT[1-#3*#3/44/44]           对应X坐标值
N18  G01  X[2*#4]  Z[#3-79]              椭圆拟合直线段加工
N19  #3=#3-0.1                           循环Z轴方向每次步进量为0.1mm
N20  ENDW
N21  G01  X48                            到达φ48mm外圆处
N22       Z-83                           加工φ48mm外圆
N23       X52                            退刀
N24  G00  X100  Z100                     返回刀具换刀点
N25  T0303  S400                         换3号刀切槽，转速为400r/min
N26  G00  X45                            快速到达φ45mm处
N27       Z-63                           到达外沟槽上面
N28  G01  X32  F0.05                     切削外沟槽
N29       X45                            退切槽刀
N30  G00  Z-55                           快速到达Z-55处
N31  G01  X39.8                          快速到达外沟槽倒角起点处
N32       X35.8  Z-57                    倒角
N33       X32                            切削外沟槽
N34       X45                            退切槽刀
N35  G00  X100  Z100                     返回刀具换刀点
```

```
N36  T0404  S500                      换4号外螺纹车刀，转速为500r/min
N37  G00  X45  Z-30                   到达螺纹循环起点
N38  G82  X39  Z-59  C2  P180  F4     加工双线外螺纹第一刀
N39       X38.5  Z-59  C2  P180       加工双线外螺纹第二刀
N40       X38.2  Z-59  C2  P180       加工双线外螺纹第三刀
N41       X37.9  Z-59  C2  P180       加工双线外螺纹第四刀
N42       X37.6  Z-59  C2  P180       加工双线外螺纹第五刀
N43       X37.4  Z-59  C2  P180       加工双线外螺纹第六刀
N44  G00  X100  Z100                  返回刀具换刀点
N45  M05                              主轴停止
N46  M30                              程序结束
```

第二节　宏程序编程示例

学习目标

1. 了解宏程序零件的加工过程。
2. 掌握宏程序在实际加工中的运用。

在数控车床上加工如图9-7所示综合件，毛坯为 ϕ50mm×95mm 的棒料，材料为45钢或铝，试分析其加工工艺并编写数控车床加工程序。

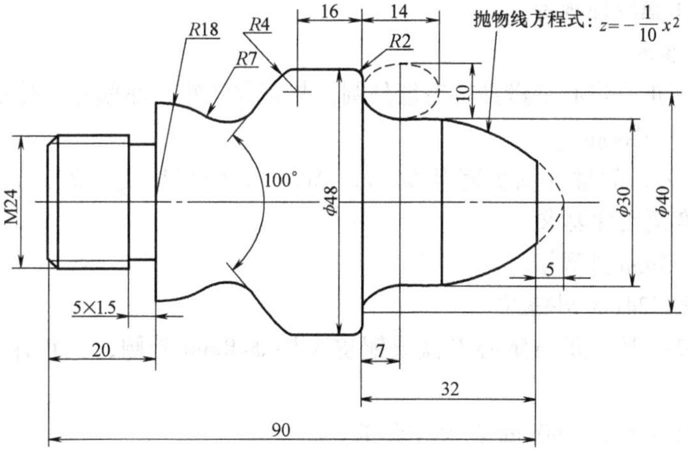

图9-7　综合件

一、零件加工工艺分析

1. 分析零件图样

该零件为一个含二次曲线加工的零件，零件需要加工外圆、锥度、圆弧、螺纹、椭圆和抛物线。其外形比较复杂，但没有形位公差要求，表面也没有严格的尺寸精度要求。只有表面质量要求较高，外形轮廓要求光滑连接。

2. 工艺分析

1）零件轮廓分析。该零件外形比较复杂，装夹较困难，零件需要两次调头加工，先加工零件左端轮廓，再调头夹持 ϕ48mm 外圆面加工零件右端轮廓。调头加工时注意接刀痕。

2）零件左端有凹圆弧和锥度连接，对于这类零件外形应采用 G71 有 E 值的外径/内径车削复合循环指令或使用 G73 闭环车削复合循环指令进行编程加工。零件右端有椭圆、抛物线应采用宏程序进行编程加工较为合适。

3）两次装夹加工都将工件坐标系原点设定在其装夹后的工件右端面与轴线交点上。工件加工程序起始点和换刀点都设在 X100、Z100 的位置点。

3. 装夹方法

用三爪自定心卡盘进行定位装夹，夹紧力要适当。

4. 刀具及切削用量的选择

刀具及切削用量的选择见表 9-2。

表 9-2　刀具卡（九）

实训课题		宏程序的编程与加工	零件名称	综合件	零件图号	图 9-7	
序号	刀具号	刀具名称及规格	刀尖圆弧半径	数量	加工内容	转速/(r/min)	进给量/(mm/r)
1	T0101	端面刀	0.4 mm	1	左右端面	800	0.3
2	T0202	93°右偏外圆车刀	0.2 mm	1	右端外轮廓	1000	0.2
3	T0303	35°仿真刀	0.2 mm	1	左端外轮廓	1200	0.1
4	T0404	5mm 外切槽刀	0.1 mm	1	外沟槽	500	0.1
5	T0505	60°外螺纹刀	0.1mm	1	外螺纹	800	

5. 量具

游标卡尺 0.02mm/（0～150）mm，深度尺 0.02mm/（0～200）mm，千分尺 0.01mm/（25～50）mm，游标万能角度尺 0°～320°，圆弧规 *R*1～*R*6.5、*R* 规 *R*15～*R*25，椭圆样板，抛物线样板，M24 螺纹环规等。

6. 加工工艺路线

工序一：用三爪自定心卡盘夹持毛坯外圆，找正并夹牢，车削左端轮廓。

1）粗、精车左端端面。

2）粗、精车左端轮廓外圆长度至 60mm，M24mm 外圆长度至 20mm，*R*18mm、*R*7mm、*R*4mm 圆弧及锥度至尺寸要求。

3）粗、精车 5mm 外沟槽。

4）粗、精车 M24mm 外螺纹。

工序二：调头，用三爪自定心卡盘垫铜皮夹持 ϕ48mm 外圆，找正保证同轴度并夹牢，车削右端轮廓。

1）车削右端面使总长 90mm 至尺寸要求。

2）粗、精车右端抛物线，ϕ30mm 外圆，椭圆及 *R*2mm 圆弧至尺寸要求。

3）检查各部尺寸，合格后卸下工件。

7. 数值计算

编程中需计算零件左端圆弧连接处各基点的坐标值，方法是应用 CAD 画图找出各基点坐标值。

二、零件加工参考程序

参考程序见表9-3。

表9-3 参考程序卡（十）

数控车床程序卡	编程原点	工件右端面与轴线交点			编程系统	HNC-21T/22T
	零件名称	综合件	零件图号	图9-7	材 料	45钢/Al
	机床型号	CJK6136	夹具名称	三爪自定心卡盘	实训车间	数控中心

工序一：用三爪自定心卡盘夹持毛坯外圆，找正并夹牢，车削左端轮廓

程序号	程　序	简要说明
序号	%0080	程序名
N010	G92 X100 Z100	建立工件坐标系
N020	T0101 M03 S800	主轴正转，转速为800r/min，选择1号端面刀
N030	G00 G95 X52 Z5	快速定位至 ϕ52mm 直径，距端面正向5mm
N040	G01 Z0 F0.3	刀具与端面对齐
N050	X0	加工端面
N060	G00 X100 Z100	返回刀具换刀点
N070	T0303	选择3号仿真刀
N080	G00 X52 Z5	快速定位至 ϕ52mm 直径，距端面正向5mm
N090	G71 U1.5 R0.5 P100 Q200 E0.2	采用外径/内径车削复合循环指令加工左端轮廓
N100	G00 G42 X20 S1200	左端外轮廓精加工程序
N110	G01 Z0 F0.1	
N120	G01 X24 Z-2	
N130	Z-20	
N140	X36	
N150	G03 X32.956 Z-27.245 R18	
N160	G02 X36.772 Z-35.424 R7	
N170	G01 X45.142 Z-38.936	
N180	G03 X48 Z-42 R4	
N190	G01 Z-58	
N200	G40 X52	
N210	G00 X100 Z100	返回刀具换刀点
N220	T0404 S500	选择4号外切槽刀，转速为500r/min
N230	G00 X38 Z-20	快速定位至外沟槽上方
N240	G01 X21 F0.1	切外沟槽
N250	G04 S3	暂停3s
N260	G01 X38	退出切槽刀
N270	G00 X100 Z100	返回刀具换刀点
N280	T0505 S800	选择5号外螺纹刀，转速为800r/min
N290	G00 X30 Z10	快速定位至 ϕ30mm 直径，距端面正向10mm
N300	G76 C2 A60 X20.1 Z-17 K1.95 U0.1 V0.1 Q0.6 F3	采用螺纹切削复合循环指令加工外螺纹M24mm
N310	G00 X100 Z100 M05	返回刀具换刀点，主轴停止
N320	M30	程序结束

（续）

数控车床程序卡	编程原点	工件右端面与轴线交点			编程系统	HNC-21T/22T
	零件名称	综合件	零件图号	图 9-7	材 料	45 钢/Al
	机床型号	CJK6136	夹具名称	三爪自定心卡盘	实训车间	数控中心

工序二：调头，用三爪自定心卡盘垫铜皮夹持 ϕ48mm 外圆，找正保证同轴度并夹牢，车右端轮廓

程序号	程　序	简要说明
序 号	%0081	程序名
N010	G92　X100　Z100	建立工件坐标系
N020	T0101　M03　S800	主轴正转，转速为 800r/min，选择 1 号端面刀
N030	G00　G95　X52　Z5	快速定位至 ϕ52mm 直径，距端面正向 5mm
N040	G81　X0　Z1　F0.2	加工端面控制总长
N050	X0　Z0	
N060	G71　U2　R0.3　P70　Q280　X0.3　Z0　F0.2	采用外径/内径车削复合循环粗加工右端轮廓
N070	G00　G42　X14.14	精加工程序第一段
N080	G01　Z0　F0.1	加工起点
N090	#1 = -5	抛物线 Z 轴方向起点坐标
N100	#2 = -22.5	抛物线 Z 轴方向终点坐标
N110	WHILE #1　GE　#2	条件判别 Z 坐标从 -22.5 加工到 -5 之间满足条件
N120	#3 = SQRT [-10 * #1]	对应 X 坐标值
N130	G01　X [2 * #3]　Z [5 + #1]	取出循环加工
N140	#1 = #1 - 0.1	循环 Z 轴方向每次步进量为 0.1mm
N150	ENDW	
N160	G01　X30　Z -17.5	过渡到抛物线终点
N170	Z -25	加工 ϕ30mm 外圆
N180	#4 = 0	椭圆 Z 轴方向起点坐标
N190	#5 = -7	椭圆 Z 轴方向终点坐标
N200	WHILE　#4　GE　#5	条件判别 Z 坐标从加工到 -7 之间满足条件
N210	#6 = 5 * SQRT [7 * 7 - #4 * #4] /7	对应 X 坐标值
N220	G01　X [40 - 2 * #6]　Z [#4 - 25]	取出循环加工
N230	#4 = #4 - 0.1	循环 Z 轴方向每次步进量为 0.1mm
N240	ENDW	
N250	G01　X44	*R*2mm 圆弧起点
N260	G03　X48　Z -34　R2	加工 *R*2mm 圆弧
N270	G01　Z -40	加工 ϕ48mm 外圆
N280	X50	退刀
N290	G00　X100　Z100　M05	返回刀具换刀点，主轴停止
N300	M30	程序结束

思考题

1. 简述宏程序应用在哪些场合？
2. 加工如图 9-8 所示的零件。
3. 加工如图 9-9 所示的零件。

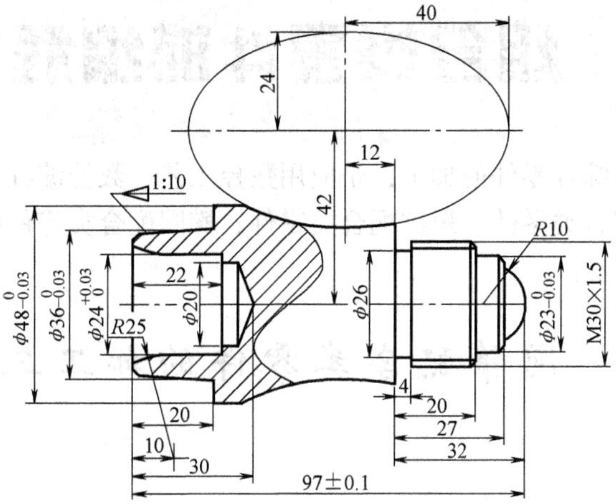

图 9-8　思考题 2

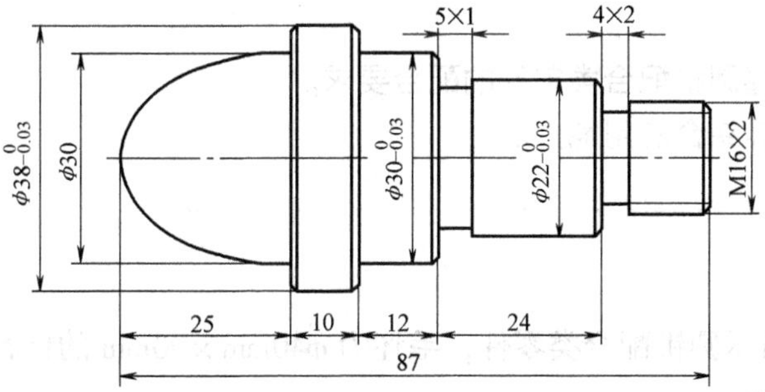

图 9-9　思考题 3

第十章　组合类零件的编程与加工

组合类零件加工为综合零件的加工，是应用数控工艺、数控编程、数控操作的综合性练习。本章通过对圆锥配合类零件、螺纹配合类零件、椭圆配合类零件的分析，全面介绍组合类零件的加工工艺和方法。

第一节　圆锥配合类零件的加工工艺分析

学习目标

1. 根据零件图样的要求，合理编写加工程序，并学会必要的尺寸计算。
2. 掌握圆锥配合类零件的配合要求。
3. 培养综合应用能力。

一、零件图

加工如图 10-1 所示圆锥配合类零件，毛坯为 ϕ40mm×90mm 的棒料。

二、加工工艺分析

1. 工艺分析

该配合为两件圆锥配合，单个零件都比较简单，难点在于保证配合之后的配合间隙为（1±0.02）mm，总长为（45±0.05）mm，因此为保证圆锥面的正确配合，内、外圆锥面在精加工的过程中应采用刀尖圆弧半径补偿进行编程与加工。

毛坯为 ϕ40mm×90mm 的棒料，因此加工零件时，先加工零件Ⅱ，然后加工零件Ⅰ。加工零件Ⅱ时，编程原点点设置在零件左端面的轴心线上，加工左端，然后切断，调头手动加工右端面并保证总长为 29 mm±0.2mm。加工零件Ⅰ时，编程原点点设置在零件右端面的轴心线上，加工右端，然后调头手动加工左端面并保证总长为 45mm±0.05mm。

零件图样中给出了锥面的大端基本尺寸为 ϕ29mm，锥度为 1:5，则小端基本尺寸为 ϕ25mm。

2. 零件Ⅱ加工步骤

1）夹持毛坯，零件伸出卡盘长度为 50mm。

2）手动钻孔（ϕ20mm×40mm）。

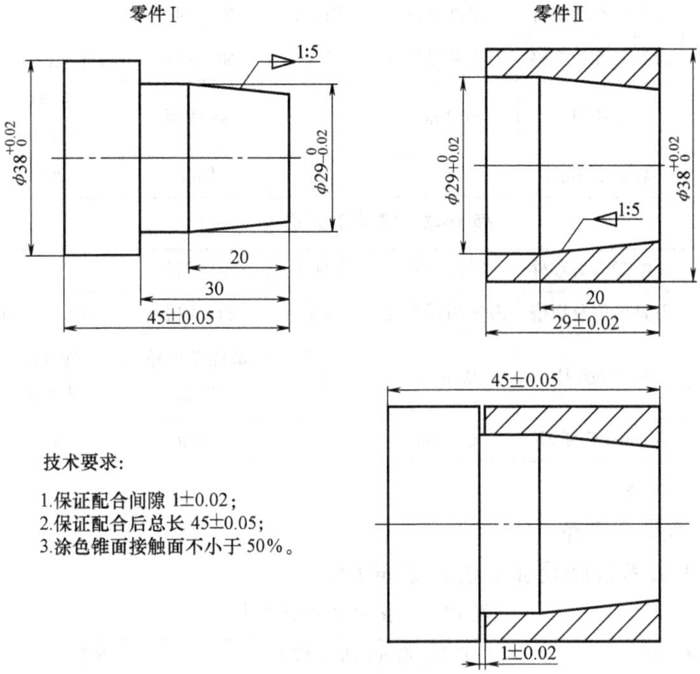

图 10-1 圆锥配合类零件

3）调用 1 号外圆刀车削端面。

4）粗、精车零件 ϕ38mm 外圆至尺寸要求。

5）调用 3 号车孔刀粗、精加工内孔至尺寸要求。

6）调用 2 号切断刀切断零件，并保证长度为 29. 5mm。

7）调头并垫上铜皮，夹持已加工过的 ϕ38mm 外圆，调用 1 号刀手动车削端面、倒角，并保证总长为 29mm。

3. 零件Ⅰ加工步骤

1）夹持毛坯，使零件伸出卡盘长度为 30mm，加工左端面。

2）加工 ϕ38mm 外圆面，车削长度为 25mm。

3）调头，装夹零件，垫上铜皮夹持 ϕ38mm 圆柱面，粗、精加工零件右端轮廓至尺寸要求用零件Ⅱ试配合，保证配合间隙为（1 ±0. 02）mm 和配合长度为（45 ±0. 05）mm。

4. 刀具及切削用量的选择

刀具及切削用量的选择见表 10-1 和表 10-2。

表 10-1 零件Ⅱ刀具卡（一）

实训课题		圆锥配合类零件	零件名称	零件Ⅱ	零件图号	图 10-1	
序号	刀具号	刀具名称及规格	刀尖圆弧半径	数量	加工内容	转速/（r/min）	进给量/（mm/r）
1	T0101	93°外圆刀	0. 4mm	1	端面及外圆	粗 800 精 1500	粗 0. 2 精 0. 1
2	T0202	4. 5mm 切断刀	0. 2mm	1	切断	400	粗 0. 1

（续）

实训课题		圆锥配合类零件	零件名称	零件Ⅱ	零件图号	图 10-1	
序号	刀具号	刀具名称及规格	刀尖圆弧半径	数量	加工内容	转速/（r/min）	进给量/（mm/r）
3	T0303	车孔刀	0.2mm	1	内孔面	粗 600 精 1200	粗 0.2 精 0.1
4		钻头 ϕ20mm		1	钻孔	200	手动控制

表 10-2　零件Ⅰ刀具卡（一）

实训课题		圆锥配合类零件	零件名称	零件Ⅰ	零件图号	图 10-1	
序号	刀具号	刀具名称及规格	刀尖圆弧半径	数量	加工内容	转速/（r/min）	进给量/（mm/r）
1	T0101	93°外圆刀	0.4mm	1	端面及外轮廓面	粗 800 精 1500	粗 0.2 精 0.1
2	T0202	4.5mm 切断刀	0.2mm	1	切断	400	粗 0.1

三、加工参考程序

1. 零件Ⅱ加工参考程序

零件Ⅱ的加工参考程序及加工过程见表 10-3。

表 10-3　参考程序卡（十一）

数控车床程序卡	编程原点	工件左端面的轴心线上			编程系统	HNC—21T/22T
	零件名称	零件Ⅱ	零件图号	图 10-1	材　料	45 钢
	机床型号	CJK6136	夹具名称	三爪自定心卡盘	实训车间	数控中心

步骤一：用三爪自定心卡盘夹持毛坯外圆，找正并夹牢，零件伸出长度为 50mm		
步骤二：用 ϕ20mm 钻头手动钻孔，孔深为 40mm		
步骤三：车削端面、外圆面及内孔面		
程序号	程　序	简　要　说　明
序 号	%1001	程序名
N010	T0101	调用 1 号 93°外圆刀，1 号刀偏
N020	M03　S800	主轴正转，转速为 800r/min
N030	G95　G00　X42　Z0　M08	快速进给至起刀点，打开切削液
N040	G01　X15　F0.1	车削端面
N050	G00　X42　Z2	返回起刀点
N060	G80　X40　Z-40　F0.2	粗加工 ϕ38mm 外圆
N070	X38.5　Z-40	
N080	X38　Z-40　F0.1　S1500	精加工 ϕ38mm 外圆
N090	G00　X100	退刀
N100	Z100	退刀至换刀点
N110	M05	主轴停止
N120	T0303	换 3 号车孔刀，3 号刀偏
N130	M03　S600	选择转速为 600r/min
N140	G95　G00　X18	X 轴方向快速定位
N150	Z2	Z 轴方向快速定位

（续）

数控车床程序卡	编程原点	工件左端面的轴心线上			编程系统	HNC—21T/22T
	零件名称	零件Ⅱ	零件图号	图 10-1	材　料	45 钢
	机床型号	CJK6136	夹具名称	三爪自定心卡盘	实训车间	数控中心
步骤一：用三爪自定心卡盘夹持毛坯外圆，找正并夹牢，零件伸出长度为 50mm						
步骤二：用 ϕ20mm 钻头手动钻孔，孔深为 40mm						
步骤三：车削端面、外圆面及内孔面						

程序号	程　　序	简　要　说　明
序 号	%1001	程序名
N160	G71　U1.0　R0.5　P170　Q200　X-0.5　Z0　F0.2	外径/内径车削复合循环程序
N170	G00　G41　X29　S1200	内径轮廓精加工程序
N180	G01　Z-9　F0.1	
N190	X24.6　Z-31	
N200	G40　X18	
N210	G00　Z100	Z 轴方向退刀
N220	X100	X 轴方向退刀
N230	M05	主轴停止
N240	M30	程序结束
步骤四：用 2 号切断刀切断零件，保证长度为 29.5mm		
步骤五：将零件调头，垫上铜皮夹持已加工过的 ϕ38mm 外圆，用 1 号刀手动车削端面、倒角，保证总长为 29mm ± 0.2mm		

2. 零件Ⅰ加工参考程序

零件Ⅰ的加工参考程序及加工过程见表 10-4。

表 10-4　参考程序卡（十二）

数控车床程序卡	编程原点	工件右端面的轴心线上			编程系统	HNC—21T/22T
	零件名称	零件Ⅰ	零件图号	图 10-1	材　料	45 钢
	机床型号	CJK6136	夹具名称	三爪自定心卡盘	实训车间	数控中心
步骤一：用三爪自定心卡盘夹持毛坯外圆，找正并夹牢，零件伸出卡盘长度为 30mm，手动车削端面						
步骤二：车削 ϕ38mm 外圆，车削长度为 25mm（程序省略）						
步骤三：将零件调头，垫上铜皮夹持 ϕ38mm 圆柱面，粗精加工零件右端轮廓至尺寸要求						

程序号	程　　序	简　要　说　明
序号	%1002	程序名
N010	T0101	调用 1 号 93°外圆刀，1 号刀偏
N020	M03　S800	主轴正转，转速为 800r/min
N030	G95　G00　X42　Z0　M08	快速进给至起刀点，打开切削液
N040	G01　X-1　F0.1	车削端面
N050	G00　X42　Z2	返回起刀点
N060	G71　U1.0　R0.5　P70　Q110　X0.5　Z0　F0.2	外径/内径车削复合循环程序
N070	G00　G42　X24.6　S1200	外径轮廓精加工程序
N080	G01　X29　Z-20　F0.1	
N090	Z-30	
N100	X40	
N110	G40　X42	

（续）

数控车床程序卡	编程原点	工件右端面的轴心线上			编程系统	HNC—21T/22T
	零件名称	零件 I	零件图号	图 10-1	材　料	45 钢
	机床型号	CJK6136	夹具名称	三爪自定心卡盘	实训车间	数控中心
步骤一：用三爪自定心卡盘夹持毛坯外圆，找正并夹牢，零件伸出卡盘长度为 30mm，手动车削端面						
步骤二：车削 ϕ38mm 外圆，车削长度为 25mm（程序省略）						
步骤三：将零件调头，垫上铜皮夹持 ϕ38mm 圆柱面，粗精加工零件右端轮廓至尺寸要求						

程序号	程　序	简 要 说 明
序 号	%1002	程序名
N120	G00　X100	X 轴方向退刀
N130	Z100	Z 轴方向退刀
N140	M05	主轴停止
N150	M30	程序结束

3. 注意事项

加工完成零件 I 右端轮廓后用零件 II 试配合，并调整间隙。配合间隙调整的方法如下：

1）配合间隙大。读装配图，找到限位平面，通过锥度的比例关系，减小锥体小端尺寸，增加锥体长度。

2）配合间隙小。车削 $38^{+0.02}_{0}$mm 处的右端面。

第二节　螺纹配合类零件的加工工艺分析

学习目标

1. 根据零件图样的要求，合理编写加工程序，并学会必要的尺寸计算。
2. 掌握螺纹配合类零件的配合要求。
3. 培养综合应用能力。

一、零件图

加工如图 10-2 所示的螺纹、圆锥配合类零件，毛坯为 ϕ50mm × 150mm 的棒料。

二、加工工艺分析

1. 工艺分析

该配合类型为螺纹及圆锥、圆弧配合，零件 I 左端锥面为配合锥面，右端螺纹为配合螺纹。零件 II 为内螺纹与内锥面，分别与零件 I 的右端和左端配合。为保证圆锥面的正确配合，内、外圆锥面在精加工的过程中应采用刀尖圆弧半径补偿进行编程与加工。

零件 II 为内孔加工，因此加工零件时，先加工零件 II，加工零件 I 时用零件 II 试配合。加工零件 II 右端时，编程原点设置在工件右端面的轴心线上，切断后加工左端面并保证总长为 46mm ± 0.1mm，然后加工 M27mm × 1.5mm 的内螺纹。加工零件 I 右端时，编程原点设置在工件右端面的轴心线上，加工右端轮廓及螺纹。零件调头，使用加工孔的一端，手动加工左端面，保证总长为 90mm ± 0.1mm。手动钻孔。然后加工左端外轮廓及内轮廓。

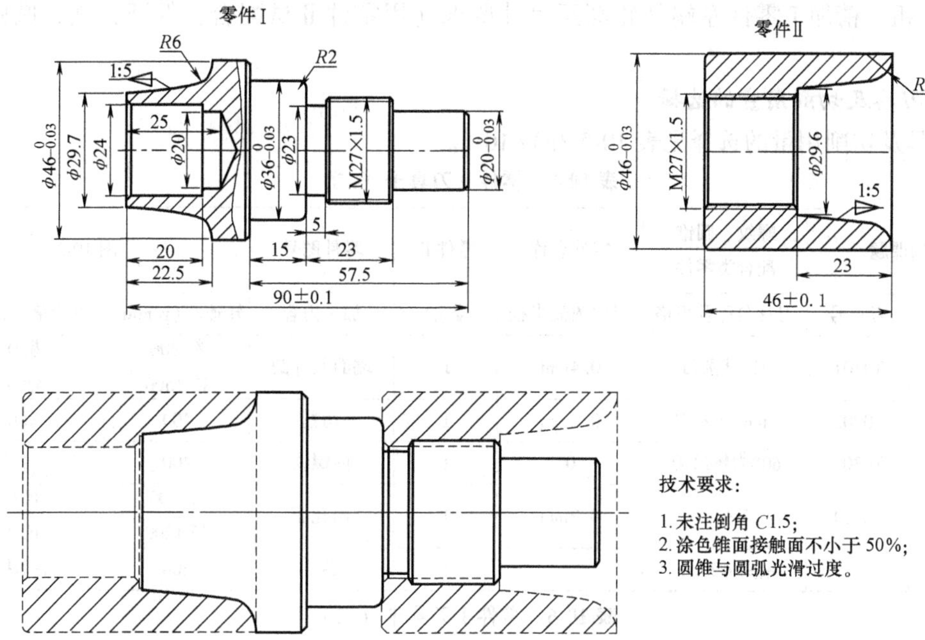

图 10-2　螺纹、圆锥配合类零件

零件Ⅰ中，锥面与圆弧的切点，通过计算机绘图可以查出其节点坐标为（33. 119，-17. 097），圆弧与垂直线的切点坐标为（45. 06，-22. 5）。

零件Ⅱ中，锥面与圆弧的切点，通过计算机绘图可以查出其节点坐标为（33. 119，-5. 403），圆弧与垂直线的切点坐标为（45. 06，0）。

2. 零件Ⅱ加工步骤

1）夹零件毛坯，零件伸出卡盘长度为 55mm。

2）手动钻孔（φ22mm×55mm）。

3）调用 1 号外圆刀粗、精车零件 φ46mm 外圆至尺寸要求。

4）调用 4 号车孔刀粗、精加工内轮廓至尺寸要求。

5）调用 2 号切断刀切断零件，并保证长度 46. 5 为 mm。

6）调头，夹持已加工过的 φ46mm 外圆，调用 1 号刀手动车削端面、倒角，并保证总长为 46mm±0. 1mm。

7）调用 3 号内螺纹车刀，加工内螺纹至尺寸要求。

3. 零件Ⅰ加工步骤

1）夹持毛坯切断端，零件伸出卡盘长度为 70mm，车削右端面。

2）粗、精车削右端轮廓至尺寸要求。

3）切槽至尺寸要求。

4）车削螺纹至尺寸要求（用零件Ⅱ试配，保证螺纹配合）。

5）调头，装夹零件，垫上铜皮夹持 φ36mm 圆柱面，手动车削端面，保证总长为 90mm±0. 1mm。

6）手动钻孔。

7）粗、精加工零件左端内轮廓至尺寸要求。

8）粗、精加工零件左端外轮廓至尺寸要求（用零件Ⅱ试配合，保证锥面、圆弧面配合）。

4. 刀具及切削用量的选择

刀具及切削用量的选择见表10-5和表10-6。

表10-5　零件Ⅱ刀具卡（二）

实训课题		螺纹、圆锥配合类零件	零件名称	零件Ⅱ	零件图号	图10-2	
序号	刀具号	刀具名称及规格	刀尖圆弧半径	数量	加工内容	转速/（r/min）	进给量/（mm/r）
1	T0101	93°外圆刀	0.4mm	1	端面及外圆	粗800 精1500	粗0.2 精0.1
2	T0202	4mm切断刀	0.2mm	1	切断	400	粗0.1
3	T0303	60°内螺纹刀	0	1	内螺纹	400	1.5
4	T0404	车孔刀	0.2mm	1	内孔面	粗600 精1200	粗0.2 精0.1
5		钻头 ϕ20mm		1	钻孔	200	手动控制

表10-6　零件Ⅰ刀具卡（二）

实训课题		螺纹、圆锥配合类零件	零件名称	零件Ⅰ	零件图号	图10-2	
序号	刀具号	刀具名称及规格	刀尖圆弧半径	数量	加工内容	转速/（r/min）	进给量/（mm/r）
1	T0101	93°外圆刀	0.4mm	1	端面及外轮廓	粗800 精1500	粗0.2 精0.1
2	T0202	4 mm切槽刀	0.2mm	1	切槽	400	粗0.1
3	T0303	60°外螺纹刀	0	1	外螺纹	400	1.5
4	T0404	车孔刀	0.2mm	1	内孔面	粗600 精1200	粗0.2 精0.1
5		钻头 ϕ20mm		1	钻孔	200	手动控制

三、加工参考程序

1. 零件Ⅱ加工参考程序

零件Ⅱ的加工参考程序及加工过程见表10-7。

表10-7　参考程序卡（十三）

数控车床程序卡	编程原点	工件右端面的轴心线上			编程系统	HNC—21T/22T
	零件名称	零件Ⅱ	零件图号	图10-2	材　料	45钢
	机床型号	CJK6136	夹具名称	三爪自定心卡盘	实训车间	数控中心

步骤一：用三爪自定心卡盘夹持毛坯外圆，找正并夹牢，零件伸出卡盘长度为55mm

步骤二：用 ϕ20mm钻头手动钻孔，孔深为55mm

步骤三：车削端面、外圆面及内孔面

程序号	程　序	简 要 说 明
序 号	%1003	程序名
N010	T0101	调用1号93°外圆刀，1号刀偏
N020	M03　S800	主轴正转，转速为800r/min

（续）

数控车床程序卡	编程原点	工件右端面的轴心线上			编程系统	HNC—21T/22T
	零件名称	零件Ⅱ	零件图号	图 10-2	材　料	45 钢
	机床型号	CJK6136	夹具名称	三爪自定心卡盘	实训车间	数控中心

步骤一：用三爪自定心卡盘夹持毛坯外圆，找正并夹牢，零件伸出卡盘长度为 55mm

步骤二：用 ϕ20mm 钻头手动钻孔，孔深为 55mm

步骤三：车削端面、外圆面及内孔面

程序号	程　序	简 要 说 明
序 号	%1003	程序名
N030	G95　G00　X52　Z2　M08	快速进给至起刀点，打开切削液
N040	G80　X48　Z－50　F0.2	粗加工 ϕ46mm 外圆
N050	X46.5　Z－50	
N060	X46　Z－50　F0.1　S1500	精加工 ϕ46mm 外圆
N070	G00　X100	退刀
N080	Z100	退刀至换刀点
N090	M05	主轴停止
N100	M00	程序暂停
N110	T0404	换 4 号车孔刀，4 号刀偏
N120	M03　S600	选择转速为 600r/min
N130	G95　G00　X18　Z2	快速定位
N140	G71　U1.0　R0.5　P150　Q230　X－0.8　Z0　F0.2	外径/内径车削复合循环程序
N150	G00　G41　X47　S1200	内径轮廓精加工程序
N160	G01　Z0　F0.1	
N170	X45.06	
N180	G02　X33.119　Z－5.403　R6	
N190	G01　X29.6　Z－23	
N200	X28.58	
N210	X25.58　Z－24	
N220	Z－50	
N230	G40　X18	
N240	G00　Z100	Z 轴方向退刀
N250	X100	X 轴方向退刀
N260	M05	主轴停止
N270	M30	程序结束

步骤四：用 2 号切断刀切断零件，保证长度为 46.5mm

步骤五：将零件调头，垫上铜皮夹持已加工过的 ϕ46mm 外圆，调用 1 号刀，手动车削端面、倒角，保证总长为 46mm ±0.1mm

步骤六：用 3 号内螺纹刀，加工内螺纹至尺寸要求

程序号	程　序	简 要 说 明
序号	%1004	程序名
N010	T0303	调用 3 号内螺纹刀，3 号刀偏
N020	M03　S400	主轴正转，转速为 400r/min
N030	G95　G00　X22　Z4.5　M08	快速进给至起刀点，打开切削液

（续）

数控车床程序卡	编程原点	工件右端面的轴心线上			编程系统	HNC—21T/22T
	零件名称	零件Ⅱ	零件图号	图 10-2	材　料	45 钢
	机床型号	CJK6136	夹具名称	三爪自定心卡盘	实训车间	数控中心
步骤四：用 2 号切断刀切断零件，保证长度为 46.5mm						
步骤五：将零件调头，垫上铜皮夹持已加工过的 ϕ46mm 外圆，调用 1 号刀，手动车削端面、倒角，保证总长为 46mm ±0.1mm						
步骤六：用 3 号内螺纹刀，加工内螺纹至尺寸要求						

程序号	程　序	简　要　说　明
序号	%1004	程序名
N040	G82　X26.2　Z－25　F1.5	加工 M27mm×1.5mm 内螺纹
N050	X26.7　Z－25　F1.5	
N060	X27　Z－25　F1.5	
N070	X27　Z－25　F1.5	
N080	G00　Z100	Z 轴方向退刀
N090	X100	X 轴方向退刀
N100	M05	主轴停止
N110	M30	程序结束

2. 零件Ⅰ加工参考程序

零件Ⅰ的加工参考程序及加工过程见表 10-8。

表 10-8　参考程序卡（十四）

数控车床程序卡	编程原点	工件右端面的轴心线上			编程系统	HNC—21T/22T
	零件名称	零件Ⅰ	零件图号	图 10-2	材　料	45 钢
	机床型号	CJK6136	夹具名称	三爪自定心卡盘	实训车间	数控中心
步骤一：用三爪自定心卡盘夹持毛坯外圆，找正并夹牢，零件伸出卡盘长度为 70mm，手动车削端面						
步骤二：粗、精加工零件右端轮廓至尺寸要求，加工螺纹退刀槽及螺纹						

程序号	程　序	简　要　说　明
序号	%1005	程序名
N010	T0101	调用 1 号 93°外圆刀，1 号刀偏
N020	M03　S800	主轴正转，转速为 800r/min
N030	G95　G00　X50　Z2	快速进给至起刀点，打开切削液
N040	G71　U1.5　R0.5　P50　Q160　X0.8　Z0　F0.2	外径/内径车削复合循环程序
N050	G42　G00　X13　S1500	外径轮廓精加工程序
N060	G01　X20　Z－1.5　F0.1	
N070	Z－19.5	
N080	X24	
N085	X26.8　Z－21	
N090	Z－32.5	
N100	X32	
N110	G03　X36　Z－34.5　R2	
N120	G01　Z－57.5	
N130	X43	
N140	X46　Z－59	
N150	Z－69	
N160	G40　X50	

（续）

数控车床程序卡	编程原点	工件右端面的轴心线上			编程系统	HNC—21T/22T
	零件名称	零件Ⅰ	零件图号	图 10-2	材　料	45 钢
	机床型号	CJK6136	夹具名称	三爪自定心卡盘	实训车间	数控中心
步骤一：用三爪自定心卡盘夹持毛坯外圆，找正并夹牢，零件伸出卡盘长度为 70mm，手动车削端面						
步骤二：粗、精加工零件右端轮廓至尺寸要求，加工螺纹退刀槽及螺纹						

程序号	程　　序	简　要　说　明
序号	%1005	程序名
N170	G00　X100	X 轴方向退刀
N180	Z100	Z 轴方向退刀
N190	M05	主轴停止
N210	M00	程序暂停
N210	T0202	换 2 号切槽刀，2 号刀偏
N220	M03　S400	选择转速为 400r/min
N230	G00　X38	快速定位
N240	Z-32.5	
N250	G01　X23.1　F0.1	加工螺纹退刀槽
N260	X27.5	
N270	Z-30	
N280	X27	
N290	X24　Z-31.5	
N300	X23	
N310	Z-32.5	
N320	X38	
N330	G00　X100	退刀
N340	Z100	
N350	M05	主轴停止
N360	M00	程序暂停
N370	T0303	换 2 号切槽刀，2 号刀偏
N380	M03　S400	选择转速为 400r/min
N390	G00　X30	快速定位
N400	Z-16	
N410	G82　X26.2　Z-30　F1.5	加工 M27mm×1.5mm 外螺纹
N420	X25.6　Z-30　F1.5	
N430	X25.2　Z-30　F1.5	
N440	X25.04　Z-30　F1.5	
N450	G00　X100	X 轴方向退刀
N460	Z100	Z 轴方向退刀
N470	M05	主轴停止
N480	M30	程序结束

（续）

数控车床程序卡	编程原点	工件右端面的轴心线上			编程系统	HNC—21T/22T
	零件名称	零件Ⅰ	零件图号	图 10-2	材　料	45 钢
	机床型号	CJK6136	夹具名称	三爪自定心卡盘	实训车间	数控中心

步骤三：将零件调头，垫上铜皮夹持 ϕ36mm 圆柱面，车削端面，保证总长为 90mm ±0.1mm

步骤四：用 ϕ20mm 钻头手动钻孔，孔深为 30mm

步骤五：粗、精加工左端内孔和外形轮廓

程序号	程　　序	简　要　说　明
序号	%1006	程序名
N010	T0404	调用 4 号车孔刀，4 号刀偏
N020	M03　S600	主轴正转，转速为 600r/min
N030	G95　G00　X18　Z2	快速进给至起刀点，打开切削液
N040	G71　U1.0　R0.5　P50　Q80　X-0.8　Z0　F0.2	外径/内径车削复合循环程序
N050	G00　X31　S1200	内径轮廓精加工程序
N060	G01　X24　Z-1.5　F0.1	
N070	Z-20	
N080	X18	
N090	G00　X100	X 轴方向退刀
N100	Z100	Z 轴方向退刀
N110	M05	主轴停止
N120	M00	程序暂停
N130	T0101	换 1 号 93°外圆刀，1 号刀偏
N140	M03　S800	主轴正转，转速为 800r/min
N150	G00　X52　Z3	快速进给至起刀点，打开切削液
N160	G71　U1.5　R0.5　P170　Q210　X0.8　Z0　F0.2	外径/内径车削复合循环程序
N170	G42　G00　X29.1　S1500	外径轮廓精加工程序
N180	G01　X33.119　Z-17.097　F0.1	
N190	G02　X45.06　Z-22.5　R6	
N210	G01　X50	
N210	G40　X52	
N220	G00　X100	X 轴方向退刀
N230	Z100	Z 轴方向退刀
N240	M05	主轴停止
N250	M30	程序结束

3. 注意事项

加工完成零件Ⅰ右端螺纹后，将零件Ⅱ试配合；加工完成零件Ⅰ左端锥面后，用零件Ⅱ试配合，并调整间隙。

第三节　椭圆配合类零件的加工工艺分析

学习目标

1. 根据零件图样的要求，用宏指令编写合理的加工程序。
2. 掌握椭圆配合类零件的配合加工要求。
3. 培养综合应用能力。

一、零件图

加工如图 10-3 所示的椭圆、螺纹配合类零件，毛坯为 $\phi50mm\times100mm$ 和 $\phi50mm\times55mm$ 的棒料。

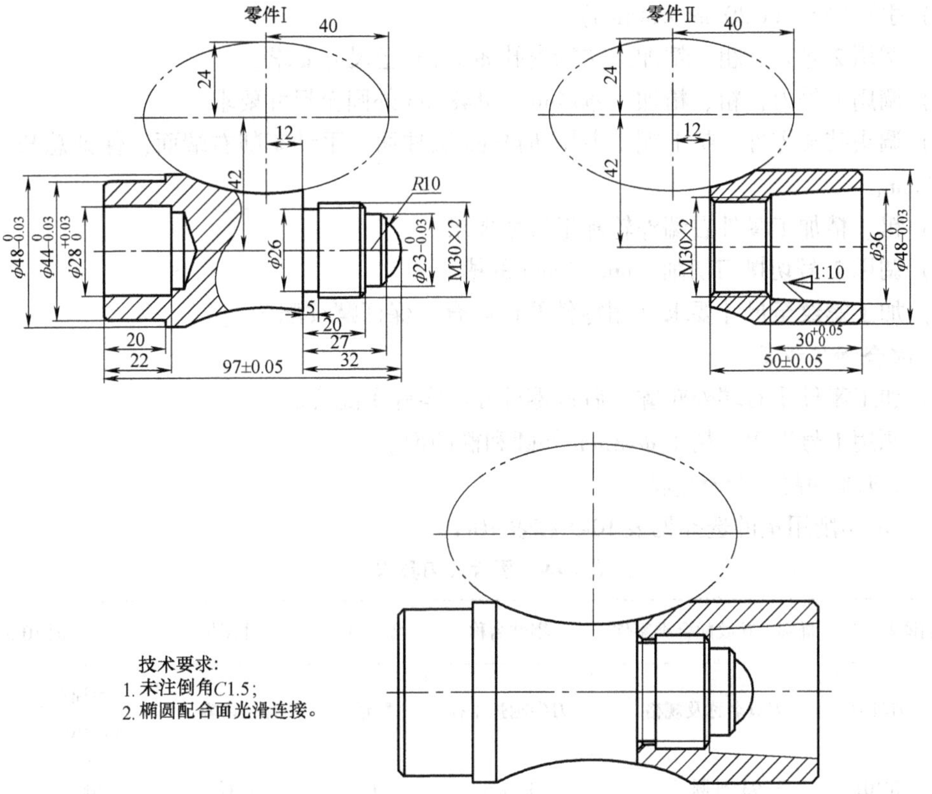

图 10-3　椭圆、螺纹配合类零件

二、加工工艺分析

1. 工艺分析

该配合为两件螺纹配合，单个零件都比较简单，难点在配合后要求椭圆面光滑连接。分析零件图样，加工零件时先加工零件Ⅱ，然后加工零件Ⅰ，最后两件配合加工椭圆面。

根据毛坯的情况，加工零件Ⅱ时，只需加工内锥面及内螺纹，保证总长为50mm±0.05mm，外圆和椭圆面在配合时加工。加工零件Ⅰ时，先加工左端外圆和内孔，然后加工右端轮廓及螺纹，椭圆面不加工。最后将零件Ⅱ与零件Ⅰ配合后，加工ϕ48mm外圆和椭圆面。

2. 零件Ⅱ加工步骤

1）夹持毛坯，零件伸出卡盘长度为30mm。

2）手动钻孔（ϕ20mm×60mm，即通孔）。

3）调用1号外圆刀，手动车削端面。

4）调用2号车孔刀，粗、精加工1∶10锥孔和M30mm×2mm螺纹孔至尺寸要求。

5）调用3号内螺纹车刀，加工M30mm×2mm内螺纹至尺寸要求。

6）调头，手动车削端面、倒角，并保证总长为50mm±0.05mm。

3. 零件Ⅰ加工步骤

1）夹持毛坯，零件伸出卡盘长度为50mm。

2）手动钻孔（ϕ20mm×30mm）。

3）调用2号刀，粗、精加工左端内孔ϕ28mm至尺寸要求。

4）调用1号刀，粗、精加工ϕ44mm、ϕ48mm外圆至尺寸要求。

5）调头装夹零件，垫上铜皮夹持ϕ44mm圆柱面，手动车削右端面，保证总长为97mm±0.05mm。

6）粗、精加工零件右端外轮廓至尺寸要求。

7）调用2号切槽刀切削5mm×2mm的槽。

8）加工螺纹至尺寸要求（用零件Ⅱ试配合，保证螺纹配合）。

4. 配合加工步骤

1）加工零件Ⅰ右端外轮廓之后将零件Ⅱ与零件Ⅰ配合。

2）调用1号刀粗、精车ϕ48mm外圆和椭圆面。

5. 刀具及切削用量的选择

刀具及切削用量的选择见表10-9和表10-10。

表10-9　零件Ⅱ刀具卡（三）

实训课题		椭圆、螺纹配合类零件	零件名称	零件Ⅱ	零件图号	图10-3	
序号	刀具号	刀具名称及规格	刀尖圆弧半径	数量	加工内容	转速/(r/min)	进给量/(r/mm)
1	T0101	93°外圆刀	0.4mm	1	端面	1000	手动控制
2	T0202	车孔刀	0.2mm	1	内孔面	粗600 精1200	粗0.2 精0.1
3	T0303	内螺纹刀	0	1	内螺纹	600	2
4		钻头ϕ20mm		1	钻孔	200	手动控制

表 10-10　零件 I 刀具卡（三）

实训课题		椭圆、螺纹配合类零件	零件名称	零件 I	零件图号	图 10-3	
序号	刀具号	刀具名称及规格	刀尖圆弧半径	数量	加工内容	转速/(r/min)	进给量/(r/mm)
1	T0101	93°外圆刀	0.4mm	1	端面及外轮廓	粗 800 精 1500	粗 0.2 精 0.1
2	T0202	车孔刀	0.2mm	1	内孔面	粗 600 精 1200	粗 0.2 精 0.1
3	T0303	60°外螺纹刀	0	1	外螺纹	600	2
4	T0404	5 mm 切槽刀	0.2mm	1	切槽	400	0.1
5		钻头 ϕ20mm		1	钻孔	200	手动控制

三、加工参考程序

1. 零件Ⅱ加工参考程序

零件Ⅱ的加工参考程序及加工过程见表 10-11。

表 10-11　参考程序卡（十五）

数控车床程序卡	编程原点	工件右端面的轴心线上			编程系统	HNC—21T/22T
	零件名称	零件Ⅱ	零件图号	图 10-3	材料	45 钢
	机床型号	CJK6136	夹具名称	三爪自定心卡盘	实训车间	数控中心

步骤一：用三爪自定心卡盘夹持毛坯外圆，找正并夹牢，零件伸出卡盘长度为 30mm		
步骤二：用 ϕ20mm 钻头手动钻通孔		
步骤三：调用 1 号外圆刀手动车端面		
步骤四：加工 1:10 锥孔和 M30mm×2mm 的内螺纹		
程序号	程　　序	简 要 说 明
序 号	%1007	程序名
N010	T0202	调用 2 号车孔刀，2 号刀偏
N020	M03　S600	主轴正转，转速为 600r/min
N030	G95　G41　G00　X18　Z3　M08	快速进给至起刀点，打开切削液
N040	G71　U2　R1　P50　Q110　X-0.8　F0.2	外径/内径车削复合循环
N050	G00　X36	锥孔、螺纹孔精加工程序
N060	G01　Z0　S1200　F0.1	
N070	X33　Z-30	
N080	X32	
N090	X28　Z-32	
N100	Z-55	
N110	X20	
N120	G40　G00　Z150	退回换刀点
N130	T0303	换 3 号内螺纹刀，3 号刀偏

（续）

数控车床程序卡	编程原点	工件右端面的轴心线上			编程系统	HNC—21T/22T
	零件名称	零件Ⅱ	零件图号	图 10-3	材料	45 钢
	机床型号	CJK6136	夹具名称	三爪自定心卡盘	实训车间	数控中心
步骤一：用三爪自定心卡盘夹持毛坯外圆，找正并夹牢，零件伸出卡盘长度为 30mm						
步骤二：用 ϕ20mm 钻头手动钻通孔						
步骤三：调用 1 号外圆刀手动车端面						
步骤四：加工 1∶10 锥孔和 M30mm×2mm 的内螺纹						

程序号	程 序	简 要 说 明
序 号	%1007	程序名
N140	G00 X27 S600	快速定位
N150	Z-25	
N160	G82 X29 Z-50 F2	加工 M30mm×2mm 内螺纹
N170	X29.5 Z-50 F2	
N180	X30 Z-50 F2	
N190	X30.5 Z-50 F2	
N200	X30.06 Z-50 F2	
N210	G00 Z150	Z 轴方向退刀
N220	X100	X 轴方向退刀
N230	M05	主轴停止
N240	M30	程序结束
步骤五：将零件调头，垫上铜皮，用 1 号刀手动车削端面、倒角，保证总长为 50mm±0.05mm		

2. 零件Ⅰ加工参考程序

零件Ⅰ的加工参考程序及加工过程见表 10-12。

表 10-12 参考程序卡（十六）

数控车床程序卡	编程原点	工件右端面的轴心线上			编程系统	HNC—21T/22T
	零件名称	零件Ⅰ	零件图号	图 10-3	材 料	45 钢
	机床型号	CJK6136	夹具名称	三爪自定心卡盘	实训车间	数控中心
步骤一：用三爪自定心卡盘夹持毛坯外圆，找正并夹牢，零件伸出卡盘长度为 50mm，手动钻孔 ϕ20mm×30mm						
步骤二：粗、精加工零件左端内孔、外形轮廓至尺寸要求						

程序号	程 序	简 要 说 明
序 号	%1008	程序名
N010	T0202	调用 2 号车孔刀，2 号刀偏
N020	M03 S600	主轴正转，转速为 600r/min
N030	G95 G00 X18 Z3 M08	快速进给至起刀点，打开切削液
N040	G80 X23 Z-22 F0.1	加工 ϕ28mm 内孔
N050	X26 Z-22	
N060	X27.5 Z-22	
N070	X28 Z-22	
N080	G00 Z150	退回换刀点
N085	X100	
N090	T0101	换 1 号 93°外圆刀，1 号刀偏
N100	G00 X50 Z3 S800	快速进给至起刀点
N110	G80 X48 Z-35 F0.2	加工 ϕ48mm 外圆

（续）

数控车床程序卡	编程原点	工件右端面的轴心线上			编程系统	HNC—21T/22T
	零件名称	零件Ⅰ	零件图号	图 10-3	材 料	45 钢
	机床型号	CJK6136	夹具名称	三爪自定心卡盘	实训车间	数控中心

步骤一：用三爪自定心卡盘夹持毛坯外圆，找正并夹牢，零件伸出卡盘长度为 50mm，手动钻孔 ϕ20mm × 30mm

步骤二：粗、精加工零件左端内孔、外形轮廓至尺寸要求

程序号	程　序	简 要 说 明
序 号	%1008	程序名
N120	G80　X45　Z－20	加工 ϕ44mm 外圆
N130	G80　X44　Z－20　F0.1	
N140	G00　X100	X 轴方向退刀
N150	Z100	Z 轴方向退刀
N160	M05	主轴停止
N170	M30	程序结束

步骤三：将工件调头，垫上铜皮夹持 ϕ44mm 圆柱面，手动车削端面，保证总长为 97mm ±0.05mm

步骤四：粗、精加工右端外形轮廓、退刀槽和 M30mm × 2mm 外螺纹

程序号	程　序	简要说明
序号	%1009	程序名
N010	T0101	调用 1 号 93°外圆刀，1 号刀偏
N020	M03　S800	主轴正转，转速为 800r/min
N030	G42　G95　G00　X52　Z3	快速进给至起刀点，打开切削液
N040	G71　U1.5　R0.5　P50　Q150　X0.8　Z0　F0.2	外径/内径车削复合循环程序
N050	G00　X－2	外径轮廓精加工程序
N060	G01　Z0　S1500　F0.1	
N070	X0	
N080	G03　X17.32　Z－5	
N090	G01　X20	
N100	X23　Z－6.5	
N110	Z－12	
N120	X27	
N130	X29.8　Z－13.5	
N140	Z－32	
N150	X50	
N160	G00　G40　X100	X 轴方向退刀
N170	Z100	Z 轴方向退刀
N180	T0404	换 4 号切槽刀，4 号刀偏
N190	M03　S400	主轴正转，转速为 400r/min
N200	G00　X52	快速进给至起刀点
N210	Z－32	
N220	X26　F0.1	切削沟槽
N230	G00　X100	X 轴方向退刀
N240	Z100	退回换刀点
N250	T0303	换 3 号外螺纹刀，3 号刀偏

（续）

数控车床程序卡	编程原点	工件右端面的轴心线上			编程系统	HNC—21T/22T
	零件名称	零件Ⅰ	零件图号	图 10-3	材 料	45 钢
	机床型号	CJK6136	夹具名称	三爪自定心卡盘	实训车间	数控中心
步骤三：将工件调头，垫上铜皮夹持 ϕ44mm 圆柱面，手动车削端面，保证总长为 97mm ±0.05mm						
步骤四：粗、精加工右端外形轮廓、退刀槽和 M30mm×2mm 外螺纹						

程序号	程　　序	简 要 说 明
序 号	%1009	程序名
N260	M03　S600	转轴正传，转速为 600r/min
N270	G00　X31　Z0	快速定位至起刀点
N280	G82　X29　Z-28　F2	加工 M30mm×2mm 外螺纹
N290	X28.4　Z-28　F2	
N300	X27.8　Z-28　F2	
N310	X27.4　Z-28　F2	
N320	X27.3　Z-28　F2	
N330	G00　X100	退回到换刀点
N340	Z100	
N350	M30	程序结束

3. 配合加工参考程序

零件配合后加工的参考程序及加工过程见表 10-13。

表 10-13　参考程序卡（十七）

数控车床程序卡	编程原点	配合后工件Ⅱ右端面的轴心线上			编程系统	HNC—21T/22T
	零件名称	配合加工	零件图号	图 10-3	材　料	45 钢
	机床型号	CJK6136	夹具名称	三爪自定心卡盘	实训车间	数控中心
将零件Ⅰ和零件Ⅱ用螺纹配合，加工零件Ⅱ ϕ48mm 外圆和配合椭圆面						

程序号	程　　序	简要说明
序号	%1010	程序名
N010	T0101	调用 1 号 93°外圆刀，1 号刀偏
N020	M03　S800	主轴正转，转速为 800r/min
N030	G95　G00　X52　Z1　M08	快速进给至起刀点，打开切削液
N040	G80　X48.5　Z-90　F0.2	粗加工 ϕ48mm 外圆
N050	G00　X43	精加工 ϕ48mm 外圆
N060	G01　X48　Z-1.5　F0.1　S1500	
N070	Z-30	
N080	G00　X55　Z-25	退回起刀点
N090	G71　U1.5　R0.5　P100　Q190　E0.8　F0.2　S800	复合循环程序加工椭圆面
N100	G42　G00　X53　S1500	椭圆面精加工程序
N110	Z-30	
N120	#1 =28	
N130	#2 = -28	
N140	WHILE　#1　GE　#2	
N150	#3 =24/40 * SQRT [40 * 40 - #1 * #1]	
N160	G01　X [84 -2 * #3]　Z [#1 -62]	

（续）

<table>
<tr><td rowspan="3">数控车床程序卡</td><td>编程原点</td><td colspan="2">配合后工件Ⅱ右端面的轴心线上</td><td>编程系统</td><td>HNC—21T/22T</td></tr>
<tr><td>零件名称</td><td>配合加工</td><td>零件图号</td><td>图 10-3</td><td>材　料</td><td>45 钢</td></tr>
<tr><td>机床型号</td><td>CJK6136</td><td>夹具名称</td><td>三爪自定心卡盘</td><td>实训车间</td><td>数控中心</td></tr>
<tr><td colspan="7">将零件Ⅰ和零件Ⅱ用螺纹配合，加工零件Ⅱ φ48mm 外圆和配合椭圆面</td></tr>
<tr><td>程序号</td><td colspan="3">程　　序</td><td colspan="3">简 要 说 明</td></tr>
<tr><td>序 号</td><td colspan="3">%1010</td><td colspan="3">程序名</td></tr>
<tr><td>N170</td><td colspan="3">#1 = #1 − 0. 2</td><td colspan="3" rowspan="3">椭圆面精加工程序</td></tr>
<tr><td>N180</td><td colspan="3">ENDW</td></tr>
<tr><td>N190</td><td colspan="3">X53</td></tr>
<tr><td>N200</td><td colspan="3">G40　X100</td><td colspan="3" rowspan="2">退回换刀点</td></tr>
<tr><td>N210</td><td colspan="3">Z100</td></tr>
<tr><td>N220</td><td colspan="3">M30</td><td colspan="3">程序结束</td></tr>
</table>

4. 注意事项

工件在加工过程中需要调头和配合加工，在调用刀具补偿时，要注意程序中的刀具补偿，对刀时刀具补偿参数与实际加工用的刀具参数是否一致。

思考题

1. 加工如图 10-4 所示的螺纹、圆锥配合类零件。
2. 加工如图 10-5 所示的锥面、椭圆配合类零件。

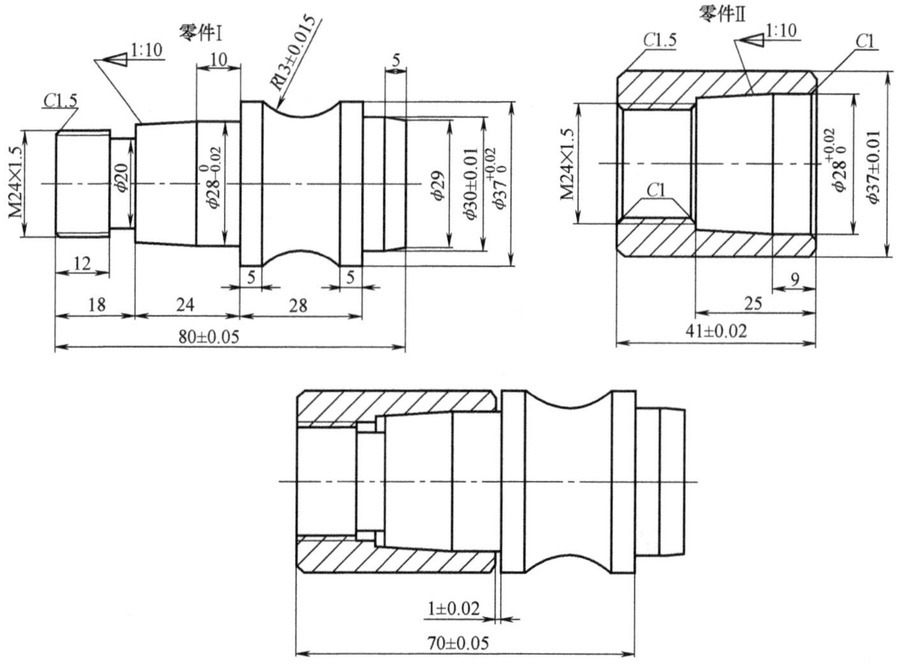

图 10-4　思考题 1

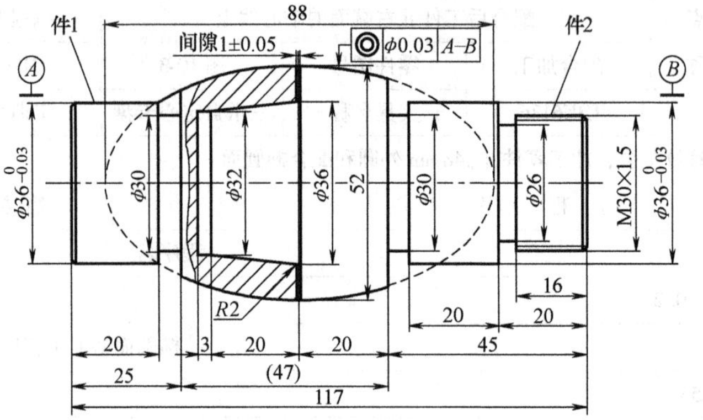
88
间隙1±0.05
◎ φ0.03 A–B
件1
件2
A
B
φ36 0 -0.03
φ30
φ32
φ36
52
φ30
φ26
M30×1.5
φ36 0 -0.03
R2
16
20
20
20
3
20
20
45
25
(47)
117

图 10-5　思考题 2

第十一章 数控车床自动编程软件操作

自动编程又称计算机辅助编程，即利用CAD技术进行计算机辅助设计，再利用CAM技术进行辅助数控编程。编程人员只需根据图样要求，通过CAD/CAM软件在计算机上绘制零件的几何图形，形成图形文件，然后调用数控编程模块，采用人机交互的方式输入相应的加工工艺参数，最后计算机自动生成加工程序代码。自动编程的出现使得一些计算繁琐、手工编程困难或者无法编出的程序得以实现。因此，自动编程的前景非常广阔。当前常用的CAD/CAM软件很多，如UG、Pro/Engineer、Cimatron、MasterCAM、CATIA、CAXA等。本章以MasterCAM X为例，介绍数控车床自动编程软件的应用。

第一节 MasterCAM X车削自动编程软件简介

学习目标

1. 掌握MasterCAM X自动编程软件的界面组成及基本操作方法。
2. 了解MasterCAM X自动编程的操作步骤。

MasterCAM软件是美国CNC SoftWare公司推出的基于PC平台的CAD/CAM软件。它具有很强的编程功能，尤其是对复杂曲面的加工编程，可以自动生成加工程序代码，具有独到的优势。MasterCAM软件主要用于数控加工编程，其零件的设计造型功能虽然不是很强，对硬件要求不高，且操作灵活、易学易用、价格较低，因此很受欢迎。

MasterCAM X是当前较新的版本，它去掉了旧版本瀑布式的层级菜单结构，取而代之的是目前流行的窗口式及以对象为中心的操作方式。MasterCAM X将旧版本独立启动的设计模块“Design”、数控车模块“Lathe”、数控铣模块“Mill”及数控线切割模块“Wire”集中在加工类型菜单“加工类型”下进行调用，用户需要某个模块时，直接选择相应的模块即可，无需单独启动。

一、MasterCAM X工作界面组成

启动MasterCAM X软件后，计算机窗口的将显示如图11-1所示的工作界面（设计模块），这就是MasterCAM X应用程序的窗口，其显示形式与Windows其他应用软件相似，充分体现了MasterCAM X软件界面友好、易学、易用的特点。工作界面主要包括标题栏、菜单栏、工具栏、坐标输入及捕捉栏、操作栏、操作命令记录栏、状态栏、加工/实体操作管

理器、绘图区等。

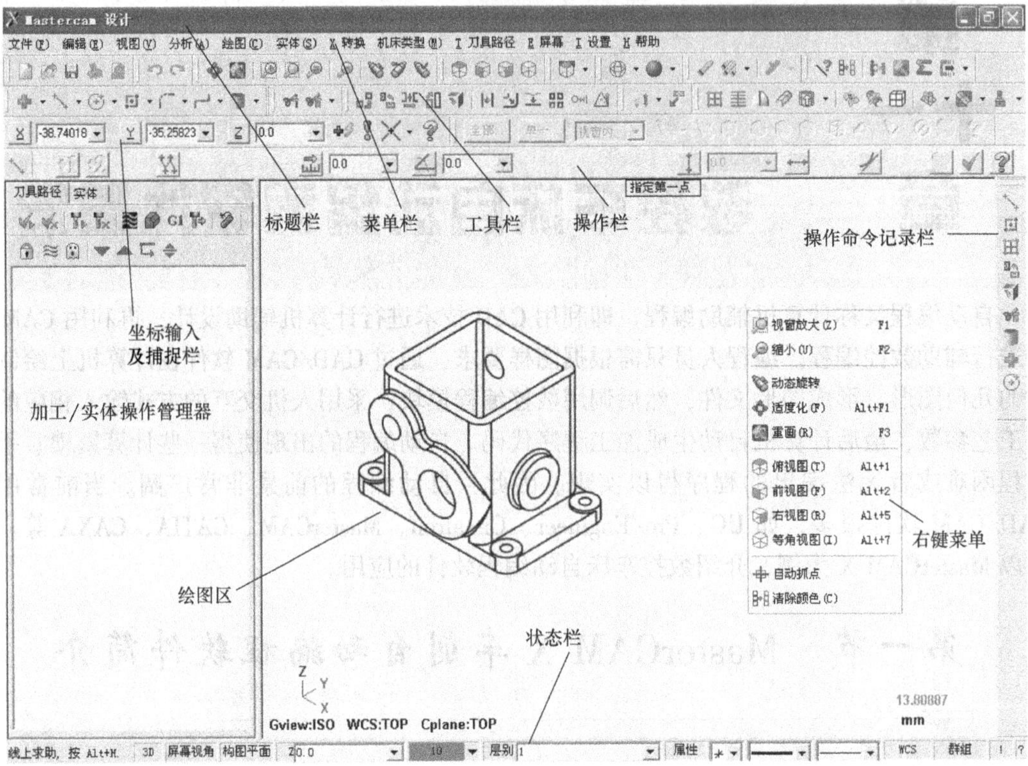

图 11-1 MasterCAM X 工作界面

1. 标题栏

MasterCAM X 工作界面的最上面一行是标题栏，它显示了软件的名称、当前所使用的模块、当前打开文件的路径及文件名称。在标题栏的右侧是标准 Windows 应用程序的 3 个控制钮，分别是最小化窗口、还原窗口和关闭应用程序。

2. 菜单栏

标题栏下面是菜单栏，它主要包含了 MasterCAM X 软件的所有菜单命令，依次为文件管理菜单“文件”、编辑菜单“编辑”、视图菜单“视图”、分析菜单“分析”、绘图菜单“绘图”、实体菜单“实体”、转换菜单“转换”、机床类型菜单“机床类型”、刀具路径菜单“刀具路径”、屏幕菜单“屏幕”、系统设置菜单“设置”及帮助菜单“帮助”。每个菜单下有若干个子菜单，分别对应着 MasterCAM X 软件的相应命令。

3. 工具栏

菜单栏下面是工具栏，它是将菜单栏中的命令以图标的方式表达，方便用户快捷选取所需要的命令，如图 11-2 所示。

4. 坐标输入及捕捉栏

工具栏下面是坐标输入及捕捉栏，它主要起到坐标输入及绘图捕捉的功能，如图 11-3 所示。

1) X、Y、Z 坐标输入。用于输入点的 X、Y、Z 坐标值，每输入一个坐标值后按

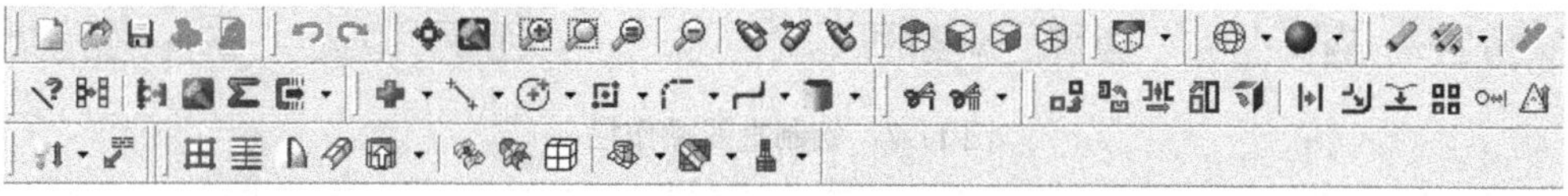

图 11-2　工具栏

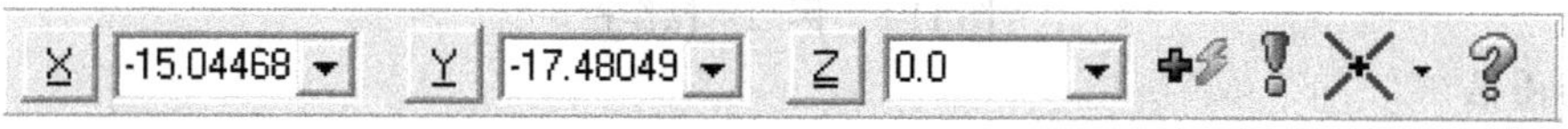

图 11-3　坐标输入及捕捉栏

Enter键确认。

2）快速点坐标输入。单击钮系统以图 11-4 所示的快速点坐标输入栏覆盖 3 个独立的X、Y、Z坐标输入栏，用户可以直接输入点的 X、Y、Z 坐标值，这样避免了在 3 个独立的X、Y、Z坐标输入栏内移动鼠标光标的麻烦，输入点的坐标值后按Enter键确认。

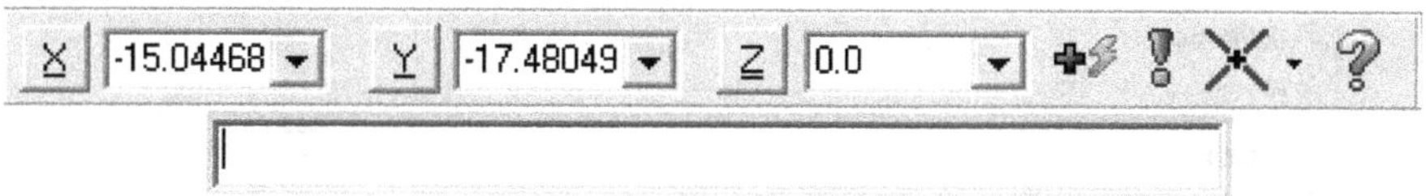

图 11-4　快速点坐标输入栏

3）自动捕捉设置。单击钮系统弹出自动捕捉设置对话框，用户可以设置自动捕捉的类型，如图 11-5 所示。

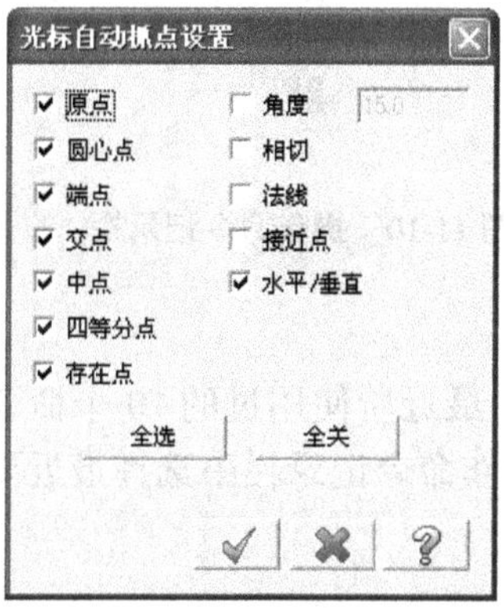

图 11-5　设置自动捕捉类型

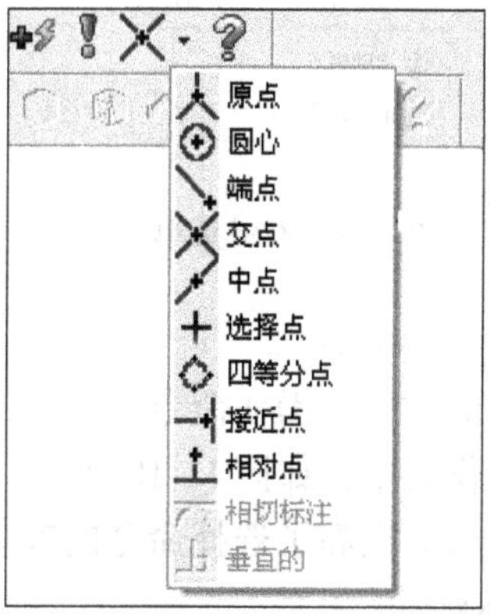

图 11-6　手动捕捉类型

4）手动捕捉。单击右侧的钮，系统弹出如图 11-6 所示的手动捕捉下拉列表，用户可以根据实际捕捉的需要选择相应的手动捕捉选项。

5. 操作栏

绘图区上面是操作栏，它是子命令选项。在未选择任何命令时操作栏处于屏蔽状态，而选择操作命令后将显示该操作命令的所有子命令和选项，并作出相应的提示。

操作栏根据所选择的命令不同而显示不同的内容。图 11-7 所示为选择绘制直线时的操作栏显示内容，图 11-8 所示为选择倒圆角时的操作栏显示内容。

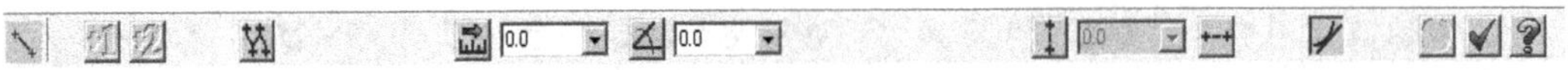

图 11-7　绘制直线操作栏

图 11-8　倒圆角操作栏

6. 绘图区

在 MasterCAM X 工作界面上，最大的空白区域就是绘图区。绘图区就像手工绘图的空白图纸，所有的绘图操作都将在上面完成。绘图区是没有边界的，可以想象成是一张无限大的空白图纸，因此无论多大的图形都可以绘制并显示出来。

绘图区的左下角显示了 MasterCAM X 软件当前的坐标系、当前所设置视图“Gview”、坐标系类型“WCS”和构图面“Cplane”。在绘图区内单击鼠标右键，将弹出如图 11-9 所示的菜单。利用右键菜单可以快速进行一些视图显示、缩放操作。

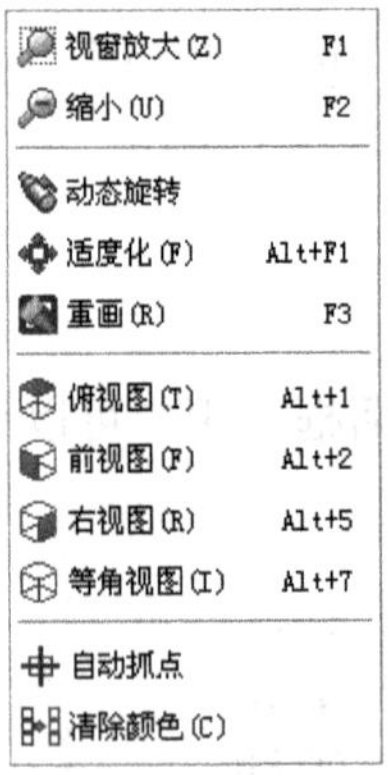

图 11-9　右键菜单

图 11-10　操作命令记录栏

7. 操作命令记录栏

绘图区的右侧是操作命令记录栏，用户在操作过程中最近所使用过的 10 个命令被逐一记录在此操作栏中，如图 11-10 所示。用户可以直接从操作命令记录栏中选择最近要重复使用的命令，从而提高了选择命令的效率。

8. 状态栏

在绘图区的下面是状态栏，它显示了当前所设置的视图平面、构图平面、构图深度、颜色、点类型、线型、图层等属性，选择状态栏中的选项可以进行相应的状态设置，如图 11-11 所示。

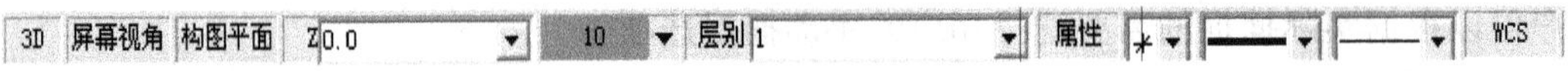

图 11-11　状态栏

9. 加工/实体操作管理器

MasterCAM X 软件将加工操作管理器和实体操作管理器集中在一起，并显示在工作界面上，充分体现了新版本对加工操作和实体操作的高度重视，事实上两者也是整个软件的核心所在。图 11-12 所示为加工操作管理器的显示形式，图 11-13 所示为实体操作管理器的显示形式。详细的内容在例题中介绍。

图 11-12　加工操作管理器

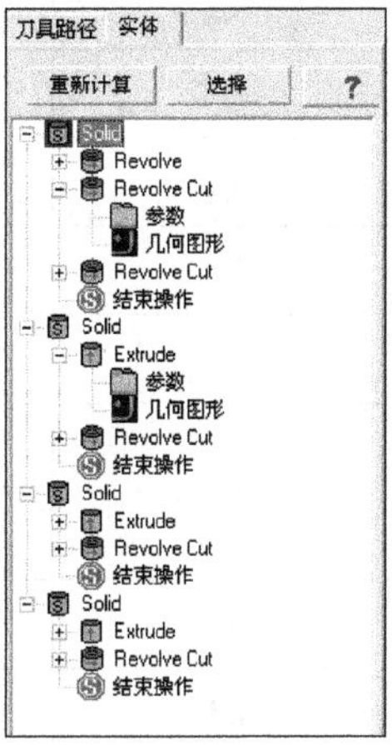

图 11-13　实体操作管理器

二、常用快捷键

MasterCAM X 提供了大量的快捷键，通过快捷键可以提高操作速度。在默认情况下，MasterCAM X 常用快捷键及功能见表 11-1。

表 11-1　MasterCAM X 常用快捷键及功能

快 捷 键	功 能 钮	功　　能
Alt + 1		切换视图至俯视图
Alt + 2		切换视图至前视图
Alt + 3		切换视图至后视图
Alt + 4		切换视图至底视图
Alt + 5		切换视图至右视图
Alt + 6		切换视图至左视图
Alt + 7		切换视图至等轴视图
Alt + A		打开自动存档对话框，设置自动保存参数
Alt + E		启动图素隐藏功能，将选取的图素隐藏
Alt + G		打开栅格参数对话框，设置栅格捕捉的各项参数
Alt + H		启动在线帮助功能
Alt + O		打开或关闭操作管理器对话框
Alt + T		控制刀具路径的显示与隐藏
Alt + U Ctrl + U Ctrl + Z		回退功能，取消当前操作恢复到上一步操作
Alt + X		设置颜色/线型/线宽/图层

（续）

快捷键	功能钮	功能
Alt + Z		打开图层管理对话框进行图层设置
Alt + A		选取所有图素
Ctrl + C		复制功能，将图素复制到剪贴板中
Ctrl + V		粘贴功能，将剪贴板中的图素复制到当前环境中
Ctrl + X		剪切功能，将图素剪切到剪贴板中
Ctrl + Y		向前功能，恢复已经撤销的操作
F1		选定区域进行放大
F2		以原点为基准，将视图缩小至原来的 50%
F3		重画功能，当屏幕垃圾较多时，重画功能能够重新显示屏幕
F4		对图素进行分析，并能够修改图素的属性
Alt + F4		关闭功能，退出 MasterCAM X 软件
F5		删除选定的图素
F9		显示或隐藏基准对象
左箭头	键盘区域	将视图向左移动
右箭头	键盘区域	将视图向右移动
上箭头	键盘区域	将视图向上移动
下箭头	键盘区域	将视图向下移动
Page Up	键盘区域	将视图放大
Page Down	键盘区域	将视图缩小
Esc	键盘区域	结束正在执行的命令
End	键盘区域	自动旋转视图

三、MasterCAM X 软件自动编程的操作步骤

MasterCAM X 软件可以实现自动编程，其具体操作步骤（即自动编程的思路）如下：

1）分析加工零件（同手工编程）。

2）对加工零件进行几何造型，即绘出二维零件的轮廓图。

3）设置零件毛坯。

4）确定工艺步骤并选择合适的刀具。

5）选择切削用量参数。

6）生成刀具轨迹。

7）实体切削验证。

8）后置处理，生成数控车床加工程序的代码。

第二节　MasterCAM X 车削自动编程示例

学习目标

通过示例掌握 MasterCAM X 软件自动编程的方法和过程。

一、示例加工工艺分析

1. 加工零件示例

如图 11-14 所示零件已经加工为 ϕ45mm × 108mm 的尺寸形状，材料为 45 钢，试用 MasterCAM X 车削自动编程软件进行自动编程，然后生成 FANUC 系统的数控程序。

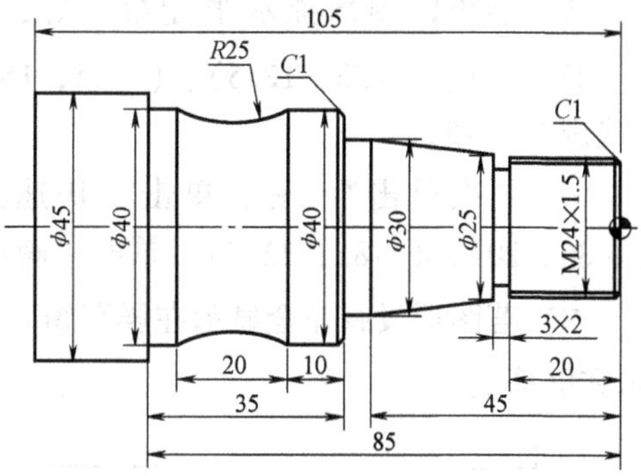

图 11-14　加工零件图

2. 工艺路线的确定

该零件的最大外形尺寸 ϕ45mm 已经加工到位，故 ϕ45mm 的外圆柱面不用再加工，可作为装夹部位，一次装夹完成整个零件的加工。加工过程为首先车削右端面，保证总长，然后粗、精车削外形轮廓，再加工退刀槽，最后加工螺纹。

3. 加工刀具的选用

加工的形状有圆柱面、端面、圆弧面、圆锥面、退刀槽及螺纹，故需要 4 把刀具。

说明：

1）1 号刀为端面车刀。选择刀鼻半径为 0.8mm 的 C 形刀片，主偏角为 93°。

2）2 号刀为外圆车刀。选择刀鼻半径为 0.4mm 的 V 形刀片，主偏角为 93°。

3）3 号刀为切断刀。选取刀片宽度为 2mm，切槽深度为 8mm。

4）4 号刀为刀尖角度为 60°的米制螺纹车刀。

4. 切削用量的选择

切削用量根据毛坯的材料、刀具的材料、机床的运行状况、加工质量的要求等因素来选择。自动编程时的切削参数仅供参考。

二、绘制加工模型图

对于 MasterCAM X 车削自动编程软件，本书着重介绍自动编程的过程及操作。若要对相关的详细内容作深入的了解，请参考相关的专业书籍。

1. 启动软件

启动 MasterCAM X 软件，进入工作界面。

2. 绘制轮廓线

1）单击“绘图”/“直线”/“两点线”命令，或单击钮，弹出两点线操作栏，如图 11-15 所示。利用此命令可以绘制水平线、垂直线、极坐标线、连续线及切线。

图 11-15　两点线操作栏

2）在操作栏内单击“绘制连续线”钮。

3）绘图区顶部提示 指定第一点 ，即输入直线的起点。用鼠标单击坐标原点（按 F9 键则可以显示坐标轴）。

4）绘图区顶部提示 指定第二点 ，单击“快速点坐标输入”钮，输入第二点的坐标（0，12），按 Enter 键确认，则绘制出右端面直线。

5）绘图区顶部提示 指定第二点 ，单击“快速点坐标输入”钮，依次输入坐标（－23，12）、（－23，12.5）、（－45，15）、（－50，15）、（－50，20）、（－60，20），单击“确定”钮。

6）再次单击钮，单击“快速点坐标输入”钮依次输入坐标（－70，20）、（－85，20）、（－85，22.5），单击“确定”钮，最终绘制结果如图 11-16 所示。

7）若图形没有完全显示在屏幕窗口内，则单击“适度化”钮图形将大小合适地显示在屏幕上。

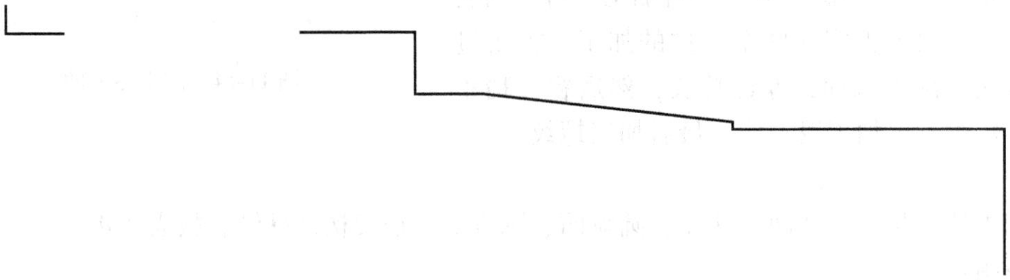

图 11-16　绘制直线

提示：操作中注意钮与钮的区别。单击钮时，系统并不退出用户所选择的操作命令，只是结束当前的操作，用户可以继续使用该命令进行相同的操作。单击钮时，系统结束当前操作并退出用户所选择的操作命令，用户继续使用该命令时，需要重新从菜单栏中选择。

3. 绘制圆弧

1）单击“绘图”／“圆弧”／“两点画弧”命令，或单击钮，弹出两点画弧操作栏，如图 11-17 所示。

图 11-17　两点画弧操作栏

2）在操作栏内单击钮，输入圆弧半径“250”，按 Enter 键确认。

3）选择圆弧的两个端点，屏幕窗口内将会显示几个满足条件的圆弧供用户选择，同时系统提示 选取一圆弧 ，即选择保留的圆弧。

4）用鼠标单击需要保留的圆弧，则所需要的圆弧被保留，其他的圆弧自动消失，单击“确定”钮，最终绘制结果如图 11-18 所示。

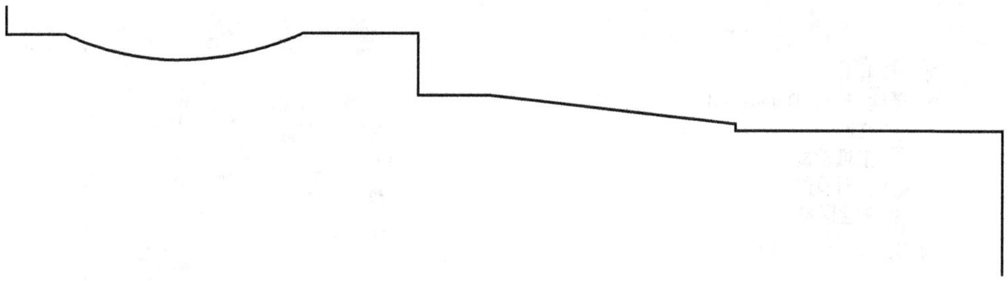

图 11-18　绘制圆弧

4. 绘制退刀槽和倒角

1）用“两点线”命令绘制退刀槽槽底直线，坐标为（-20，12）、（-23，12）。

2）单击“绘图”/“倒角”命令，或单击钮，弹出倒角操作栏，如图 11-19 所示。

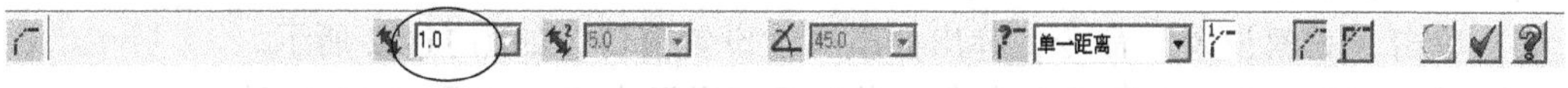

图 11-19　倒角操作栏

3）在操作栏内输入倒角值“1.0”，按 Enter 键确认。

4）分别选择需要倒角的两条直线边，单击“确定”钮，最终绘制结果如图 11-20 所示。

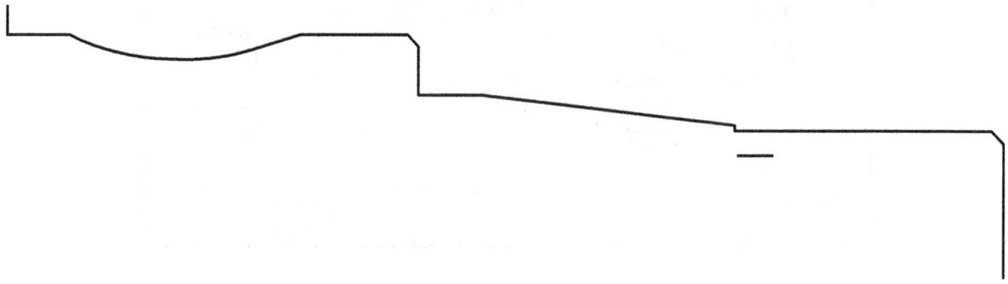

图 11-20　绘制退刀槽和倒角

由于车削零件的几何外形对称于 Z 轴，因此在绘制车削零件的二维轮廓线时，只需绘出零件外形轮廓的一半。至此，车削零件的加工模型图绘制完毕。保存所绘制的加工模型图，命名为车削零件 1。

三、生成刀具轨迹

1. 加工准备

(1) 选择机床类型为车床　单击“机床类型”/“车削”/“默认”命令，在加工操作管理器中添加一个加工群组，如图 11-21 所示。

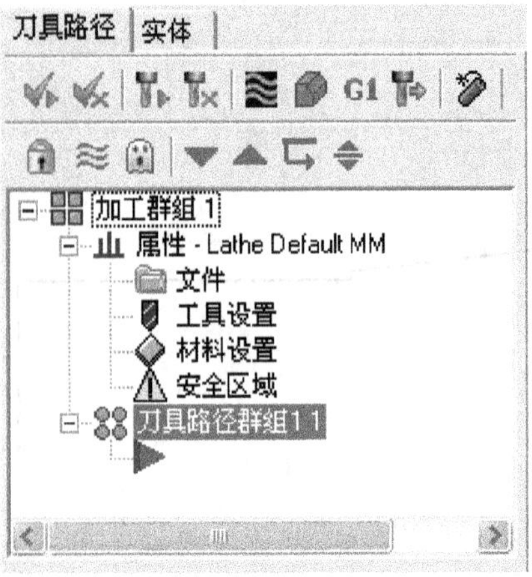

图 11-21　添加加工群组

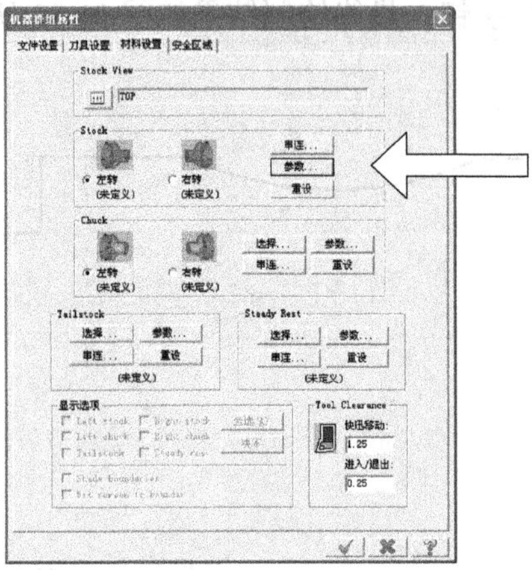

图 11-22　群组属性设置窗口

（2）设置毛坯

1）单击“材料设置”命令，弹出群组属性设置窗口，如图 11-22 所示。

2）单击“Stock”／“参数”命令，弹出毛坯设置窗口，如图 11-23 所示。

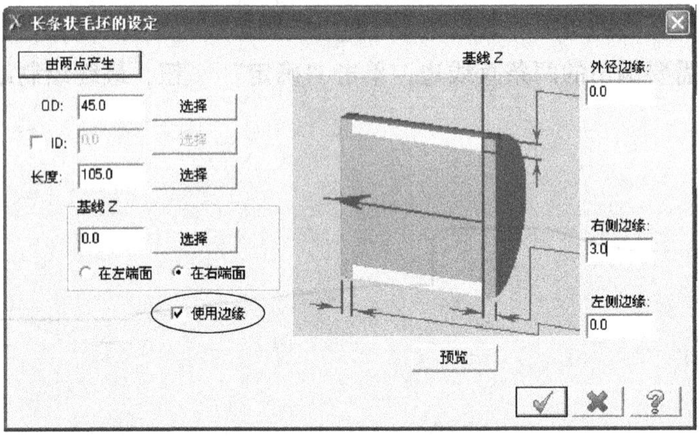

图 11-23　毛坯设置窗口

3）设置毛坯尺寸大小，单击 预览 键确认可以预览毛坯设置情况。若毛坯合适，则按 键确认，返回群组属性设置窗口，再按 键确认，毛坯设置完毕如图 11-24 所示。

2. 生成车削端面加工刀具路径

1）单击“刀具路径”／“车端面”命令，则弹出车端面窗口。

2）在刀具路径参数选项卡中选择所用刀具，设置刀具号码为“1”、补正号码为“1”，再设置进给率、主轴转速等其他参数，如图 11-25 所示。

3）双击所选刀具，弹出定义刀具对话框，如图 11-26 所示。

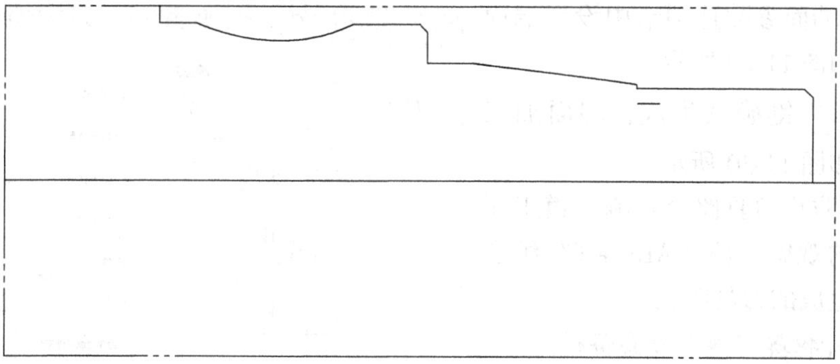

图 11-24　毛坯显示

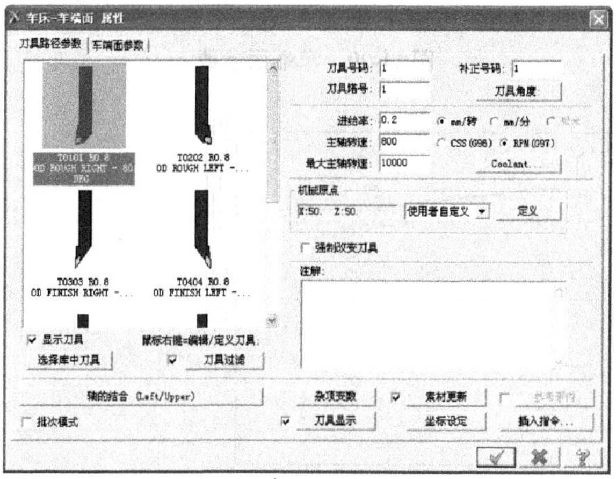

图 11-25　刀具参数窗口

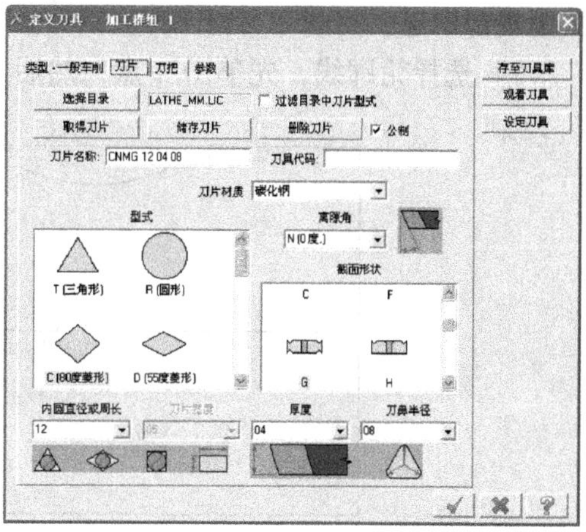

图 11-26　定义刀具

① 选择刀片的形式为 C 形，将刀鼻半径设置为 08（0.8mm）。

② 单击 观看刀具 键可以观察刀具的情况，如图 11-27 所示。

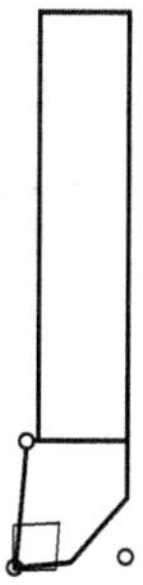

图 11-27　观看刀具

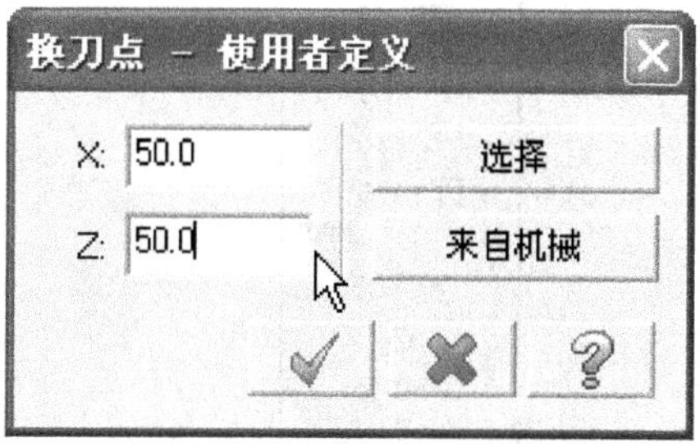

图 11-28　换刀点—使用者定义

③ 设置刀具的其他参数。

4）自定义换刀点的位置，例如（50，50）。单击机械原点下拉菜单，选择自定义选项，然后单击 定义 键弹出换刀点—使用者定义窗口，设置换刀点，按  键确认，如图 11-28 所示。

5）在车端面参数选项卡中设置端面加工参数，如图 11-29 所示。

6）按 键确认生成，端面加工刀具路径，如图 11-30 所示。

7）为了防止刀具路径影响下道工序的刀具路径的观察，按“ALT + T”组合键可以隐藏生成的刀具路径。

3. 生成外轮廓粗加工刀具路径

1）单击“刀具路径”/“粗车”命令，弹出选择模式对话框，设置选择模式为局部串连，如图 11-31 所示。

2）选择轮廓线，先单击 A 点，然后单击 B 点，则外形轮廓被串连选取，如图 11-32 所示。

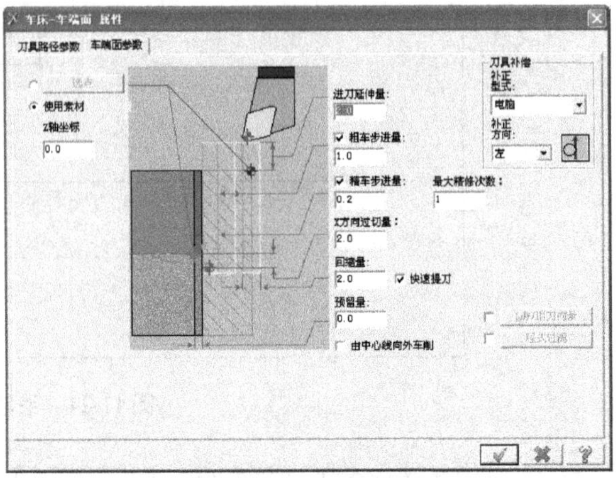

图 11-29　车端面参数

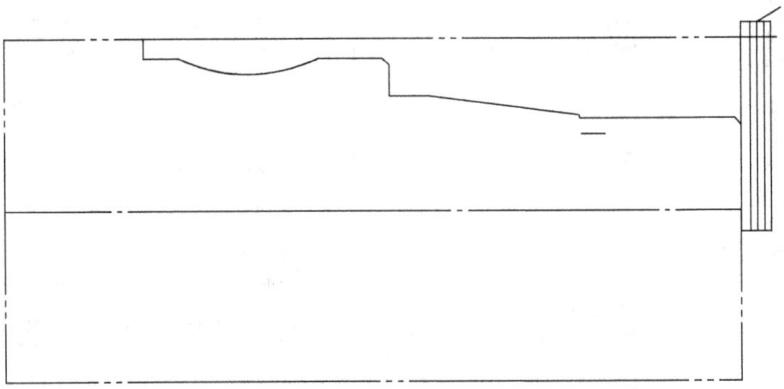

图 11-30　车削端面加工刀具路径

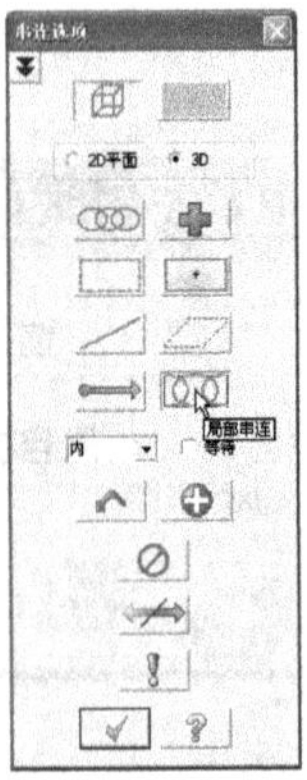

图 11-31　选择模式

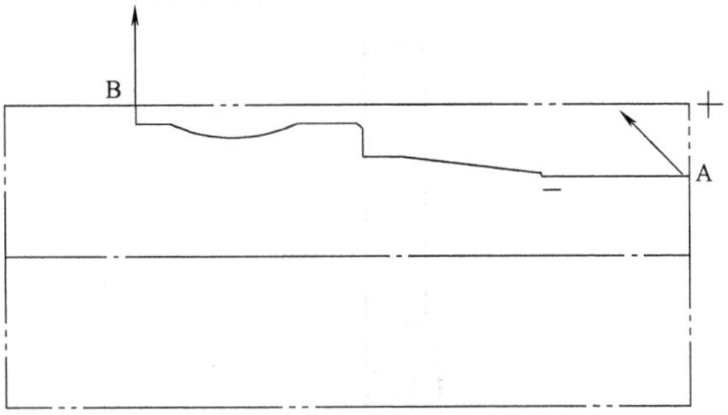

图 11-32　选择粗加工轮廓

3）按 键确认，弹出车床粗加工　属性窗口。

4）在刀具路径参数选项卡中选择所用刀具，设置刀具号码为“2”、补正号码为“2”，再设置进给率、主轴转速、机械原点等其他参数，如图 11-33 所示。将刀具的刀鼻半径改为

04（0.4mm），如图 11-34 所示。

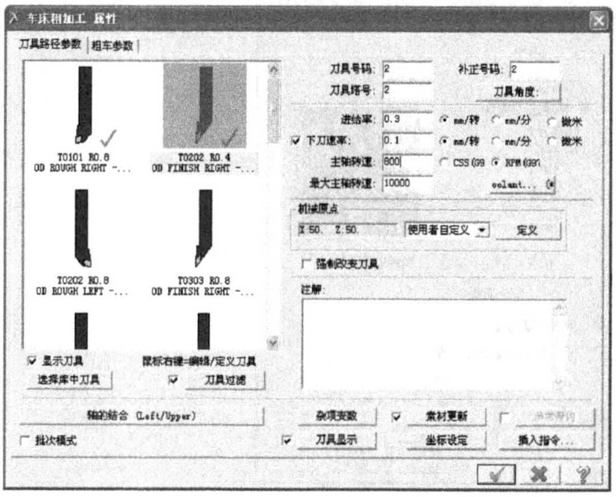

图 11-33　刀具路径参数

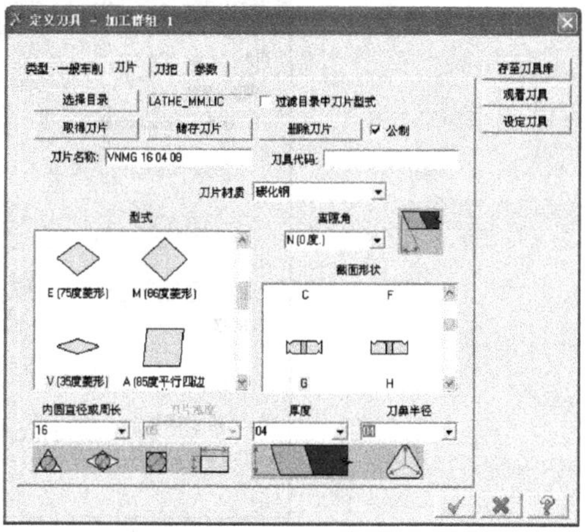

图 11-34　定义刀具

5）在粗车参数选项卡中设置粗车加工参数，如图 11-35 所示。

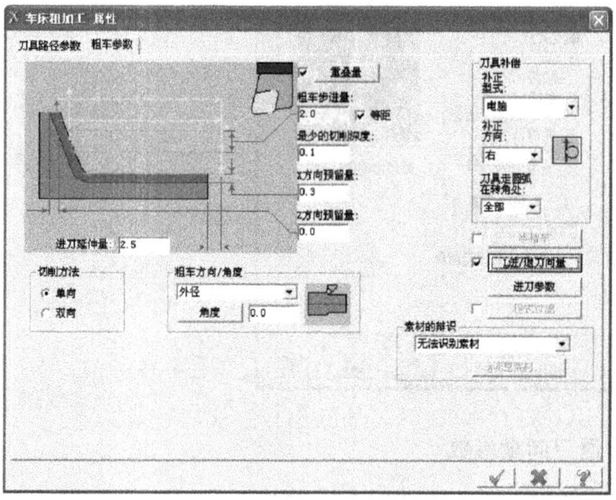

图 11-35　粗车参数

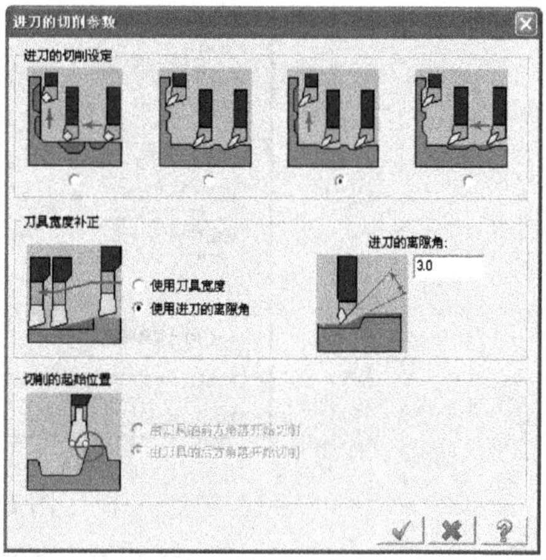

图 11-36　进刀的切削参数

① 单击 进刀参数 键弹出进刀的切削参数窗口，选择允许加工的进刀选项，如图 11-36 所示。

② 单击 L进/退刀向量 键设置进/退刀向量参数，如图 11-37 和图 11-38 所示。

6）按键确认，生成外轮廓粗加工刀具路径，如图 11-39 所示。

7）隐藏外轮廓粗加工刀具路径，便于观察下道工序的精加工刀具路径。

4. 生成外轮廓精加工刀具路径

1）单击“刀具路径”/“精车”命令，弹出选择模式对话框，单击“选择上次”钮，则自动选择粗加工时的外轮廓。

2）按键确认，弹出车床精车窗口。在刀具路径参数选项卡中选择所用刀具，设置

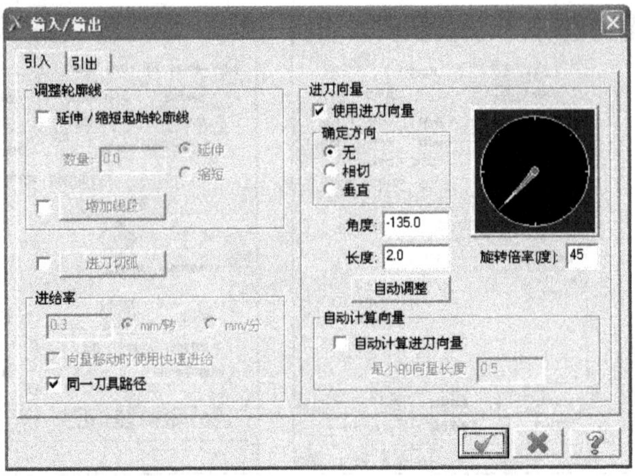

图 11-37　进刀向量参数

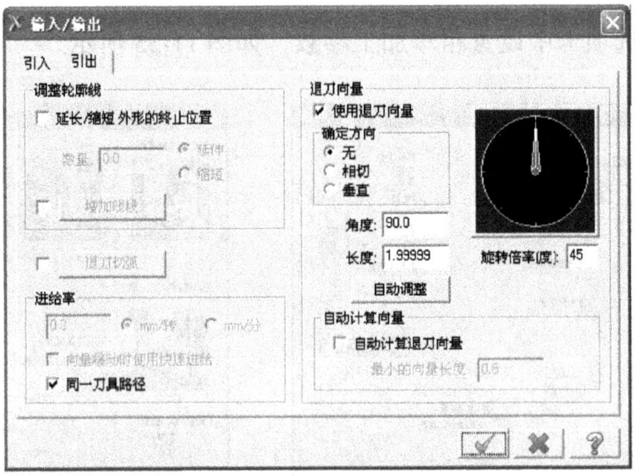

图 11-38　退刀向量参数

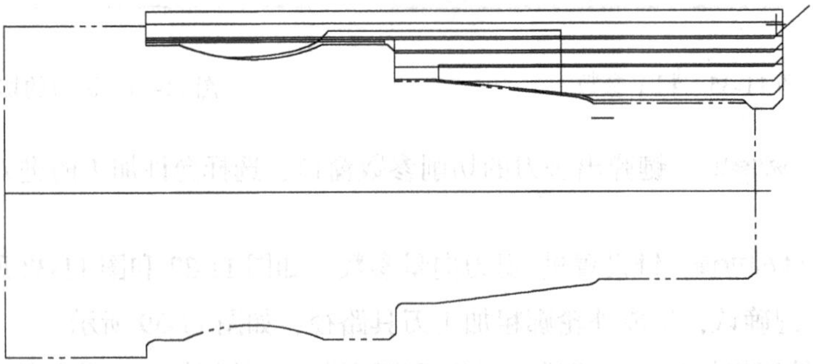

图 11-39　外轮廓粗加工刀具路径

补正号码、进给率、主轴转速、机械原点等参数，如图 11-40 所示。

3）在精车参数选项卡中设置精车加工参数，单击 进刀参数 键和 L进/退刀向量 键参数设置与粗加工参数相同，如图 11-41 所示。

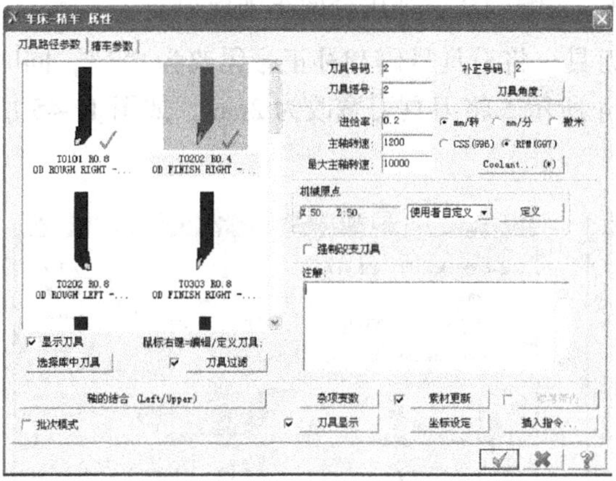

图 11-40　精车刀具参数

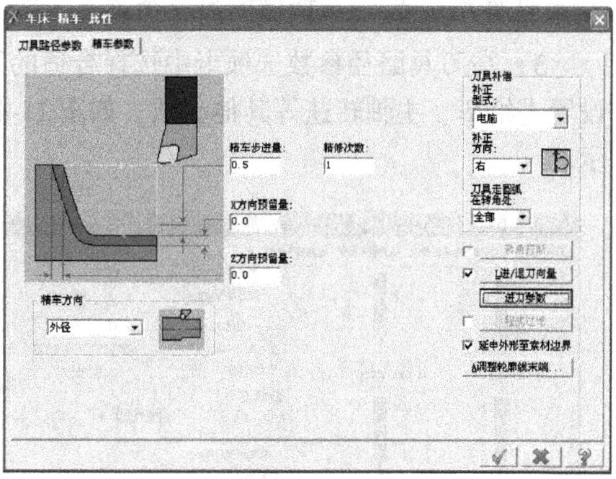

图 11-41　精车参数

4）按键确认，生成外轮廓精加工刀具路径，如图 11-42 所示。

5）隐藏外轮廓精加工刀具路径。

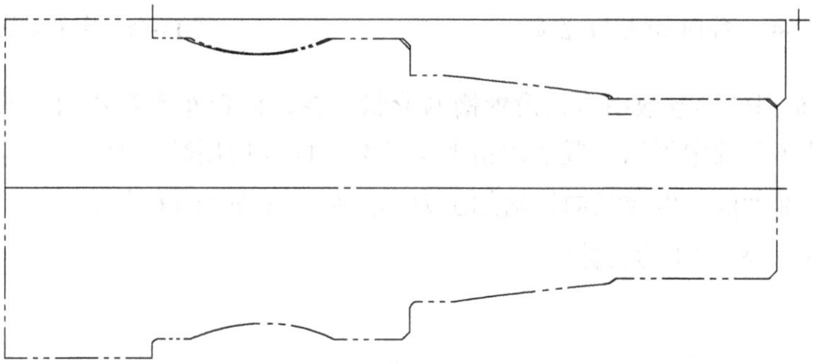

图 11-42　外轮廓精加工刀具路径

5. 生成径向切槽加工刀具路径

1）单击“刀具路径”/“径向车削”命令，弹出径向车削的切槽选项对话框，选择 2 点方式，如图 11-43 所示。

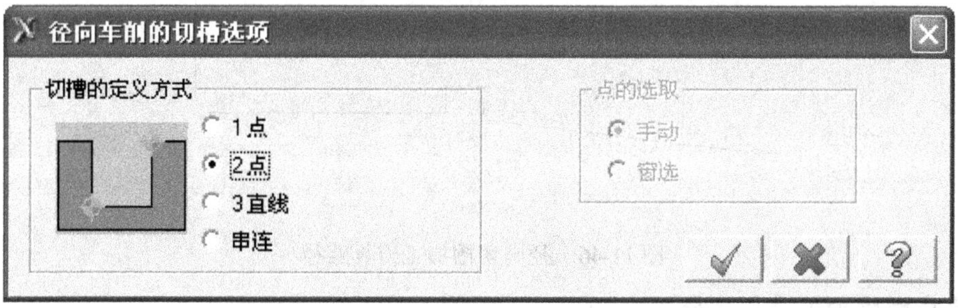

图 11-43　径向车削的切槽选项

2）按键确认，系统提示 两点的沟槽：选择第一点，选择槽的第一个顶点。系统

提示 选择第二点 ，选择槽的另一个顶点，按 Enter 键确认，弹出径向车削窗口。

3）在刀具路径参数选项卡中选择合适的刀具，将刀具号码和补正号码改为“3”，同时设置进给率、主轴转速等其他参数，如图 11-44 所示。将刀具刀宽改为 2mm，如图 11-45 所示。

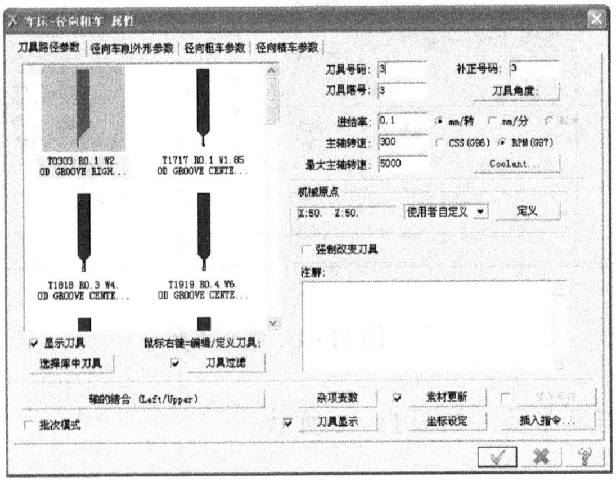

图 11-44　径向车削刀具参数

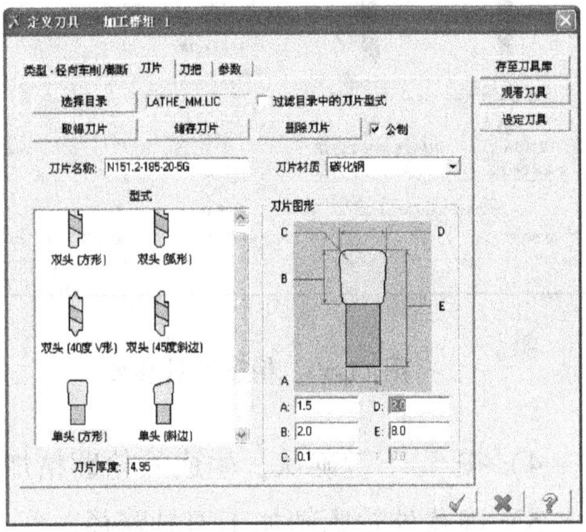

图 11-45　定义刀具宽度

4）在径向车削外形参数中可以设置槽的形状，在径向粗车参数中可以设置槽的粗加工参数，在径向精车参数中可以设置槽的精加工参数，此处使用默认值。

5）按 键确认，生成径向切槽加工刀具路径，如图 11-46 所示。

6）隐藏径向切槽加工刀具路径。

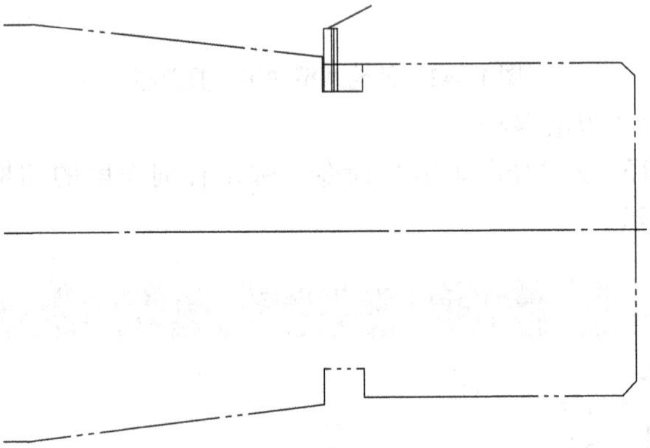

图 11-46　径向切槽加工刀具路径

6. 生成螺纹加工刀具路径

1）单击“刀具路径”/“车削螺纹刀具路径”命令，弹出车螺纹窗口。在刀具路径参数选项卡中选择所用刀具，设置刀具号码为“4”，补正号码为“4”，再设置进给率、主轴转速、机械原点等其他参数，如图 11-47 所示。

2）在螺纹型式的参数对话框中设置螺纹参数，导程为“1.5”mm/牙，包含的角度为“60.0”，大的直径为“24.0”，单击 运用公式计算 键计算出小径尺寸和螺纹深度。螺纹的起始位置为“0.0”，结束位置为“-20.0”，如图 11-48 所示。

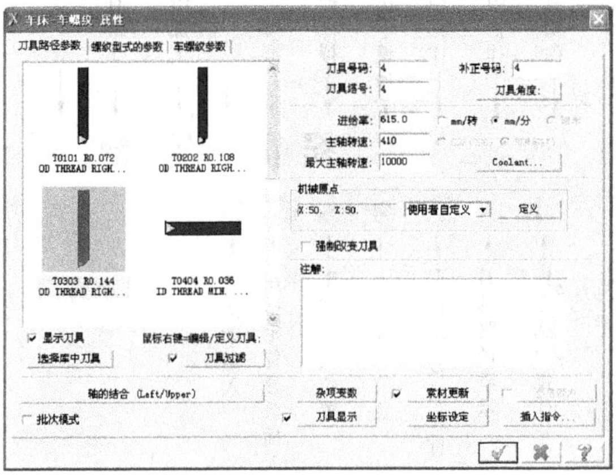

图 11-47　刀具路径参数

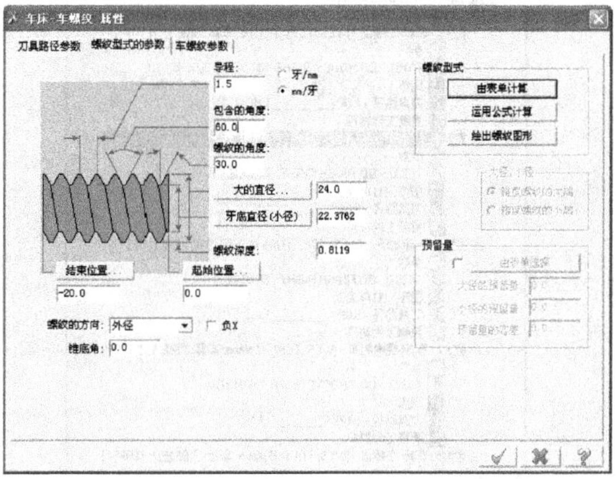

图 11-48　螺纹型式参数

3）在车螺纹参数中设置螺纹加工参数，NC 代码的格式选择固定循环（G92），其他参数如图 11-49 所示。

4）按 键确认，生成螺纹加工刀具路径，如图 11-50 所示。

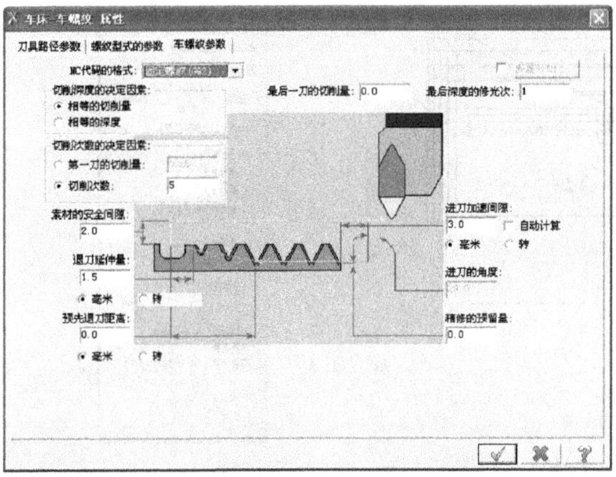

图 11-49　车螺纹参数

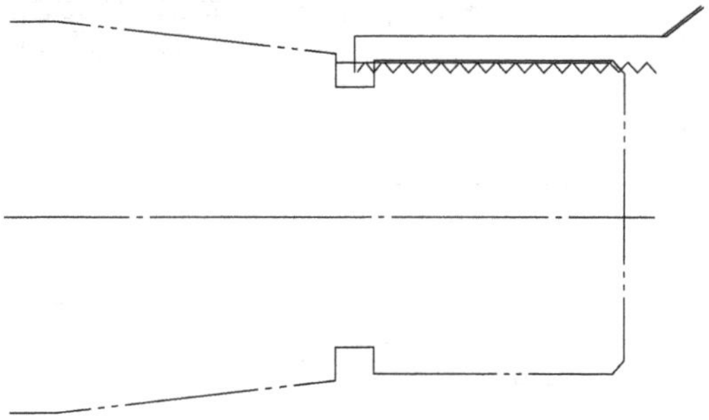

图 11-50　螺纹加工刀具路径

7. 加工操作管理

1）加工操作管理器如图 11-51 所示。在加工操作管理器内图标钮的功能如图 11-52 所示。

2）单击选项中所有操作钮，然后单击“刀具路径显示”钮，则所有的刀具路径都将显示出来，如图 11-53 所示。

3）单击“真实加工模拟”钮，弹出实体切削验证对话框，如图 11-54 所示。

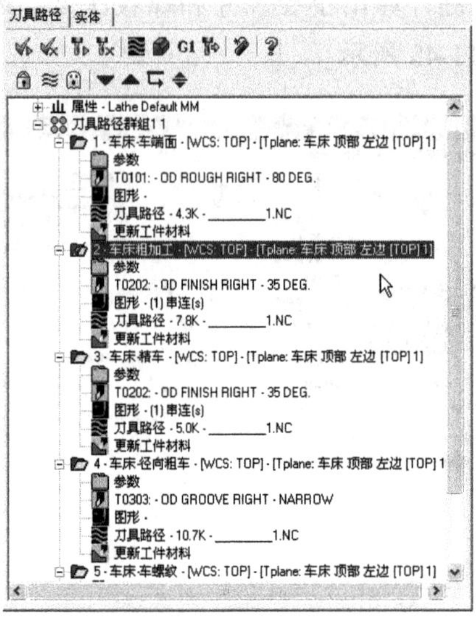

图 11-51　加工操作管理器

图 11-52　加工操作管理器内图标的功能

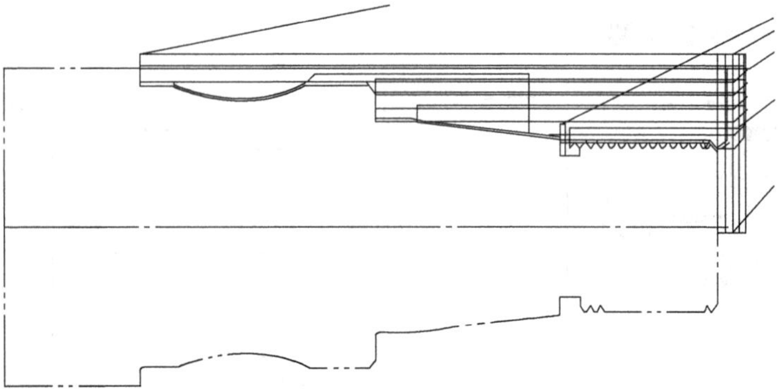

图 11-53　显示全部刀具路径

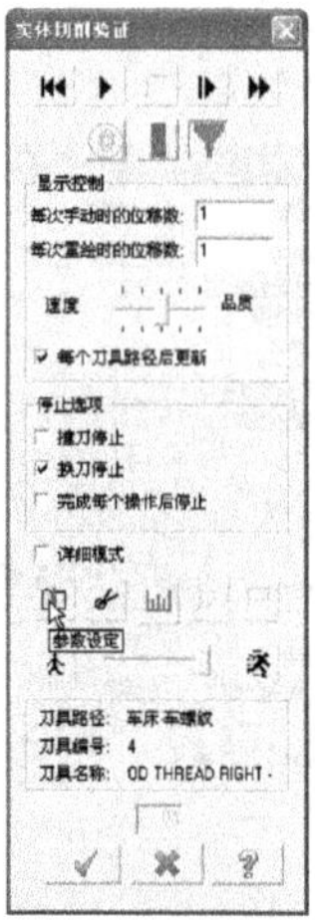

图 11-54　实体切削验证

① 单击“参数设置”钮，设置真实加工模拟参数，单击“使用素材设定值(U)”键设置显示的毛坯尺寸，如图 11-55 所示。按 ✓ 键确认，返回实体切削验证对话框。

② 单击“连续执行”▶钮，计算机将真实模拟加工过程，如图 11-56 所示。

③ 按 ✓ 键确认，结束模拟加工。

4）生成数控程序。确定所做的刀具路径之后，则可以生成 NC 程序代码。

① 选择需要生成数控程序的刀具路径，单击“后处理” G1 钮，则弹出后处理程式窗

口。

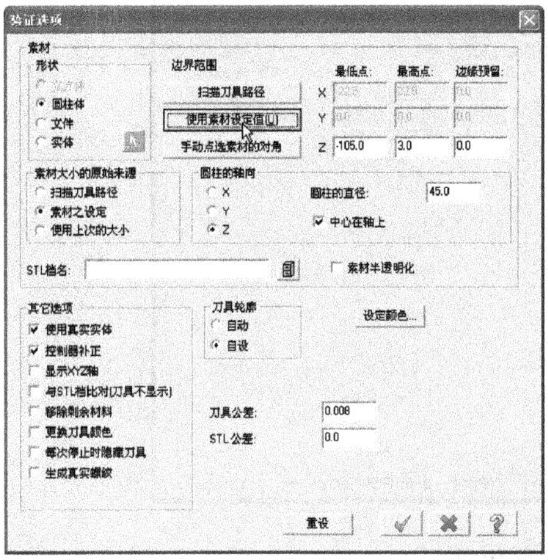

图 11-55　模拟仿真参数设置

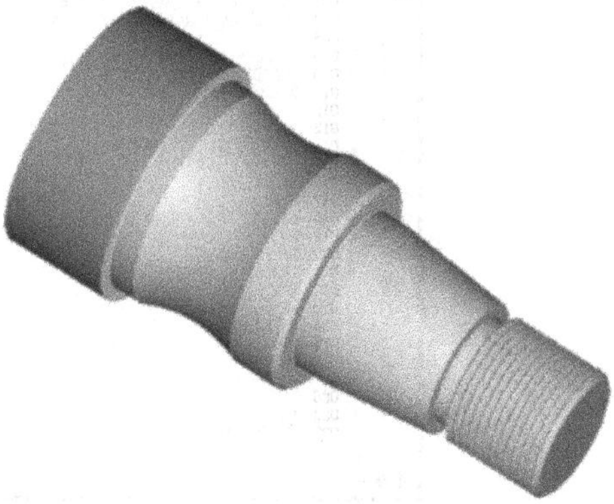

图 11-56　模拟零件加工效果

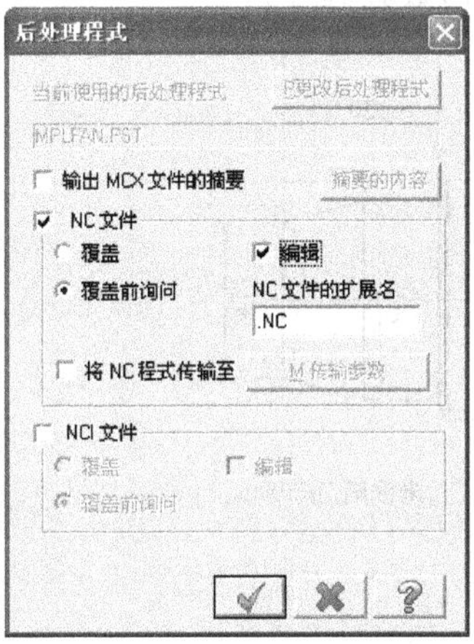

图 11-57　后处理程式

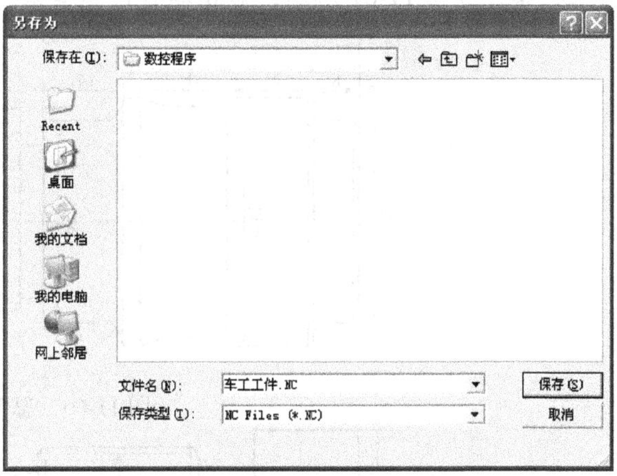

图 11-58　NC 程序保存路径

② 设置相应的参数，如图 11-57 所示。按键确认，弹出如图 11-58 所示窗口。

③ 选择 NC 程序保存的路径及程序名称。按

键生成 NC 程序代码，如图 11-59 所示。

④ 后置处理后的 NC 程序通常需要略作修改后才能使用，因此对生成的程序修改后保存。在保存文件时，也可以另存为“. txt”格式的文件。

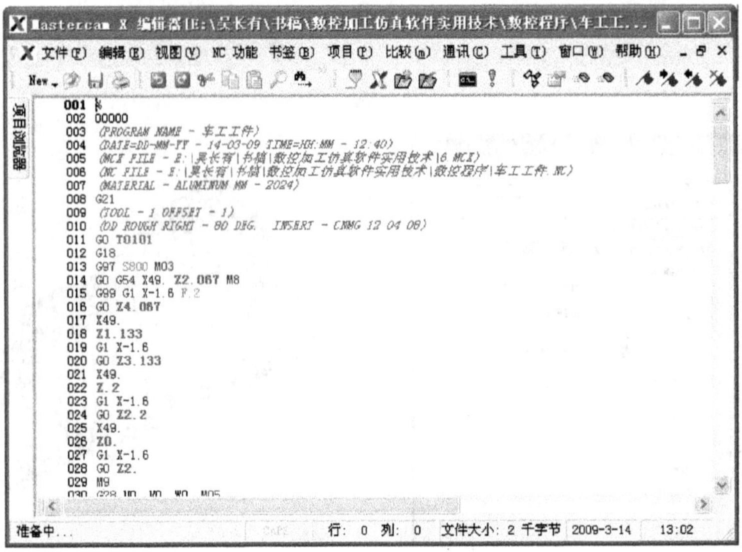

图 11-59　NC 程序代码

思考题

1. 简述 MasterCAM X 自动编程的操作步骤。
2. 零件如图 11-60 所示，做出零件的造型及生成相应的数控程序。
3. 零件如图 11-61 所示，做出零件的造型及生成相应的数控程序。

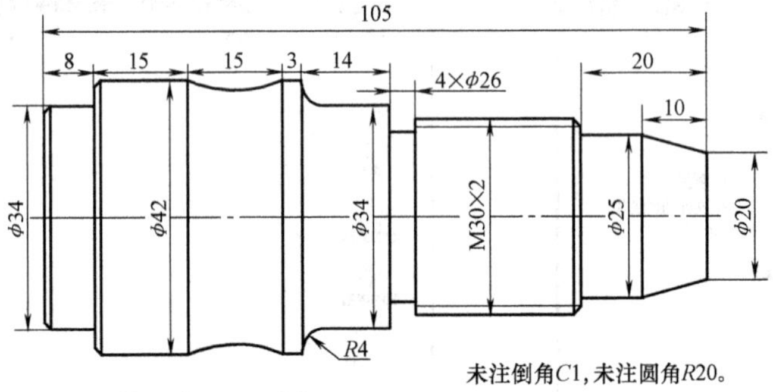

图 11-60　思考题 2

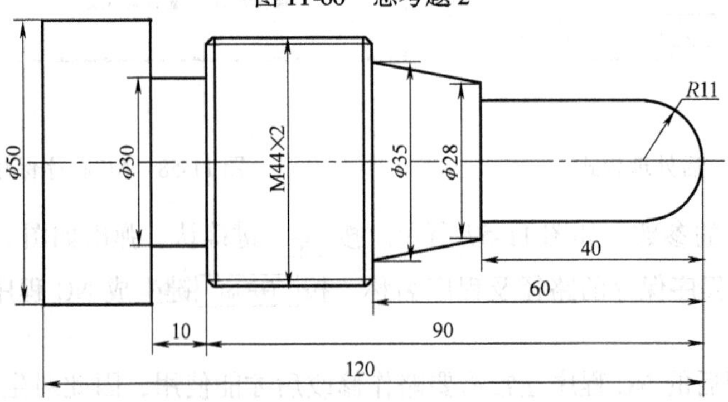

图 11-61　思考题 3

第十二章 数控车床日常维护及安全操作规程

数控车床具有机、电、液集于一身的，技术密集和知识密集的特点，是一种自动化程度高、结构复杂且昂贵的先进加工设备。为充分发挥其效益，减少故障的发生，必须做好日常维护工作，所以要求数控车床维护人员不仅要有机械、加工工艺以及液压气动方面的知识，也要具备电子计算机、自动控制、驱动技术及测量技术等知识，这样才能全面了解、掌握数控车床，及时做好日常维护工作。

第一节　数控车床日常维护和保养

学习目标

了解数控车床日常维护的主要内容。

一、数控车床日常维护与保养的主要内容

1. 数控车床的使用环境

数控车床的使用环境（如温度、湿度、振动、电源电压、频率及干扰等）会影响车床的正常运转，所以在安装车床时应严格要求，做到符合车床说明书规定的安装条件和安装要求。在经济条件许可的条件下，应将数控车床与普通机械加工设备隔离安装，以便于日常维修与保养。

2. 数控车床的操作人员

为数控车床配备专门的操作人员和维修人员，这些人员应熟悉所用车床的机械、数控系统、强电设备、液压系统、气动系统等部分及使用环境、加工条件等，并能按车床和系统使用说明书的要求正确使用数控车床。

3. 定时清理数控装置的散热通风系统

应每天检查数控装置上各个冷却风扇工作是否正常。根据工作环境的状况，每半年或每季度检查一次风道过滤网是否有堵塞现象。如过滤网上灰尘积聚过多，需要及时清理，否则将会引起数控装置内部温度过高，致使数控系统不能可靠地工作，甚至发生过热报警现象。

4. 车床机械部分的日常维护与保养

操作人员在每班加工结束后，应将散落于拖板、导轨等处的切屑清扫干净；在工作时注

意检查排屑器是否正常，以免造成切屑堆积，损坏导轨精度，危及滚珠丝杠与导轨的寿命；在加工结束前，应将各伺服轴回归原点后停机。

5. 车床电气部分的日常维护与保养

定期检查电气部分，检查各插头、插座、电缆、各继电器的触头是否出现接触不良、断路或短路等故障。检查各印制电路板是否干净。平时尽量少开电气控制柜门，以保持电气控制柜内的清洁。操作人员应每月清扫一次电气控制柜的防尘滤网，每天检查一次电气控制柜的冷却风扇或空调运行是否正常。

6. 车床主轴电动机的日常维护与保养

维修人员应每年检查一次伺服电动机和主轴电动机，着重检查其运行噪声、温升。若噪声过大，应查明原因，是轴承等机械问题还是与其相配的放大器的参数设置问题，采取相应措施加以解决。对直流电动机而言，应对其电刷、换向器等进行检查、调整、维修或更换，使其工作状态良好。检查电动机端部的冷却风扇运转是否正常并清扫灰尘；检查电动机各连接插头是否松动。

7. 车床进给伺服电动机的日常维护与保养

对于数控车床的伺服电动机，要 10 ~ 12 个月进行一次维护与保养，加速或者减速变化频繁的车床要 2 个月进行一次维护与保养。维护与保养的主要内容有用干燥的压缩空气吹除电刷的粉尘，检查电刷的磨损情况，如需更换，需选用规格相同的电刷，更换后要空载运行一定时间使其与换向器表面吻合；检查清扫电枢整流子以防止短路；如装有测速电动机和脉冲编码器，也要进行检查和清扫。

8. 车床气动系统的日常维护与保养

保证供给洁净的压缩空气，压缩空气中通常含有水分、油液和粉尘等杂质。水分会使管道、阀体和气缸腐蚀；油液会使橡胶、塑料和密封材料变质；粉尘会使阀体动作失灵。选用合适的过滤器可以清除压缩空气中的杂质，使用过滤器时应及时排除和清理积存的液体。保证气动装置具有合适的工作压力和运动速度，调节工作压力时，压力表应当工作可靠，读数准确。减压阀与节流阀调节好后，必须紧固减压阀盖或锁紧螺母，防止松动。操作人员应每天检查压缩空气的压力是否正常；过滤器需要手动排水的，夏季应两天排水一次，冬季一周排水一次；每月检查润滑器内的润滑油是否用完，及时添加规定品牌的润滑油。

9. 车床润滑部分的日常维护与保养

各润滑部位必须按润滑图定期加油，注入的润滑油必须清洁。润滑处应每周定期加油一次，找出耗油量的规律，发现供油减少时应及时通知维修人员检修。维修人员每年应进行一次润滑油分配装置的检查，发现油路堵塞或漏油应及时疏通或修复。底座里的润滑油必须加到油标的最高线，以保证润滑工作的正常进行。因此，必须经常检查油位是否正确。

10. 长期不用数控车床的日常维护与保养

在数控车床闲置不用时，应经常给数控系统通电，在车床锁住情况下使其空运行。在空气湿度较大的梅雨季节应天天通电，利用电器元件本身发热驱走电气控制柜内的潮气，以保证电子部件的性能稳定可靠。

11. 定期更换存储器电池

数控系统的参数存储器采用 CMOS 元件，其存储内容在断电时靠电池代电保持。当电池电压降到一定值时会造成参数丢失。因此，要定期检查电池电压，更换电池时一定要在数控系统通电的状态下进行，否则会使存储参数丢失，导致数控系统不能工作。

二、数控车床定期检查

对数控车床进行预防性保养和定期检查可以延长元器件的使用寿命，延长机械部件的磨损周期，防止意外恶性事故的发生，保证车床长时间的稳定工作。因此，维护人员应严格按照维护说明书的要求对车床进行定期检查。数控车床定期维护的检查内容见表 12-1。

表 12-1 数控车床定期维护的检查内容

序号	检查周期	检查部位	检查内容
1	每天	导轨润滑机构	油标、润滑泵，每天使用前手动注油润滑导轨
2	每天	导轨	清理切屑及脏物，检查滑动导轨有无划痕，检查滚动导轨的润滑情况
3	每天	液压系统	油箱泵有无异常噪声，工作油面高度是否合适，压力表指示是否正常，有无泄漏
4	每天	主轴润滑油箱	油量、油质、温度、有无泄漏
5	每天	液压平衡系统	工作是否正常
6	每天	气源自动分水过滤器自动干燥器	及时清理分水过滤器中的水分，检查压力
7	每天	电器箱散热、通风装置	冷却风扇工作是否正常，过滤器有无堵塞，及时清洗过滤器
8	每天	各种防护罩	有无松动、漏水，特别是导轨防护装置
9	每天	机床液压系统	液压泵有无噪声，压力表示数是否正常，接头有无松动，油面是否正常
10	每周	空气过滤器	坚持每周清洗一次，保持无尘、通畅，发现损坏及时更换
11	每周	各电气控制柜过滤网	清洗粘附的尘土
12	半年	滚珠丝杠	清洗丝杠上的旧润滑脂，换新润滑脂
13	半年	液压油路	清洗各类阀、过滤器，清洗油箱底，换油
14	半年	主轴润滑箱	清洗过滤器、油箱，更换润滑油
15	半年	各轴导轨上镶条，压紧滚轮	按说明书要求调整松紧状态
16	一年	检查和更换电动机碳刷	检查换向器表面，去除毛刺，吹净碳粉，磨损过多的碳刷及时更换
17	一年	冷却油泵过滤器	清洗冷却油池，更换过滤器
18	不定期	主轴电动机冷却风扇	除尘，清理异物
19	不定期	运屑器	清理切屑，检查是否卡住
20	不定期	电源	供电网络大修，停电后检查电源的相序、电压
21	不定期	电动机传动带	调整传动带松紧
22	不定期	刀库	刀库定位情况，机械手相对主轴的位置
23	不定期	切削液箱	随时检查液面高度，及时添加切削液，太脏应及时更换

第二节 数控车床安全操作规程

学习目标

了解数控车床安全操作规程。

数控车床的操作要严格遵循数控车床的安全操作规程，这不仅是保障人身和设备安全的需要，也是保证数控车床能够正常工作、达到技术性能、充分发挥其加工优势的需要。因此，数控车床的使用和操作必须严格遵循数控车床的安全操作规程。

一、数控车床基本安全操作

1）工作时请穿好工作服、安全鞋，戴好工作帽及防护镜，注意不允许戴手套操作车床。

2）注意不要移动或损坏安装在车床上的警告标牌。

3）注意不要在车床周围放置障碍物，工作空间应足够大。

4）某一项工作如需要两人或多人共同完成，应注意相互间的协调。

二、操作前的安全操作

1）开电源前，首先按下车床操作面板上的“急停”钮，必须严格按照数控车床操作说明书进行操作。

2）使用数控车床前，必须了解数控车床的大致构造，各手柄和操作面板上各键的用途和操作方法。应仔细查看车床各部分机构和防护装置是否完好，是否安全可靠。认真检查数控系统及各电器附件的插头、插座是否连接可靠。

3）检查车床各手柄位置是否正常，传动带及防护罩是否装好；检查润滑系统，并及时添加润滑油；低速空载运行 2 ~3 分钟，检查车床运转是否正常。

4）检查卡盘夹紧工作的状态，检查工件、刀具是否稳固夹紧，确认操作的安全性。

5）使用的刀具应与车床允许的规格相符，有严重破损的刀具应及时更换，调整刀具所用工具不要遗忘在车床内。

6）车床开动前，必须关好车床防护门。

三、车床操作过程中的安全操作

1）车床运转时，严禁戴手套操作，禁止用手或其他任何方式接触正在旋转的主轴、工件或其他运动部位。严禁在车床运转中隔着车床传送物件。

2）禁止用手接触刀尖和切屑，清除切屑必须要用铁钩子或毛刷来清理，禁止用手清理；更不要试着用嘴吹切屑、用手去抓切屑。

3）车床运转时，不准测量工件，不准用手去刹转动的卡盘；用砂纸时，应放在锉刀上，严禁戴手套用砂纸操作，磨破的砂纸不准使用，不准使用无柄的锉刀；加工过程中，不能用棉丝擦拭工件或清扫车床。

4）车床运转时，操作人员不得离开岗位，车床发现异常现象（如工件松动、设备有异常噪声或程序有误等）时应立即停机，并找指导老师或有关管理人员检查。

5）学员必须在操作步骤完全清楚时进行操作，遇到问题立即向指导教师询问，禁止在不知道规程的情况下进行尝试性操作，操作中如车床出现异常，必须立即向指导教师报告。

6）手动回归原点时，注意车床各轴位置要距离原点 -100mm 以上，车床原点回归顺序为首先 +X 轴，其次 +Z 轴。

7）编完程序或将程序输入车床后，须先进行图形模拟，准确无误后再要进行车床试运行，并且刀具应离开工件端面 200 mm 以上。

8）程序运行时的注意事项

① 对刀应准确无误，刀具补偿号应与程序调用刀具号相符合。

② 检查车床各功能键的位置是否正确。

③ 光标要放在主程序头。

④ 浇注适量切削液。

⑤ 站立位置应合适，启动程序时，右手按“停止”钮作准备，程序在运行中手不能离开“停止”钮，如有紧急情况立即按下“停止”钮。

9）加工过程中认真观察切屑及冷却状况，确保车床、刀具的正常运行及工件的质量。关闭防护门以免切屑、润滑油飞出。

10）在加工过程中，不允许打开车床防护门。装卸工件、安装刀具、添加润滑油以及打扫切屑，均应停机进行。

11）在程序运行中须暂停测量工件尺寸时，要待车床完全停止、主轴停转后方可进行测量，以免发生人身事故。

四、关机时的注意事项

1）清除切屑、擦拭车床，使车床与环境保持清洁状态。

2）注意检查或更换损坏的车床导轨上的刮油板。

3）检查润滑油、切削液的状态，及时添加或更换。

4）依次关掉车床操作面板上的电源和总电源。

思考题

1. 简述数控车床日常维护的主要内容。

2. 简述数控车床安全操作规程。

参 考 文 献

[1] 陈吉红，杨克冲．数控机床实验指南［M］．武汉：华中科技大学出版社，2003.
[2] 王志平．数控编程与操作［M］．北京：高等教育出版社，2003.
[3] 叶伯生，戴水清．数控加工编程与操作［M］．武汉：华中科技大学出版社，2005.
[4] 韩鸿鸾．数控加工工艺［M］．北京：机械工业出版社，2005.
[5] 任国兴．数控车削加工工艺与编程操作［M］．北京：机械工业出版社，2006.
[6] 徐建高．数控车削编程与考级［M］．北京：化学工业出版社，2006.
[7] 上海宇龙软件工程有限公司数控教材编写组．数控技术应用教程——数控铣床和加工中心［M］．北京：电子工业出版社，2008.
[8] 吴长有．数控仿真应用软件实训［M］．北京：机械工业出版社，2008.
[9] 沈建峰，虞俊．数控车工（高级）［M］．北京：机械工业出版社，2008.
[10] 李明．MasterCAM 应用软件实训［M］．北京：机械工业出版社，2008.